Les énergies renouvelables

État des lieux et perspectives

Chez le même éditeur

- Le dernier siècle du pétrole ? La vérité sur les réserves mondiales, *Y. Mathieu*
- Le Monde et l'Énergie – Enjeux géopolitiques, *S. Furfari*
  1. Les clefs pour comprendre
  2. Les cartes en mains
- 101 questions sur l'énergie, *S. Furfari*
- Energie & climat – Réussir la transition énergétique, *A. Rojey*
- Biocarburants – 5 questions qui dérangent
  J.-P. Legalland, J.-L. Lemarchand
- Géopolitique de l'énergie – Besoins, ressources, échanges mondiaux
  J.-P. Favennec
- Energoscope – Guide de toutes les énergies, connues et inconnues, *Y. de Kerorguen*
- Le plein de biocarburants ? – Enjeux et réalités, *D. Ballerini*
- 20 questions sur la pile à combustible, *B. Blunier, A. Miraoui*

Imprimé en France
ISBN 978-2-7108-0954-8

Claude Acket
Jacques Vaillant

Les énergies renouvelables

État des lieux et perspectives

2011

Éditions TECHNIP 25 rue Ginoux, 75015 Paris

AVANT-PROPOS

Claude Acket et Jacques Vaillant viennent de milieux professionnels différents. *A priori* rien ne devait conduire à ce qu'ils se rencontrent, et encore moins à ce qu'ensemble ils se lancent dans le défi d'écrire ce livre.

Claude Acket a passé sa carrière dans le domaine de la production d'électricité, notamment dans l'électronucléaire, Jacques Vaillant dans l'enseignement de la physique et de la physique appliquée.

À la retraite, ils se sont tous deux fortement impliqués dans différentes associations et ont mis la problématique énergétique au premier plan de leurs préoccupations : Claude particulièrement au sein de l'Association « Sauvons le Climat » qui, en informant sur les rejets de gaz carbonique et le réchauffement climatique, a comme ambition de limiter ces rejets par tous les moyens à notre disposition ; et Jacques au sein de son laboratoire « Coricancha » dont la vocation est de montrer des applications des énergies renouvelables et d'informer sur les économies d'énergie.

Leurs chemins se sont croisés lors de l'une des multiples rencontres régionales organisées pour Le Débat National sur les Énergies. Ils ont pu constater la convergence de leurs approches des problèmes énergétiques que le Monde doit affronter.

La complémentarité de leurs expériences passées permettait d'enrichir les réponses apportées et de confronter les solutions.

C'est ce qui les a déterminés à écrire ensemble cet ouvrage sur les énergies renouvelables. Ils se sont voulus aussi objectifs que possible et sans tabous.

Ce livre fait le point de la situation actuelle de chacune des énergies renouvelables sous leurs aspects techniques et économiques, des espoirs qu'elles suscitent mais aussi de leurs limites. À partir de ces informations, les auteurs essaient d'évaluer la part que pourraient prendre à l'avenir ces énergies dans le panier énergétique global.

Cette part sera-t-elle importante, significative ou négligeable ?

Table des matières

1. Pourquoi les énergies renouvelables ?

Au cours du XIXe siècle, la population mondiale a été multipliée par 3,75 et la production énergétique par 9 pour répondre à l'augmentation de la consommation. Ce développement a reposé sur une énergie bon marché fournie par les combustibles fossiles. Que réserve l'avenir ?
Les besoins énergétiques devraient continuer à s'amplifier, du fait de l'accroissement de la population et de la nécessité de procurer plus d'énergie à ceux qui actuellement n'en consomment presque pas.
Comment répondre à ces besoins toujours plus importants, alors que se profilent déjà des menaces de pénurie sur le plus utilisé de ces combustibles : le pétrole ? Devrons-nous compter davantage sur le gaz et surtout sur le charbon, tout en sachant qu'il serait bon de limiter leur utilisation pour prendre en compte l'effet de serre et ses conséquences négatives sur notre écosystème ?
Ne faudra t-il pas, en plus d'importants efforts d'économies d'énergie, promouvoir des sources énergétiques permettant de sortir du « tout fossile », comme entre autres les renouvelables ?
Nous nous proposons dans cet ouvrage, après avoir fait le point sur l'accroissement des besoins et sur l'avenir des combustibles fossiles, d'examiner une à une chacune des sources renouvelables. Puis nous essayerons, en additionnant toutes ces données, de voir

quelle part ces renouvelables peuvent apporter pour répondre à nos besoins énergétiques. Cette part sera-t-elle prépondérante, importante ou négligeable ?

1.1. L'accroissement des besoins énergétiques

L'énergie est indispensable à la vie. En fait, l'importance de l'énergie est telle qu'une grande partie de l'histoire de l'humanité peut s'écrire en suivant l'évolution des quantités et modes de consommation et de production d'énergie dans le temps, comme le montre la *figure 1.1.* Aussi de nombreuses conquêtes et guerres peuvent-elles être associées à la recherche de la mainmise sur les réserves énergétiques. Sans remonter à l'époque de *La Guerre du feu*, ni aux besoins sans cesse croissants d'esclaves des Romains, ni même à la grande traite des Noirs, nous pouvons voir que les conflits récents ont souvent pour origine, plus ou moins directe et évidente, les convoitises que suscitent les zones pétrolières ou gazières et leurs voies d'accès. Notons, en passant, que les esclaves furent les premiers « vecteurs » énergétiques de l'histoire.

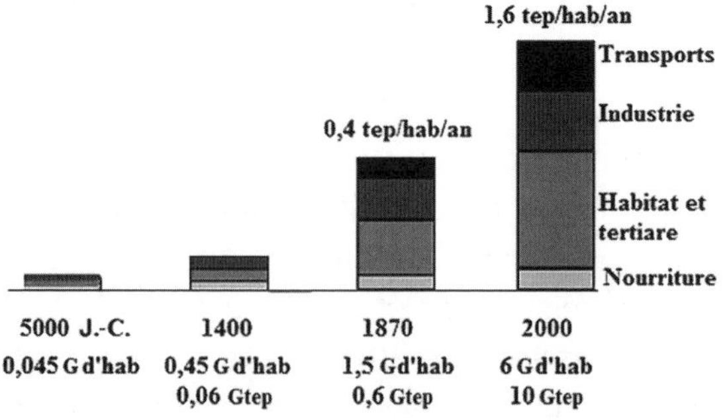

***Figure 1.1** Énergie et histoire du monde*
À différents moments de l'histoire : populations, productions énergétiques totales et par habitant

La *figure 1.1* donne des repères utiles pour suivre l'histoire de l'humanité. Nous y trouvons, à différentes périodes charnières, outre le nombre d'habitants, les productions énergétiques totales et celles par habitant exprimées en tonnes équivalent pétrole : tep (*voir Annexe 1.1*).

Cette figure permet aussi de voir l'évolution relative des usages concernant la nourriture (faire cuire la viande, etc.), l'habitat (se chauffer et se protéger des animaux grâce au feu), l'industrie (poterie, métaux, etc.) et les transports, qui n'apparaissent de façon significative que tardivement dans l'histoire sous ce seul aspect énergétique.

Comme nous l'avons dit, la consommation d'énergie et sa production ont été multipliées par 9 en un siècle. Ce développement s'est fait dans un contexte que nous qualifions aujourd'hui volontiers de gaspillage énergétique. Ceci fut facilité par la mise à disposition à grande échelle d'une énergie bon marché basée sur les combustibles fossiles. Ces combustibles couvrent à ce jour plus de 80 % de nos besoins. Sur les 50 dernières années, la population est passée de 3 à 6 milliards, soit un doublement en 50 ans. Il est courant en prospective d'extrapoler en pourcentage sur la base des évolutions du passé. Dans la continuité, faut-il retenir un doublement en 50 ans et donc un quadruplement en ce siècle ? Une autre approche quantitative conduirait à extrapoler linéairement en gardant le chiffre de plus 3 milliards par tranche de 50 ans. Serions-nous alors 12 milliards en 2100 ? Les prévisions sont en fait très larges et vont de 10 à 12 milliards pour l'an 2100. Ce seront, dans tous les cas, beaucoup plus d'hommes à pourvoir en énergie et aussi à nourrir. Le sujet nourriture appartient à première vue à un tout autre domaine. Mais les domaines peuvent se recouper ; par exemple s'il faut un jour choisir entre la nourriture et les biocarburants (ou agrocarburants) et résoudre le dilemme se déplacer ou manger. De la même façon, une autre question peut se poser : forêt ou cultures ? Se chauffer ou manger ? Il faut aussi parler de nos besoins croissants en eau. Cette eau manque déjà cruellement dans de nombreux points du globe pour répondre aux simples nécessités de boisson et au minimum d'hygiène. Or cette eau, rare en certains lieux, est aussi indispensable à l'agriculture, à l'industrie et à la production énergétique.

À cette approche quantitative de possibilité de doublement de la population s'ajoute un autre élément fondamental : la forte disparité actuelle des consommations énergétiques. Avec 20 % de la population mondiale, les pays dits « riches » ou développés consomment à eux seuls plus de la moitié de l'énergie totale, alors qu'à côté plus de 2 milliards d'hommes ne consomment pratiquement rien et que 1,5 milliard n'ont pas accès à l'électricité. Il est difficile d'imaginer qu'une partie de cet écart ne va pas devoir être impérativement résorbée. Ce processus est déjà en marche avec l'essor économique de certains pays émergents comme la Chine et l'Inde.

En dépit des efforts indispensables d'économies d'énergie que doivent obligatoirement faire les pays développés (les plus gros consommateurs par habitant), les besoins énergétiques de notre monde semblent devoir croître inexorablement pendant ce siècle.

1.2. L'avenir des combustibles fossiles

Comment répondre à ces besoins, en considérant qu'à ce jour plus de 80 % de la production énergétique vient des combustibles fossiles ? Pouvons-nous attendre plus de ces derniers, alors que nous entendons déjà parler de difficultés d'approvisionnement en pétrole à court terme et en gaz à moyen terme ? Devons-nous compter sur le seul charbon pour répondre à des besoins en constante augmentation ?

1.2.1. Situation actuelle des combustibles fossiles

Aujourd'hui, au niveau mondial, plus de 80 % de la fourniture énergétique vient des combustibles fossiles, comme le montre le bilan de l'énergie primaire à la production de l'année 2008 présenté sur la *figure 1.2.* (*voir en annexe A1.1 et A1.2*) toutes les informations sur la tep : tonne équivalent pétrole, ainsi que les distinctions entre l'énergie primaire à la production, l'énergie finale et l'énergie utile). La situation française est aussi présentée. Elle est relativement spécifique du fait de l'importance du nucléaire, qui a remplacé le charbon pour la production d'électricité.

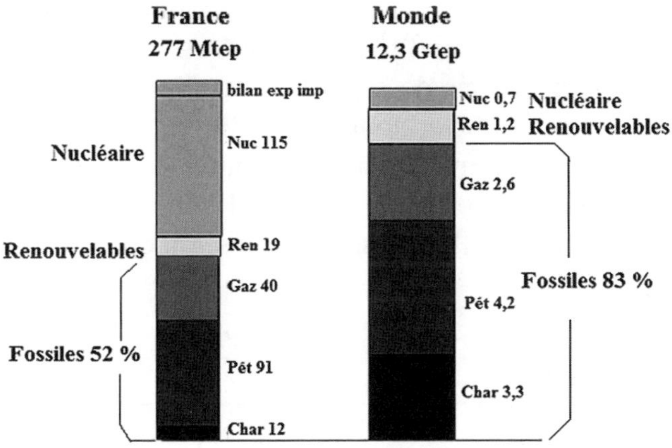

Figure 1.2 *Les sources d'énergie en France et dans le monde en 2008*
Mesures à la production primaire en milliards de tep pour le monde et en millions de tep pour la France

Pour la France, les 277 Mtep d'énergie primaire à la production sont réparties ainsi : 132,5 Mtep dédiées à la production électrique (575 TWh produits) et 144,5 dédiées à la production de chaleur (dont 50 Mtep pour la mobilité). Les 575 TWh d'électricité produits viennent du nucléaire (440 TWh), du thermique classique (60 TWh) et des renouvelables (75 TWh). Pour arriver à la consommation interne d'électricité qui est de 495 TWh, il faut retirer 48 TWh du bilan des échanges avec les pays voisins, 6 TWh de pompage et 25 TWh de consommation des auxiliaires de la production électrique.

Nota : Une partie du chiffrage donné ci-dessus comprend des usages qui ne sont pas à proprement parler énergétiques. Par exemple, pour la France, 15,3 Mtep, dont 13,6 pour le pétrole, n'ont pas un usage énergétique. Le total strict énergétique de la France serait de 261 Mtep.

1.2.2. Prévisions sur l'avenir des combustibles fossiles

Les combustibles fossiles se sont formés il y a des centaines de millions d'années. À titre d'exemple, le charbon s'est formé à l'ère dite carbonifère, qui s'étend de 350 à 300 millions d'années avant notre ère. Nous disposons de stocks de combustibles fossiles, issus de l'énergie solaire ; stocks dont nous prélevons chaque année une fraction. Combien de temps cela peut il durer ? Le *tableau 1.1* nous donne une première réponse en nombre d'années, au rythme actuel d'utilisation, sur la base des réserves dites « identifiées ».

	Ra/Pa*
Pétrole	45 ans
Gaz	65 ans
Charbon	250 ans
Tout fossile	115 ans

Tableau 1.1 *Disponibilité des réserves fossiles actuelles (*Réserves annuelles/Productions annuelles)*

Il est clair que les prévisions de réserves « identifiées » sont incertaines, plus ou moins optimistes et varient selon les estimations publiées. Les écarts peuvent s'expliquer par des raisons techniques, du fait de l'imprécision sur les limites du gisement, de la teneur moyenne du gisement dans le cas des solides et de la fraction récupérable dans le cas des liquides ou des gaz. Les raisons peuvent être également stratégiques et financières, voire spéculatives. Un pays, dans le contexte géopolitique mondial, peut souhaiter cacher une partie de ses réserves ; mais à l'inverse une compagnie, qu'elle soit d'État ou privée, peut au contraire amplifier l'importance des dernières découvertes pour attirer ou ne pas décourager des actionnaires.

De même, il est certain que de nouvelles réserves seront découvertes, ou que des gisements déjà connus mais classés non exploitables le deviendront avec les progrès techniques et surtout l'augmentation du coût de l'énergie. Donc les chiffres sont à prendre avec prudence, comme des indicateurs bas. Néanmoins, même si globalement les chiffres de réserves sont multipliés par 2 par exemple, pour aboutir à ce que l'on désigne couramment comme « réserves ultimes », le rapport Ra/Pa ne changera pas si par ailleurs la consommation est aussi multipliée par 2 en raison des besoins croissants d'une population mondiale elle aussi doublée d'ici la fin du siècle.

Par conséquent, un quasi épuisement du « stock » n'est pas exclu à l'échelle du siècle. Il ne sera pas instantané, il y aura un étalement dans le temps. Mais il se traduira par une explosion des prix, ce qui sera la première incitation à développer de nouvelles technologies, dont les renouvelables, et à sortir ainsi du tout combustible fossile. Examinons maintenant les principales caractéristiques de chacune de ces sources fossiles.

Le pétrole

Il n'a pas fallu attendre les augmentations récentes du prix du pétrole pour savoir que les limites de la croissance de production de l'or noir étaient sur le point d'être atteintes. D'ici peu de temps, la production devrait ainsi commencer à se stabiliser, avant de baisser inexorablement. Le fameux Peak Oil (pic pétrolier), qui ressemblera peut être plus à un plateau finissant en faible déclivité qu'à un pic, sera-t-il atteint dans les années 2015-2025 ? Les réserves mondiales donnent 45 ans de disponibilités au taux actuel de consommation et sur la base du brut conventionnel. Ceci pourrait doubler avec les bruts lourds, plus coûteux et difficiles à extraire ; mais un fait semble indiscutable : nous aurons à la fin du siècle moins de pétrole à notre disposition. Par ailleurs, comme les réserves de pétrole sont géographiquement très concentrées, se situant essentiellement en ex-URSS, au Moyen-Orient (Arabie Saoudite, Koweït, Irak, Émirats) et au Venezuela, nous ne sommes pas à l'abri de crises géopolitiques susceptibles d'aggraver les conséquences de cette pénurie.

Dans le proche avenir, l'utilisation du pétrole devrait être réservée à la pétrochimie (matières plastiques, engrais, etc.) ainsi qu'aux transports, jusqu'à ce que l'on trouve pour ces derniers un substitut valable.

Le gaz naturel

Dans une première phase, la situation du gaz se présenterait un peu différemment de celle du pétrole. La production de gaz peut encore fortement augmenter, d'autant qu'il jouit, dans certains pays développés, d'une image « d'énergie propre ». Est-ce la qualification de « naturel » qui explique cet engouement pour le gaz ? Il est vrai que, à énergie produite identique, le gaz émet un peu moins de gaz carbonique que le pétrole et beaucoup moins que le charbon (*voir paragraphe suivant*). Mais ce gain vis-à-vis de l'effet de serre est pondéré par les fuites de méthane dans les phases d'extraction et de distribution et par la production de NOx et de nitrates dans la phase de combustion.

Les réserves mondiales de gaz donnent 65 ans de consommation au taux actuel sur la base des réserves identifiées. Ces réserves se trouvent sensiblement dans les mêmes zones géographiques que le pétrole, essentiellement les pays de l'ex-URSS et l'Iran. Ce déséquilibre géographique des réserves, qui sont concentrées à proximité du Moyen-Orient, devrait être un peu modifié avec le développement du gaz non conventionnel. Le gaz non conventionnel, comme par exemple le *shale gas* extrait en Amérique du Nord, est issu comme le conventionnel de la maturation de matières organiques dans une roche mère. Mais contrairement au conventionnel, qui a été expulsé et a émigré dans un réservoir piège, le non conventionnel est resté dans la roche mère.

Mais ce fort accroissement prévu de production du gaz aura aussi une fin, et un équivalent Peak Oil, le Peak Gaz devrait être observé 10 à 20 ans après celui du Peak Oil. Donc, il devrait y avoir aussi à la fin du siècle moins de gaz mis annuellement sur le marché qu'actuellement, et cette consommation devrait être réservée à des utilisations spécifiques dont devrait être exclue la production d'électricité à grande échelle.

Le charbon

Moins de pétrole, moins de gaz : rien de tel n'est prévisible au cours de ce siècle pour le charbon. Celui qui fut détrôné par le pétrole en 1970 en tant que champion des sources d'énergie devrait le redevenir probablement avant 2050. Cette forte montée de la place du charbon devrait globalement pouvoir compenser les baisses importantes de pétrole et de gaz, mais sans pouvoir aller bien au-delà. Le charbon se caractérise par une assez large répartition géographique dans le monde (situation plus favorable que le gaz et le pétrole), d'où des risques géopolitiques moindres. Les trois quarts des réserves sont situées chez les trois « grands » : États-Unis (le plus gros consommateur), Russie et Chine. On en trouve aussi de façon significative en Australie, au Canada, en Afrique du Sud, en Inde et en Pologne. Mais plus que celui du pétrole ou du gaz, le transport du charbon est encore limité, puisqu'à ce jour seuls 8 % de sa production sont exportés, dont la moitié pour le coke sidérurgique. Une adaptation lourde s'imposera.

Vision d'ensemble sur les combustibles fossiles

La *figure 1.3* rassemble, compte tenu des présentations antérieures, les évolutions possibles des combustibles fossiles d'ici la fin de ce siècle. Il faut noter pour le pétrole le Peak Oil, calé vers 2015-2020, suivi d'une baisse progressive. Soulignons également la forte montée de la place du gaz jusque vers 2040, puis un début de baisse ; et remarquons, enfin et surtout, la première place prise par le charbon.

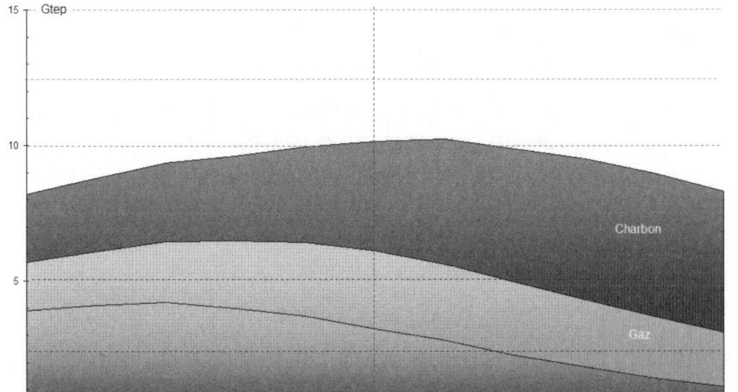

Figure 1.3 *Une « vision » de l'avenir des combustibles fossiles*

1.2.3. L'effet de serre

En dépit des pénuries plus ou moins lointaines qui se profilent et que nous avons déjà mentionnées, le maintien d'une forte dépendance vis-à-vis des combustibles fossiles et surtout vis-à-vis du charbon soulève une question primordiale : une telle dépendance ne va-t-elle pas conduire, par les rejets de gaz carbonique qu'elle entraînerait, à un accroissement de l'effet de serre ?

Ces combustibles fossiles sont en effet constitués à partir de carbone : carbone simple, non chimiquement lié pour le charbon, carbone associé à l'hydrogène s'il s'agit du méthane (le gaz dit « naturel ») et, enfin, carbone associé à l'hydrogène et à l'oxygène s'il s'agit du pétrole. Dans tous les cas, lors de la combustion en réaction avec l'oxygène de l'air, le carbone donne du gaz carbonique. À la chaleur de réaction carbone-oxygène pourra venir s'ajouter celle de la réaction hydrogène-oxygène et la production d'eau, et non de gaz carbonique.

Du carbone au gaz carbonique

La masse atomique du carbone étant de 12 (12,01 pour être précis) et celle de l'oxygène étant de 16 (15,99), la masse moléculaire du gaz carbonique CO_2 est de 44. Le rapport liant les rejets de gaz carbonique et ceux du carbone contenu dans ce gaz est de 3,66. Au vu des différences chimiques, à chaque combustible correspondent des rejets spécifiques de gaz carbonique ; ainsi nous retiendrons les valeurs moyennes suivantes : 1 tep de gaz émet 2,3 tonnes de gaz carbonique, 1 tep de pétrole 3,1 et 1 tep de charbon 4,1.

Le climat de la terre évolue sous l'influence de causes naturelles qui ont toujours existé. Cette évolution est cyclique. Différents phénomènes physiques sont à la base de ces cycles (*voir figure 5.2*). La première variable est liée à l'excentricité de la trajectoire elliptique que suit la terre autour du soleil. Cette excentricité dépend de deux pseudo-périodes[1], l'une de 413 000 ans, l'autre de 100 000 ans. La Terre reste plus longtemps éloignée du soleil lorsque l'excentricité est la plus grande et le flux d'énergie moindre. La deuxième variable concerne l'axe des pôles autour duquel la Terre tourne. L'inclinaison de cet axe (obliquité) sur le plan de l'écliptique varie avec une période de 41 000 ans. Par ailleurs, l'axe, tel celui d'une toupie, décrit un cercle (précession), avec une période comprise entre 19 000 et 23 000 ans. À ceci, il faudrait ajouter la variation de l'activité solaire, qui suit un cycle de 11 ans ; mais ce paramètre joue moins dans la variabilité.

La manière dont le soleil éclaire notre planète est donc à l'origine des grands cycles de périodes glaciaires, puis de périodes interglaciaires, dites aussi « périodes chaudes ». Nous sommes ainsi, depuis 10 000 ans, dans la période chaude qui suit le dernier âge glaciaire dit de Würm (commencé il y a 100 000 ans et terminé il y a 10 000 ans). Mais sans la présence des gaz dits à effet de serre, notre définition de « périodes chaudes » pour les interglaciaires serait à revoir, car toutes ces périodes seraient glaciaires, plus ou moins froides. Sans les gaz à effet de serre, nous ne serions pas là pour en parler ; car sans eux, la température de la terre ne serait pas de 15 °C en moyenne, mais de – 18 °C, et la Terre ne serait qu'une boule de glace sans eau liquide et donc sans vie. Ainsi, sur la planète Mars, les gaz à effet de serre sont beaucoup moins importants que sur la Terre et ils ne font que ramener la température de – 60 °C à – 55 °C. Le phénomène effet de serre est donc vital et bénéfique ; c'est son amplification qui peut poser problème.

Les gaz à effet de serre agissent sensiblement comme le verre des serres de nos jardins. La chaleur n'est pas « emprisonnée », comme il est parfois expliqué de façon hâtive. En effet, à l'équilibre, toute l'énergie qui entre ressort : il n'y a pas de cumul d'énergie, pas de chaleur prisonnière. Et pourtant, si nous augmentons la quantité de ces gaz, la température va augmenter. L'explication physique de ce phénomène repose sur la transparence relative de ces gaz

1. Pseudo : pour un comportement non strictement périodique.

aux rayonnements (*voir § 5.1.3*). Si ces gaz sont très transparents aux rayonnements solaires, ils le sont beaucoup moins aux rayonnements infrarouges émis en retour par le sol, comme l'indique la *figure 1.4*. Si la couche de gaz s'épaissit, une élévation de température de la Terre (ré-émettrice de chaleur) s'impose pour trouver un nouvel équilibre. Le rayonnement plus intense de la Terre compense ainsi l'absorption induite par le changement de composition de l'atmosphère. Un nouvel équilibre de flux est atteint, avec une augmentation de température. Chaque supplément de gaz à effet de serre se traduit par un supplément de la température terrestre.

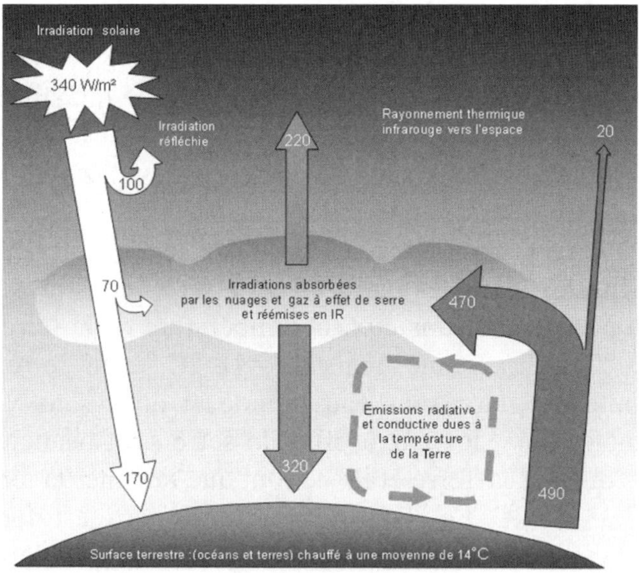

Figure 1.4 *Effet de serre, bilan radiatif*
(Flux : W/m^2, valeurs moyennes annuelles)

Les gaz à effet de serre sont nombreux, les plus importants étant la vapeur d'eau (pour un peu plus de la moitié de l'effet global) et le gaz carbonique (69 % du reste). Tous deux sont présents dans la nature pratiquement depuis l'origine de la Terre et avant l'éclosion de la vie. Il faut noter que la quantité de vapeur d'eau (premier des gaz à effet de serre) varie avec la température et la condensation en nuages régulée par les pluies. Le temps de recyclage est très court (quelques jours) et les émissions dues aux activités humaines sont négligeables face aux phénomènes naturels d'évaporation.

À l'ère industrielle, les activités humaines ont augmenté les quantités naturelles de ces gaz par de nouveaux ajouts, essentiellement sous la forme de gaz carbonique. La capacité d'absorption au rayonnement infrarouge de chaque gaz est très variable. Par mole, elle passe en valeur relative de 1 pour le gaz carbonique à plus de 12 000 pour certains CFC[2]. Mais pour déterminer l'absorption globale, il faut faire intervenir le nombre de moles présentes dans l'atmosphère, et ce nombre n'est pas stable, certains gaz disparaissant plus vite que d'autres. À ce jour, l'influence de ces gaz peut se mesurer par leur Pouvoir de réchauffement global (PRG), qui n'est pas donné dans l'absolu mais en valeur relative comparée à la même masse de gaz carbonique injectée à l'instant initial. Ce PRG est variable dans le temps. Par exemple, le PRG relatif du méthane, qui vaut environ 60 pour une durée de 25 ans, descend à 25 pour une durée de 100 ans. Ceci traduit la durée de vie du méthane, qui est de l'ordre de 10 ans dans l'atmosphère. La référence courante est le PRG à 100 ans.

Il est incontestable que l'atmosphère de nos jours contient plus de gaz carbonique que la quantité maximale atteinte au cours des 400 000 dernières années et que nos activités en sont responsables. Pendant ces 400 000 ans, la teneur en gaz carbonique a varié entre 180 et 280 ppm (partie pour million), n'approchant les 300 ppm que trois fois : il y a 320 000 ans, 240 000 ans et 130 000 ans. Simultanément, la température moyenne de la terre était de 5 °C plus basse ou 2 °C plus haute qu'aujourd'hui.

2. Les CFC ou chlorofluorures sont des gaz synthétisés à partir d'hydrocarbures saturés dont les atomes d'hydrogène ont tous été remplacés par des atomes de chlore et de fluor.

La teneur en gaz carbonique, restée inférieure à 280 ppm (partie pour million) jusqu'à l'ère industrielle, dépasse 380 ppm à ce jour. En ce début de siècle, nous émettons plus de 30 milliards de tonnes de gaz carbonique par an, dont seule la moitié est absorbée par la nature (en partie par les océans et en partie par la biomasse). La moitié en trop (environ 15 milliards de tonnes par an) vient s'ajouter aux 2 745 milliards de tonnes déjà présentes. Un rapprochement de cet accroissement de la teneur en gaz carbonique peut être fait avec l'accroissement de la température.

Un constat s'impose : la température moyenne de la Terre durant la dernière décennie a été la plus élevée depuis que les enregistrements météo existent. Les écarts restent néanmoins faibles, un peu inférieurs à 1 °C, et certains les contestent ou les attribuent à des phénomènes naturels.

Sans la mise en place d'actions volontaristes, les émissions de gaz carbonique croîtront dans les prochaines décennies. Ceci est une certitude : il y aura une augmentation de la concentration du gaz carbonique dans l'atmosphère. Divers scénarios vraisemblables ont été construits pour de telles évolutions non interventionnistes, qui conduisent à prévoir des concentrations allant de 550 à 1 000 ppm à la fin du siècle. Sur ces bases, il faut se reposer sur des simulations numériques (que seuls les plus puissants ordinateurs peuvent traiter) pour essayer de prévoir l'avenir climatique. Ces modèles sont partiellement validés par les évolutions récentes. Mais tous les phénomènes ne peuvent être validés à ce jour, et il reste des inconnues et des hypothèses à confirmer. Néanmoins, toutes les études réalisées conduisent à une élévation significative des températures. Les écarts annoncés selon les modélisations viennent en grande partie des hypothèses sur les rejets futurs de gaz à effet de serre et donc de l'évolution de la consommation de combustibles fossiles. La plage se situe entre 2 et 6 °C d'élévation de la température moyenne pour 2100. Les changements climatiques ne seront pas de la même ampleur selon que l'élévation est de 6 °C ou de 2 °C. Ils affecteront plus ou moins les ressources en eau, certains écosystèmes naturels, la santé, l'agriculture, la sylviculture, ainsi que les systèmes côtiers et les zones de basse altitude, noyés par la montée du niveau de la mer.

Il convient donc de limiter nos émissions de gaz à effet de serre pour éviter un bouleversement du climat de notre planète. **Pour limiter l'élévation de température à 2 °C, valeur considérée comme étant la limite du changement supportable en un siècle, il faudrait que les émissions mondiales de l'an 2000 soient à l'avenir divisées par un facteur 2 environ**. À ce jour, 30 milliards de tonnes rejetées de gaz carbonique pour 6 milliards d'habitants donnent un rejet de 5 t/hab et par an. Ce dernier chiffre devrait ainsi être ramené à 2,5 à population mondiale constante, à 1,66 si la population atteint 9 milliards en 2050 et à 1,25 si la population approche les 12 milliards en 2100. Mais, pour arriver à ce facteur 2, l'essentiel de l'effort devrait être fait par ceux qui actuellement rejettent le plus, et globalement un facteur 4 a ainsi été retenu pour les pays développés. Si le facteur 4 est appliqué pour chaque Français, il devrait monter à 6,6 pour l'Allemand et être supérieur à 10 pour l'Américain du Nord (États-Unis, Canada).

Nota : Ces écarts viennent du fait que, si les rejets annuels de gaz carbonique pour les pays de l'OCDE sont en moyenne de 10,9 t/hab, ils ne sont pour les Français que de 6, alors que pour les Allemands ils sont de 10 et pour les Américains de 19.

Pour réduire les émissions, on peut agir dans deux directions complémentaires : diminuer notre consommation d'énergie chaque fois que c'est possible, et utiliser des sources d'énergie n'émettant pas de gaz à effet de serre, ou celles qui peuvent en quelque sorte piéger et limiter les rejets de gaz carbonique.

1.2.4. La séquestration du gaz carbonique

En faisant appel aux combustibles fossiles, l'homme émet chaque année environ 30 milliards de tonnes (30 gigatonnes) de gaz carbonique. Seule la moitié de ces rejets est absorbée par la nature (océans et biomasse), le reste (environ 15 milliards de tonnes) vient, avec un temps de résidence au moins égal au siècle, renforcer l'effet de serre de l'atmosphère. Pour ne pas renforcer l'effet de serre et ses conséquences climatiques, il faudrait que les rejets annuels se limitent à moins de 15 milliards de tonnes de gaz carbonique.

Afin de réduire ces émissions, à côté de la mise en œuvre de technologies produisant peu de gaz à effet de serre, se développe l'option technologique de captage et stockage géologique du gaz carbonique. L'ensemble des opérations, désigné par CSC (Capture et Stockage de Carbone) consisterait à :

- capter le gaz carbonique produit par les installations industrielles dites stationnaires, parmi lesquelles les centrales électriques au charbon. Cette captation se fait de manière classique, par lavage (refroidissement et élimination des poussières), puis par absorption sur des amines pour fixer le CO_2 ;
- transporter le gaz carbonique ainsi capté vers un lieu de séquestration ;
- l'injecter dans des structures géologiques adéquates dans lesquelles il sera stocké pendant quelques siècles. Ceci devrait permettre de dépasser l'ère d'utilisation massive des énergies fossiles.

Toutes ces opérations sont consommatrices d'énergie et sont donc en elles-mêmes productrices de plus de gaz carbonique. Comme il y a des fuites inévitables de ce gaz, la totalité du gaz carbonique ne peut être neutralisée. Le bilan global est néanmoins très favorable, comme le montre la *figure 1.5*, avec un gain d'un facteur 8.

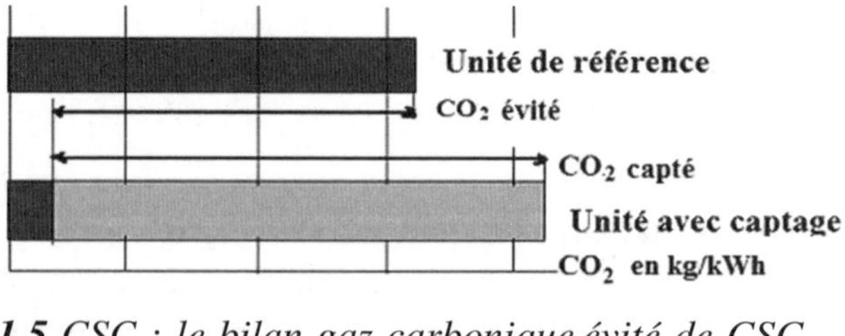

Figure 1.5 *CSC : le bilan gaz carbonique évité de CSC*
Partant d'une unité actuelle classique, l'adjonction de la CSC conduit à un accroissement des besoins énergétiques et donc de la quantité de gaz carbonique émise avant captage

Pour obtenir un résultat significatif à l'échelle du défi qui se présente, ce sont plus de 10 milliards de tonnes de gaz carbonique par an qu'il faudrait séquestrer au niveau mondial. Cette technologie progresse. Elle a dépassé la phase de recherches fondamentales en laboratoire depuis de nombreuses années. Ainsi, dans le Dakota du Nord, 1,5 à 2 millions de tonnes de gaz carbonique sont, depuis l'an 2000, envoyées annuellement par pipeline vers le champ pétrolier de Weyburn (Saskatchewan, Canada) à 330 km de là. Depuis 1996, ce sont aussi 11 millions de tonnes de gaz carbonique au total qui ont été injectées dans une couche géologique profonde en mer du Nord norvégienne, à Sleipner. Il s'agit d'un stockage en aquifère salin profond, qui fait l'objet d'un suivi spécifique pour s'assurer de l'étalement du gaz dans les roches et surtout de l'absence de remontée du gaz. Ce dernier point essentiel fait déjà l'objet de suivis depuis plus de 10 ans et il devra être vérifié dans des expériences menées à beaucoup plus grande échelle.

Dans le domaine du CSC, nous sommes encore loin de l'étape préindustrielle et d'une vision claire du coût, mais cette technologie fait naître de grands espoirs.

1.2.5. Données chiffrées des rejets de gaz carbonique

Productions énergétiques totales et rejets de gaz carbonique

Pour le monde, sur la base des valeurs de production primaire indiquées en *figure 1.2* et des rejets de gaz carbonique par source d'énergie (donnés dans le *§ 1.2.3*), les rejets globaux se retrouvent aisément :

- Pétrole :
  4 200 Mtep × 3,1 t/tep = 13 020 millions de tonnes de CO_2.
- Gaz :
  2 600 Mtep × 2,3 t/tep = 5 980 millions de tonnes de CO_2.
- Charbon :
  3 300 Mtep × 4,1 t/tep = 13 530 millions de tonnes de CO_2.

Les rejets annuels mondiaux sont de 32 530 millions de tonnes de CO_2 par an (environ 32 Gt/an). Par habitant, avec une population mondiale de 6,6 milliards, cela donne 4,9 t/an.

Pour la France, le même calcul est appliqué pour les seules utilisations énergétiques, avec 77,4 Mtep de pétrole (91 – 13,6 non énergétique), 38,4 Mtep de gaz (40 – 1,6) et 11,9 Mtep de charbon (12 – 0,1), donne un total de 377 millions de tonnes de CO_2 soit 6 t/hab/an.

Rejets de gaz carbonique dus aux transports en France

• *Total des transports*

En France, 50 millions de tonnes de pétrole sont affectées annuellement aux transports (personnels, collectifs et de marchandises). Une tonne de pétrole rejetant 3,1 tonnes de gaz carbonique (*voir § 1.2.3*), **ce sont 150 millions de tonnes de gaz carbonique que les transports rejettent dans l'atmosphère chaque année**. Ils représentent 40 % du total des rejets : 150/377 (voir ci-dessus) alors que ces transports ne comptent que pour 18 % : 50/277 (*voir figure 1.2*) dans le bilan énergétique global. Il y a un effet amplificateur d'un facteur supérieur à 2. Ce facteur s'explique aisément en soulignant la quasi-absence de l'usage de sources d'énergie non émettrices de gaz à effet de serre dans les transports, où le pétrole est roi.

• *Véhicules particuliers*

Il y a en France environ 30 millions de véhicules (1 véhicule en moyenne par famille). En moyenne, chaque véhicule fait 14 500 km par an pour une consommation de 7 litres au 100 km. **Ceci donne pratiquement 1 000 litres issus du pétrole par famille et par an** (un ordre de grandeur facile à retenir). En prenant une densité de 0,8, ceci conduit à 0,8 tonne de pétrole et donc 2,4 tonnes de CO_2 rejetées par an. En multipliant 30 millions de véhicules par 2,4, nous obtenons 72 millions de tonnes de rejets de CO_2 par an dus aux véhicules personnels.

Rejets de gaz carbonique dus à la production d'électricité en France

En France, la production d'électricité fait appel au nucléaire, aux renouvelables et aux combustibles fossiles (5,2 Mtep de charbon, 3,4 Mtep de gaz et 1,3 Mtep de pétrole ; *voir figure 1 de l'Annexe 1*). **Le total des rejets de gaz carbonique pour la production d'électricité est de 33 millions de tonnes**, soit 11 % du total des rejets tous usages confondus. La production brute d'électricité étant de 575 TWh, nous obtenons 57 g de CO_2/kWh produit. Pour déterminer le chiffre en consommation finale, il faut prendre en compte qu'à côté des 59 TWh d'électricité exportés, nous en importons 11. Ces derniers venant de l'étranger (essentiellement d'Allemagne) sont plus chargés en rejets de CO_2 (environ 400 g/kWh). Le bilan corrigé donne 78 g/kWh consommés (environ 80 g/kWh).

Si ce chiffre de 80 g/kWh est un chiffre moyen, est-il applicable tel quel pour tous les usages de l'électricité ? Cette question fait l'objet de polémiques lorsqu'il s'agit du chauffage électrique. Il est certain que l'extension du chauffage électrique conduit à des pointes d'utilisation des centrales à combustibles fossiles en hiver, du fait du manque de puissance installée hors fossiles (*voir § 4.7*). Mais il est noté que ces centrales à combustibles fossiles fonctionnent aussi en été et en intersaison, leurs consommations ne sont donc pas à affecter en totalité au chauffage. Se pose donc la question de la part des rejets des centrales à combustibles fossiles qui doit être imputée au seul chauffage électrique. Entre les tenants de l'affectation totale et ceux de la non-affectation spécifique, le débat pouvait être houleux. Un chiffre intermédiaire de 180 g/kWh a été retenu conjointement par EDF et l'Ademe. Cela a comme répercussion que les autres usages de l'électricité sont moins émetteurs de CO_2 (en moyenne 40 g/kWh). Par exemple, l'éclairage comme l'Eau Chaude Sanitaire électrique ne devraient être imputés que de 40 g/kWh. De toute façon, ces rejets restent faibles et, pour simplifier, nous retiendrons pour tous les usages la valeur de 80 g/kWh, en sachant que le chauffage électrique mérite une analyse spécifique.

1.3. Récapitulatif

Le doublement approximatif de la population mondiale en ce XXIe siècle conduit inexorablement à une augmentation des besoins énergétiques. Or, l'appel aux combustibles fossiles, qui pour le moment constituent la base de notre fourniture énergétique, doit être limité, autant à cause des risques de pénurie d'approvisionnement que pour les conséquences sur le climat de leur utilisation. Il faut donc agir sur la consommation globale d'énergie, ce qui est désigné par le vocable « efficacité énergétique » et développer des sources non carbonées, dont font partie les renouvelables.

2. Les énergies renouvelables, panorama actuel

À ce jour, l'essentiel de la fourniture d'énergie renouvelable vient d'une part de la forêt, essentiellement sous la forme du bois dit « de feu », et d'autre part de l'hydraulique et sa production d'électricité associée. Sur la base de ces sources dites « classiques », qui participent déjà pour environ 10 % à la production énergétique mondiale primaire, il est possible globalement au niveau mondial d'aller plus loin, mais avec de grandes variations selon les régions et les pays.

Les « classiques » peuvent faire plus, mais on ne peut en attendre des miracles. Il est en revanche possible d'attendre beaucoup plus de ce qui est regroupé sous le vocable, Nouvelles Énergies Renouvelables (NER), d'autant que dans ce domaine nous partons de très bas. Le terme nouvelles appliqué à ces sources est trompeur et ne doit pas être pris au sens historique car certaines sont très anciennes, comme l'énergie produite autrefois par les moulins à vent. Elles sont nouvelles surtout par les progrès technologiques et les innovations qui permettent, sur la base de techniques parfois anciennes, de meilleures performances, une extension des usages, ceci aussi bien sous les aspects quantitatifs, financiers et environnementaux. Les progrès dans le domaine des NER sont considérables, d'autres avancées sont en cours. Jusqu'où pouvons-nous aller ?

Nous nous proposons du chapitre 3 au chapitre 7 de faire le point sur les énergies renouvelables, en les examinant une à une, qu'elles soient sources de chaleur ou d'électricité, anciennes ou nouvelles. Nous verrons l'état actuel, les espoirs, sans cacher les obstacles et les limites, qui peuvent être physiques, économiques, environnementales. Nous essayerons enfin, en additionnant toutes ces informations, de faire dans le chapitre 9, un remontage global donnant une vue d'ensemble et quantifier la part que pourrait prendre les renouvelables pour répondre à nos besoins énergétiques.

2.1. Au commencement, le feu

Tout commence il y a au moins 600 000 ans avec le feu, source de chaleur, de lumière et également moyen de lutte contre les bêtes sauvages. Pour ces diverses utilisations, l'homme, que ce soit celui que l'on appelle *Homo erectus* ou l'un de ses successeurs, utilise le bois, l'herbe sèche, la graisse animale. Avec l'invention du charbon de bois, des températures de foyers de plus en plus élevées peuvent être obtenues ; c'est ainsi que les premières industries apparaissent, avec la poterie et la métallurgie du plomb, du cuivre, du bronze et enfin du fer.

Pour les déplacements sur les fleuves, comme sur le Nil il y a plus de 3 000 ans, le vent, *via* les voiles, complète le travail des haleurs sur les rives. En mer, ce seront les bras des rameurs qui seront remplacés par les voiles. Beaucoup plus tard (au VIIe siècle en Iran), l'utilisation du vent s'étendra avec les moulins à vent. Ceux-ci néanmoins attendront les XIIe et XIIIe siècles pour connaître leur plein essor.

Mais il n'y a pas que le vent : l'hydraulique n'est pas en reste, avec le moulin à eau, déjà inventé dans l'Antiquité et qui, lui aussi, est surtout développé au Moyen Âge ; sans oublier les moulins à marée en Angleterre et en France (sur l'Adour).

Biomasse, vent, hydraulique, rien de nouveau : tout existait déjà dans l'Antiquité. Ils se développent fortement au Moyen Âge et resteront les principales sources d'énergie jusqu'à l'arrivée du charbon aux XVIIIe et XIXe siècles. Mais il était temps qu'arrive cette nouvelle source d'énergie, car les forêts disparaissaient. Ainsi furent mises en évidence, pour la première fois, l'existence de certaines limites et la nécessité de prendre en compte le cycle de vie pour les renouvelables.

Face à la concurrence des combustibles fossiles, les renouvelables ont ainsi perdu petit à petit leur place de leader et ne représentent plus aujourd'hui qu'environ 10 % de la production énergétique primaire dans le monde.

2.2. Énergies renouvelables et forces de la nature

Les renouvelables sont associées aux forces de la nature, et donc considérées comme inépuisables. Le soleil, à l'origine première source d'énergie renouvelable, ne semble t-il pas inépuisable ? Mais n'est-ce pas un peu plus complexe ? Ne faut-il pas considérer les flux et les stocks d'énergie ?

Utiliser davantage que nous ne le faisons l'énergie qui vient du soleil ne modifiera pas la durée de vie de ce dernier. Le flux est là, pour l'éternité, au moins à l'échelle de la vie de l'humanité, qui ne devrait être qu'une faible fraction des milliards d'années prévisibles de vie du soleil.

Mais si nous coupons du bois, source issue de la photosynthèse et donc aussi du soleil, la notion d'inépuisable se pose en termes de flux pris sur un stock. Le stock se reconstitue plus ou moins lentement. La notion d'inépuisable doit être placée dans le cadre d'un cycle de vie, qui est ici de l'ordre de la dizaine à quelques dizaines d'années, voire plus de 100 ans selon le type d'essence forestière. De même, si nous regardons du côté de l'hydraulique, nous pouvons en quelques dizaines d'heures vider un lac de barrage, mais il faudra attendre les pluies du printemps suivant pour renouveler cet exploit annuel. Inépuisable, oui, mais il y a bien, là aussi, un problème de flux et de stock à reconstituer.

À l'échelle de la vie de la planète, les combustibles fossiles se sont formés en quelques dizaines de millions d'années à partir de résidus de biomasse et de vie animale. Il faut noter qu'au départ le soleil était déjà à l'œuvre par la photosynthèse. Il a fallu des millions d'années à la nature pour produire ces fossiles. Quelques centaines d'années suffiront à l'homme pour les faire disparaître. Et il en faudrait à nouveau des millions pour que le renouvellement naturel se fasse. Nous sommes donc confrontés à deux échelles de temps incompatibles.

D'autres stocks ont des échelles de temps encore plus longues, comme celle de l'uranium, matière fissile rassemblée lors de la formation de la nébuleuse du système solaire, mais déjà existante dans l'univers.

Au niveau flux, les énergies renouvelables utilisent des sources naturelles de trois origines différentes :

- le soleil et la réaction de fusion nucléaire : nous parlerons de **rayonnement solaire** ;
- la chaleur interne de la Terre issue, à l'origine, de la concrétion initiale de la matière, mais surtout, à ce jour, de la radioactivité naturelle : nous parlerons de **géothermie** ;
- la gravitation et les effets de l'attraction essentiellement lunaire et aussi solaire sur les océans : nous parlerons d'énergie des mers, dont l'**énergie marémotrice**.

Le soleil, qui continue d'agir, comme depuis des milliards d'années, sur le cycle de vie et la photosynthèse, est potentiellement une source d'énergie qui peut être qualifiée d'illimitée. Ainsi, au sol, à midi, le flux est de 1 kW/m^2. Moyenné sur 24 heures, ce flux atteint 170 W/m^2. Étendu à la surface de la terre, **il donnerait une puissance qui couvrirait environ 10 000 fois les besoins mondiaux.**

Cette énergie solaire n'est pas mise à profit uniquement par ses rayons comme source de chaleur. Si, avec la chaleur, le génie de l'homme a permis de produire de l'électricité, ce même génie utilise aussi les rayonnements électromagnétiques pour produire du courant, *via* le photovoltaïque. En outre, comme l'énergie solaire intervient directement dans les phénomènes météorologiques, c'est donc encore le soleil qui indirectement est à l'origine de l'hydroélectricité *via* le cycle de l'eau, et à celle de l'énergie éolienne *via* les mouvements d'air (le vent).

Malgré tout, ce caractère d'énergie potentiellement illimitée qu'a le soleil n'est pas pour autant synonyme d'énergie accessible sans limites, du fait des butées et possibilités technologiques. À ce jour, l'apport du solaire, en y intégrant la biomasse, ne couvre que 10 % des besoins énergétiques. Entre théorie et réalité, nous voyons qu'il y a un facteur 100 000. Allons-nous réussir à entamer une partie de ce facteur ? Cela peut faire rêver. Mais, tout en rêvant, nous essayerons de rester réalistes.

2.3. Situation actuelle des renouvelables en France

Il est couramment dit que la France est très en retard dans le développement des énergies renouvelables. Ce retard aurait été pris dans les années 1980-1990, lorsque l'accent était mis sur le développement du nucléaire. En fait, la France était il y a encore quelques années (en 2003, soit bien après la période du développement nucléaire) la première en Europe pour la production d'énergies renouvelables. Cette première place était liée à l'importance de la forêt et à l'effort considérable réalisé en investissements hydrauliques (dans le domaine de l'énergie, de tels pourcentages d'investissements, ramenés au PIB de cette époque, n'ont depuis jamais été revus). Ces investissements ont comme symboles le barrage de Génissiat (mis en service après la Seconde Guerre mondiale) et celui de Grand-Maison (mis en service en 1988, l'une des dernières grandes réalisations hydrauliques). Cet effort dans l'hydraulique s'est étendu à l'utilisation des marées, domaine dans lequel la France était pionnière. Pour l'énergie solaire, la France fut également pionnière, avec notamment le lancement en 1970 de la centrale Thémis d'Odeillo, avec son four solaire (*voir § 5.4.2*).

Au niveau européen, cette première place a depuis été prise par l'Allemagne, comme le montre la *figure 2.1* du bilan pour l'année 2006, bilan tiré des données de l'AIE (Agence Internationale de l'Énergie). C'est surtout dans les deux domaines clés de ce que l'on appelle les « nouvelles renouvelables », l'éolien et le photovoltaïque, que l'Allemagne a fortement progressé. En valeur absolue, Allemagne et France se distinguent des autres pays européens. En valeur relative ramenée à l'ensemble de la production énergétique, ce sont la Suède et la Finlande qui se détachent.

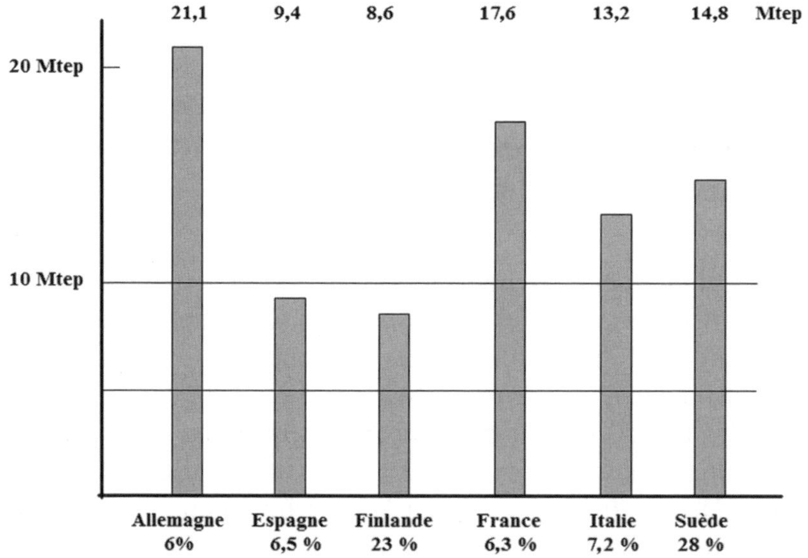

Figure 2.1 *Les énergies renouvelables en Europe, situation 2006 Production totale en Mtep et production relative en % de l'ensemble des énergies de chaque pays*

Le dernier bilan détaillé connu (année 2008) donnait pour l'Allemagne 27 Mtep de renouvelables, soit un chiffre par habitant pratiquement le même qu'en France.

Le *tableau 2.1* détaille pour l'année 2008 les différentes sources d'énergies renouvelables en France métropolitaine.

	Électricité En GWh	**Thermique En Mtep**	**Variation en 1 an**	**Total production En Mtep**
Hydraulique	64 338			5,5
Éolien	5 710		40 %	0,5
Solaire électrique	36		225 %	0,003
Solaire thermique		0,04	25 %	0,04
Géothermie		0,14		0,14
Pompes à chaleur		0,46	32 %	0,46
Déchets urbains	1 887	0,32		0,5
Bois énergie	1 357	8,02	6 %	8,1
Résidus agricoles		0,11		0,1
Biogaz	691	0,067		0,1
Agrocarburants		2,08	78 %	2,1
Total renouvelables	74 019	11,2	13 %	17,6
Total énergies	575 000	144,5	1,2 %	277

Tableau 2.1 *Les renouvelables en France métropolitaine : situation 2008*
La production d'électricité est exprimée en GWh (gigawattheure). La production thermique et la production primaire totale sont exprimées en millions de tonnes équivalent pétrole (Mtep), voir Annexe 1.1

À ceci mérite d'être ajoutée la production d'électricité géothermique en France d'outre-mer (en Guadeloupe), pour 78 GWh.

Mesurées en énergie primaire à la production, les 17,6 Mtep fournies par les énergies renouvelables représentent environ 7 % des 277 Mtep de la production totale française toutes sources d'énergie confondues. Ces 17,6 Mtep sont essentiellement issues de l'hydraulique (pour la production d'électricité) et du bois énergie (pour la chaleur).

Difficulté du décompte des mesures énergétiques

L'importance relative de l'hydraulique dans le bilan global énergétique peut prêter à des interprétations diverses et être qualifiée aussi bien de significative que de négligeable. Ceci est le reflet de la difficulté d'interprétation des bilans énergétiques.

Une première approche consiste à considérer que l'hydraulique produisant directement de l'électricité, il est normal de retenir en premier lieu la production directement mesurable, exprimée sur la base des unités dérivées du Wh. Ainsi la production hydraulique a varié entre un plus haut de 72 TWh en 2000 et un plus bas de 58 TWh en 2005, variations liées à la pluviométrie. En moyenne, le chiffre retenu est de 64 TWh (T pour téra = million de millions). L'ensemble de la production électrique française, toutes sources confondues, étant de 575 TWh, l'hydraulique représenterait 11 % de la production. En constatant que l'électricité représente environ la moitié de la production énergétique primaire, nous serions tentés d'en déduire que l'hydraulique représente 11 %/2, soit 5,5 %.

Une seconde approche, qui se base sur l'équivalence officielle de 0,086 Mtep pour 1 MWh d'électricité hydraulique (*voir Annexe 1.1*), donne 5,5 Mtep pour la part de l'hydraulique dans le bilan de production primaire, et ceci ne représente que 2 % du total, qui est de 277 Mtep.

Nous sommes là devant une situation ambiguë : est-ce 2 % (négligeable), est-ce 5,5 % (significatif) ? L'approche officielle donne 2 %, mais 5,5 % représentent davantage la réalité pratique. Une seule conclusion : attention dans l'utilisation des chiffres.

2.4. Le contexte politique et les mesures en faveur des renouvelables

La mise en avant des conséquences de l'effet de serre (*voir § 1.2.3*) a conduit à prendre des mesures favorisant les renouvelables. Ces mesures visaient, en complément aux économies d'énergie, à répondre aux objectifs du protocole de Kyoto : une réduction programmée et contrôlée des émissions des gaz à effet de serre.

Pour les pays industrialisés, les objectifs chiffrés étaient de - 5 % en moyenne pour l'ensemble des gaz en équivalent gaz carbonique sur la période 2008-2012, par rapport à 1990. Le chiffre de - 8 % a été retenu pour les 15 pays qui, à l'époque, constituaient l'Union européenne.

Pays	**M. tonnes éq. CO_2 en 1990**	**M. tonnes éq. CO_2 en 2005**	**% promis pour 2012**	**% réalisés en 2005**
EU 15	4 278	4 192	−8 %	−2 %
France	564	553	0 %	−1,9 %
Allemagne	1 232	1 001	−21 %	−18,7 %
Danemark	69	64	−21 %	−7,8 %
Italie	519	582	−6,5 %	12,1 %
Espagne	299	440	15 %	52 %

Tableau 2.2 *Protocole de Kyoto. Réduction des rejets de gaz carbonique : situation en 2005 et engagements de quelques États européens, exprimés en millions de tonnes équivalent gaz carbonique*

Seuls quelques pays respecteront leurs objectifs (Finlande, France, Allemagne, Grèce, Suède et Royaume-Uni). Le cas allemand est toutefois particulier, dans la mesure où l'Allemagne a « bénéficié » (en ce qui concerne le décompte des émissions de gaz carbonique) de l'effondrement de l'industrie dans l'ancienne Allemagne de l'Est. La prise en compte de l'année 1990 comme point de départ fausse le décompte. D'autres pays, comme l'Autriche, le Danemark et l'Espagne, sont loin du compte.

Au-delà de Kyoto 2012, les directives européennes fixent des objectifs que synthétise la formule simple et très médiatisée des trois fois 20 pour l'année 2020 :

- moins 20 % d'émission de gaz à effet de serre ;
- plus 20 % d'efficacité énergétique ;

– 20 % de part de renouvelables dans la consommation énergétique finale.

Dans ce contexte, la France a pris quelques mesures spécifiques, dont un plan de développement des énergies renouvelables. Ce plan prévoit d'aller au-delà des directives européennes et d'atteindre 23 % d'énergies renouvelables dans la consommation totale d'énergie à l'horizon 2020 (mesure en énergie finale), soit environ 40 Mtep au lieu des 17 Mtep de ce jour. Cette décision de faire plus que les autres pays peut surprendre, alors que la France est déjà un des bons élèves de l'Europe en renouvelables et surtout en rejets limités de gaz carbonique. Dans ce plan, sont prévus la multiplication par 2 du bois énergie, par 6 de la géothermie, ainsi qu'un changement d'échelle majeur pour l'éolien et le photovoltaïque. Les mesures s'appuient d'une part sur des crédits d'impôts, et d'autre part sur des tarifs de rachat de l'électricité produite.

Le crédit d'impôts est une disposition fiscale permettant aux ménages de déduire de leurs impôts sur le revenu des dépenses réalisées sur leur résidence principale. Ces dépenses doivent concerner des travaux d'isolation thermique (parois opaques, parois vitrées…) ou la mise en œuvre d'équipements basés sur les énergies renouvelables (comme les chauffe-eau solaires, les pompes à chaleur, les panneaux photovoltaïques, etc.). Le montant des dépenses ouvrant droit au crédit d'impôts est plafonné à 8 000 € pour une personne seule et 16 000 € pour un couple soumis à l'imposition commune, somme majorée de 400 € par personne à charge. Le plafond s'apprécie sur une période de cinq années consécutives. Des conditions techniques de performance sont imposées. Les taux varient ; ils sont par exemple de 25 % pour les pompes à chaleur air/eau et de 40 % pour les pompes à chaleur à capteurs enterrés. Ils varient de 25 à 40 % pour le chauffage bois et atteignent 50 % pour le chauffage solaire d'appoint ou la production d'Eau Chaude Sanitaire. Depuis septembre 2010, ils sont de 25 % pour les panneaux photovoltaïques (auparavant de 50 %). La combinaison de ce taux de 50 %, associé à la possibilité de revendre le courant produit à EDF à des tarifs particulièrement élevés (voir ci-dessous) a conduit à une bulle spéculative sur ce type d'installation. Ce qui était au départ un acte citoyen pour l'environnement s'est transformé en un acte financier purement spéculatif.

À ceci peut s'ajouter le crédit d'impôts sur les intérêts d'emprunt, lorsque la construction ou l'acquisition concerne un bâtiment qui consomme très peu d'énergie certifié BBC (Bâtiment Basse Consommation).

En ce qui concerne les tarifs de rachat de l'électricité, ils sont fixés à 82 €/MWh pour l'éolien terrestre, à 132 €/MWh pour l'éolien marin et, enfin, à 580 €/MWh pour le photovoltaïque intégré à la toiture et à 367 €/MWh si non intégré. Comme le coût moyen de production d'électricité est de l'ordre de 40 à 50 €/MWh, ces tarifs garantis sur 15 ou 20 ans attirent les investisseurs.

L'introduction envisagée d'une taxe carbone s'appliquant aux émetteurs de gaz carbonique pourrait favoriser indirectement les renouvelables. Il faut rappeler qu'existe déjà une incitation au niveau européen pour réduire les rejets de gaz carbonique. Cette incitation prend la forme de quotas de rejets applicables aux seules industries grosses émettrices de gaz carbonique. Des droits d'émission (PNAQ : Plan National d'Allocation des Quotas) sont attribués pour la période 2008-2012, et l'entreprise qui dépasse ses droits devrait être pénalisée à raison de 100 €/t de gaz carbonique supplémentaire rejetée. En parallèle, s'est mis en place un marché d'échange des droits, permettant à chacun de vendre ou d'acheter des droits d'émission. Globalement, ceci couvre environ la moitié des rejets européens. En France, la proportion est moindre (un tiers), car du fait du nucléaire, l'ensemble du secteur producteur d'électricité émet peu de gaz carbonique.

Les autres émetteurs de gaz carbonique (transport, logement, agriculture, petite et moyenne industrie) ne sont pas concernés par les quotas, l'Union européenne laissant aux États membres le choix des moyens pour atteindre les objectifs de réduction d'émissions de gaz carbonique et autres gaz à effet de serre (GES), hors secteur régi par les quotas d'émissions négociables. Dans ce cadre, l'État français a mis en étude une contribution générale dite « climat énergie » (Grenelle I), qui dans sa première ébauche, présentée en 2009, affichait un taux de 17 €/t de gaz carbonique rejeté, taux qui pourrait monter à 100 €/t en 2030. Mais le gouvernement a annoncé en 2010 qu'il renonçait à la mise en œuvre d'une « taxe carbone » tant que les autres États européens n'auraient pas décidé de la mettre en application et tant qu'une taxe équivalente ne serait pas mise en place à la frontière de l'Europe. En France, verrons-nous l'application d'une taxe carbone en parallèle au système des quotas ? Ce dernier devrait probablement se renforcer si les quotas, au lieu d'être distribués gratuitement, deviennent payants pour la période débutant en 2012.

2.5. Récapitulatif

Les énergies renouvelables participent déjà pour environ 10 % à la production énergétique mondiale primaire, l'essentiel étant assuré par le bois pour le chauffage et par l'hydraulique pour la production d'électricité. À côté de ces sources dites classiques, entrent en scène de nouvelles sources, particulièrement l'éolien pour la production d'électricité et le solaire à la fois pour le chauffage direct et pour la production d'électricité.

De nombreuses incitations fiscales et aides diverses favorisent l'ensemble des renouvelables, dont l'importance devrait croître dans l'avenir.

3. La biomasse (bois de feu, déchets)

À l'heure actuelle, l'énergie d'origine renouvelable la plus employée dans le monde est loin d'être nouvelle et ne doit rien à la haute technologie, puisqu'il s'agit du bois. Cette source, que l'on appelle biomasse, comprend aussi les déchets de bois, la paille, etc. Le bois, source plus que traditionnelle, constitue à ce jour l'essentiel de la production des renouvelables hors hydraulique. La comptabilisation n'est pas aisée, car une grande partie de l'utilisation se fait hors des circuits commerciaux. Il s'agit de l'utilisation directe des déchets végétaux et petits bois ou buissons qui, pour plus de 2 milliards de terriens, sont l'énergie de base, parfois la seule disponible.
Au niveau mondial, l'apport énergétique de la biomasse est chiffré entre 0,6 et 1 Gtep par an (*voir en Annexe* : la tep, tonne équivalent pétrole = 11,6 MWh thermiques). Il représente de 6 à 10 % de la production totale d'énergie primaire. En France, nous trouvons pour la biomasse un total bois énergie de 9 Mtep par an.
Il faut noter toutefois un point important : le bois n'est pas nécessairement une énergie qui puisse être classée totalement renouvelable. Au niveau mondial, le bois ne se renouvelle pas en totalité, du fait de la déforestation (ce n'est pas le cas en France, où la forêt s'étend). Néanmoins, en dépit de cette réserve, la fraction vraiment renouvelée de ce bois constitue la

première contribution des renouvelables dans l'ensemble de la production énergétique.
La biomasse doit déjà se concevoir dans le cadre de la gestion normale des forêts et des déchets agricoles. Il vaut mieux brûler et récupérer de l'énergie en produisant du gaz carbonique que laisser ce gaz carbonique se dégager librement, sans fournir d'énergie, ou pire, attendre que ne se fasse la décomposition du bois en méthane (au moins 25 fois plus nocif, à même quantité, pour l'effet de serre). Il faut donc aller dans le sens d'une meilleure exploitation de nos forêts et mettre en liaison le bois d'œuvre, le bois papier et le bois énergie. Toutes ces filières sont complémentaires. En France, pays très boisé et aux forêts peu ou mal exploitées, elle pourrait représenter un gisement supplémentaire important d'énergie.

3.1. Bois de feu

3.1.1. Un peu de chimie

Le bois est constitué principalement de matières organiques. La première est la cellulose, de formule brute ($C_6H_{10}O_5$), qui entre, par exemple, pour 50 % dans la composition du sapin. La seconde est la lignine (30 % pour le sapin). Le dernier constituant est enfin l'hémicellulose. Chimiquement, ce sont tous les trois des hydrates de carbone, que couvre la formulation : $C_n\ (H_2O)_p$. Ces hydrates sont issus de la photosynthèse, qui peut être représentée simplement par :

$$6\ CO_2 + 12\ H_2O + \text{lumière (énergie)} \rightarrow C_6H_{12}O_6 + 6\ O_2 + 6\ H_2O.$$

L'énergie lumineuse est celle du photon : $W = h.\nu$ (*voir § 5.1.3*). Ce sont les photons de la partie visible de la gamme (*voir figure 5.5*), soit 50 % de l'énergie solaire reçue, qui donneront lieu à la photosynthèse. Une partie de la masse végétale produite, comme les racines ou les feuilles, ne sera pas énergétiquement utile, et le rendement énergétique potentiel global n'est que de quelques pour cent.

La biomasse fixe le carbone (la synthèse d'une tonne de cellulose fixe 0,4 tonne de carbone, soit 1,47 tonne de gaz carbonique) et peut ainsi être considérée comme un « puits » momentané, puisque le gaz carbonique sera rejeté lors de la combustion. Cette fixation est donc provisoire. Ainsi, globalement, hormis les pertes dans le cycle, la biomasse bien exploitée (hors déforestation) peut être considérée comme neutre vis-à-vis des rejets de gaz carbonique et donc vis-à-vis de l'effet de serre. Le bilan précis doit prendre en compte toute la chaîne de production, qui fait appel à un ensemble d'engins (de coupe, de débardage et de transports) mus par un ou des dérivés du pétrole. Il faut retenir un rejet d'environ 40 kg de CO_2 par MWh produit en chaleur finale (y compris la part du transport final). Ceci donne 464 kg de CO_2 par tep. C'est relativement peu, puisque qu'en comparaison une tep de pétrole rejettera 3,1 tonnes de CO_2, soit six fois plus, et qu'une tep de gaz en rejettera 2,3 tonnes, soit cinq fois plus.

À ces matières organiques de base, il faut ajouter un faible pourcentage (de 1 à 1,5 %) d'éléments minéraux et une part d'humidité variable. Le taux d'humidité varie de 50 à 100 % pour le bois saturé, dit bois vert, de 10 à 20 % pour le bois séché à l'air (un repère classique pour le bois de chauffe est un taux d'humidité de 25 %). Pour descendre à 10 % ou moins d'humidité, il faut un séchage artificiel et donc dépenser de l'énergie, ce qui en général sera fait en autoconsommation (on utilise la chaleur issue de bois sec pour sécher du bois humide et le rendre combustible).

3.1.2. La combustion du bois

Ces molécules des matières organiques (carbone et hydrogène), mises en présence d'oxygène comme celui de l'air, vont réagir pour donner la réaction de combustion, qui s'accompagne de la production de gaz carbonique et de chaleur. La chaleur produite par la combustion d'une masse de 1 kg de combustible est appelée « pouvoir calorifique ». Celui-ci, exprimé en MJ/kg, se mesure de deux façons : le pouvoir calorifique supérieur (PCS) et le pouvoir calorifique inférieur (PCI). L'écart entre PCS et PCI tient compte ou non de la chaleur latente de l'eau (quantité de chaleur associée au changement d'état de vapeur à liquide).

$$C_6 H_{12} O_6 + 6\ O_2 \rightarrow 6\ CO_2 + 6\ H_2O + Q \rightarrow PCI$$
$$6\ H_2O \text{ vapeur} \rightarrow 6\ H_2O \text{ liquide} + Q'$$
$$Q + Q' \rightarrow PCS$$

L'écart PCS/PCI est couramment de l'ordre de 10 %. Selon le type de la chaudière, cette chaleur latente peut être récupérée en partie plus ou moins importante lors de la combustion. Pour simplifier, nous nous baserons sur une valeur dite moyenne.

Combustible	**MJ/kg**	**kWh/kg**
Hydrogène	121	33,6
Carbone (graphite)	33	9,2
Essence	47	13
Butane (méthane)	49	13,6
Houille	25 à 32	6,9 à 8,9
Lignite	20	5,5
Bois sec	15	4,2
Déchets ménagers	8 à 10	2,2 à 2,8

Tableau 3.1 *Quelques données sur le pouvoir calorifique moyen*

En France, nous disposons surtout de deux types de bois : les feuillus (64 % de la récolte) et les résineux, avec les caractéristiques suivantes :

- feuillus : 1 m^3 de bois plein à 25 % de teneur en eau pèse 890 kg, fixe 0,28 tonne de carbone et peut produire 0,27 tep (3,15 MWh) ;

– résineux : 1 m³ de bois plein à 25 % de teneur en eau pèse 590 kg, fixe 0,19 tonne de carbone et peut produire 0,18 tep (2 MWh).

À volume identique de feuillus et de résineux, ces écarts sont en grande partie effacés si nous nous référons aux masses, compte tenu des densités différentes. Nous pouvons retenir de façon simplifiée : 1 tonne de bois à 25 % d'eau produira 3,5 MWh (0,29 tep). Cette tonne de bois en brûlant rejettera 1,17 tonne de gaz carbonique. En premier ordre de grandeur, en masse, il faut brûler au-delà de trois fois plus de bois que de fuel pour la même chaleur produite.

Figure 3.1 *Chauffage bois ou fuel : un rapport 3 en masse de combustible*

Le stère, souvent utilisé dans le commerce du bois, représente un cube de 1 mètre de côté rempli de bûches (donc avec des vides). On compte 0,68 m³ de bois plein par stère. En conséquence, un stère de feuillus produirait 2 140 kWh, et un stère de résineux 1 430 kWh. En cas de mélange feuillus-résineux, la valeur moyenne de 1 880 kWh, soit 0,16 tep, peut être retenue.

Pour passer de ces valeurs théoriques à la réalité « chauffage », il faut considérer les différentes formes d'utilisation du bois énergie :

– les bûches (foyers ouverts, foyers fermés, poêles à bûches, etc.) ;
– les plaquettes (petits morceaux de bois d'environ 2 × 2 × 5 cm, résultat du broyage par des engins mécanisés) pour alimentation automatique des chaudières ;

– les granulés de bois pour alimentation automatique des chaudières (ces granulés ont sensiblement la même taille que les granulés préparés pour la nourriture des animaux domestiques : ainsi, au lancement de la filière granulés bois, les mêmes machines d'extrusion ont pu être utilisées).

Les valeurs réelles, mesurées en énergie utile, seront fonction du mode de combustion adapté à chaque forme de bois et des rendements associés. Il est clair qu'il y a une différence selon que l'on utilise :

– du « bois bûche » en foyer individuel ouvert (rendement de 10 à 15 %) ;
– cette même bûche en bons foyers fermés avec récupération de chaleur (rendement entre 35 et 50 %) ;
– des plaquettes ou granulés (rendements 75 à 85 %).

3.1.3. Situation actuelle de la forêt française

La forêt française occupe sensiblement 15 millions d'hectares, soit 27 % du territoire national. Ce territoire comprend par ailleurs 15 millions d'hectares dédiés aux cultures annuelles, 10 millions aux prairies, 4,1 millions d'hectares de landes et d'alpages et 1,8 million d'hectares de haies et arbres épars.

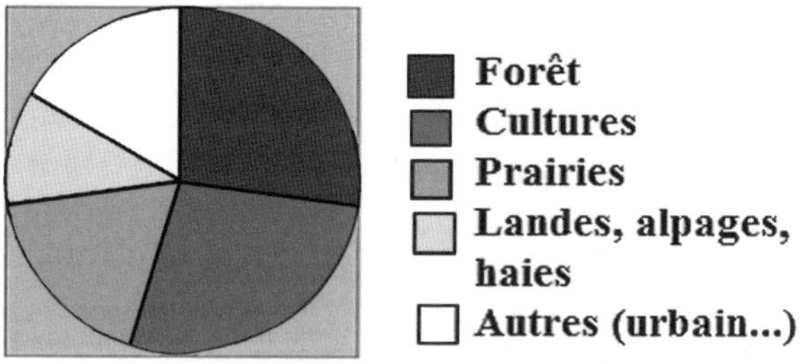

Figure 3.2 *Place de la forêt française dans le territoire national*

La surface de la forêt est en augmentation : + 15 % depuis 1989, au rythme de + 0,4 %/an ces dernières années. L'accroissement végétal annuel est de 112 Mm³ en ne comptant que la moitié des rémanents (restes de branches ou de troncs abandonnés sans valeur commerciale pour le bois d'œuvre). En ne prenant en compte ni les houppiers (ramifications sur fût) ni l'autre moitié des rémanents (les restes sur le sol après exploitation), l'accroissement annuel hors mortalité est de 83 Mm³, qui seraient directement exploitables.

Parler d'accroissement végétal mérite quelques explications. L'accroissement végétal doit être vu dans le temps et en fonction des espèces. La *figure 3.3* donne un exemple : celui d'un peuplement d'épicéas.

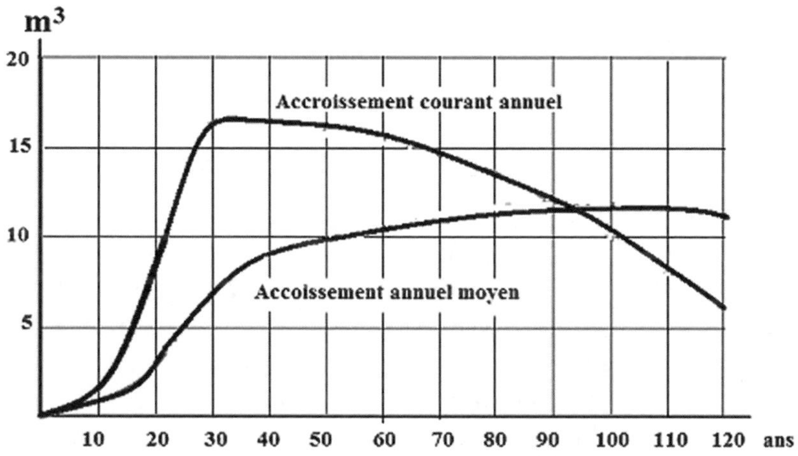

Figure 3.3 *Épicéa : accroissement annuel courant et moyen à l'hectare (m³/ha et par an)*

L'accroissement est très faible les dix premières années. Il atteint les 10 m³/ha par an au bout de 20 ans, pour monter à un maximum par an de 17 m³/ha entre 30 et 40 ans. L'accroissement commence alors à décroître très lentement, mais à 100 ans il est encore de 10 m³/ha par an. Ces variations conduisent à considérer l'accroissement moyen annuel pondéré sur toute la vie de l'arbre. Pour cette espèce, le maximum est atteint vers 100 ans ; il correspond à 12 m³/ha par an (7 tonnes de matière à 25 % d'eau ;

5,3 tonnes de matière sèche ; 2,2 tep/ha et par an, soit 24 MWh/ha et par an).

Comme le montre la *figure 3.3*, les plantations basées sur les essences courantes actuelles produisent peu en début de vie et il faut attendre au moins 100 ans pour optimiser le cycle de vie (le même type d'évolution, plus étirée dans le temps, s'appliquerait au chêne). La révolution de l'arbre (temps écoulé entre la naissance et la coupe des arbres mûrs), qui est de 60 à 100 ans pour l'épicéa, atteint environ 180 ans et plus pour le chêne.

Réduire ces temps d'attente pour répondre à des besoins en sources d'énergie à moyen terme est possible. La première solution, très ancienne et qui a toujours existé, revient à raser tous les 20 à 30 ans des peuplements qui « rejettent des souches » (reproduction végétative ou asexuée). Ceci conduit à des bois de petite taille, d'utilisation plus précoce pour le bois de chauffe, mais qui globalement, sur une longue période et sur plusieurs cycles, ne donnent que 2,7 m^3/ha et par an. La deuxième solution consiste à privilégier les arbres à courte révolution comme les classiques peupliers, eucalyptus et saules, qui peuvent produire un peu plus de 10 tonnes de bois à l'hectare, ou à adapter de nouvelles espèces comme le miscanthus. Cette plante du type herbacée vivace, aussi appelée « herbe à éléphants », offre apparemment de sérieux atouts puisque, sur la base des essais en cours, des croissances annuelles de 15 à 20 t/ha semblent possibles en France. Ainsi, même en ne comptant pas les 2 ou 3 premières années de maigres récoltes, la production moyenne annuelle à l'hectare peut dépasser 12 tonnes. Le pouvoir calorifique étant un peu supérieur à celui du bois, on voit tout l'intérêt de poursuivre l'expérimentation sur plusieurs années. Ce type de culture pourrait devenir un complément important du bois de chauffe ou des agrocarburants (*voir § 7.5*). Rappelons que les plantations du type actuel (chêne, mélèze, douglas…) seront toujours associées en partie à la production de bois d'œuvre (*voir § 3.1.6*) et resteront de toute façon indispensables.

Actuellement, de cet accroissement annuel hors mortalité déjà cité de 83 Mm^3, seuls 51 Mm^3 sont récoltés, avec la répartition suivante : 20,7 Mm^3 pour le bois d'œuvre, 10,9 Mm^3 pour l'industrie et 19,3 Mm³ pour le bois de feu en direct. Mais bois d'œuvre et d'industrie produisent pour partie des déchets qui s'additionnent au bois énergie à raison de 9,4 Mm³/an selon des cycles courts (retour en circuit commercial ou directement utilisé par l'industrie du bois en autoconsommation). Il resterait en bois d'œuvre longue vie 14,3 Mm³. Par ailleurs, le bois industrie fournit également les pâtes (papiers, cartons, etc.), à raison de 7,9 Mm³. Ceci entre aussi dans un cycle court. En fin de vie, une partie (un peu plus de la moitié) est recyclée dans le même processus de fabrication des pâtes et une autre partie se retrouve sous forme de déchets, dont près de la moitié fait l'objet d'une récupération énergétique (équivalente à 4 Mm³).

Ce sont donc au total 33,1 Mm³ (pâtes comprises) de bois énergie qui sont récoltés et commercialisés chaque année. À ceci, il faut ajouter une partie du bois d'œuvre en fin de vie (100 ans et plus) pour la fraction qui entre dans les déchets. Il faut aussi tenir compte du bois directement récolté par les utilisateurs individuels. Cette récolte directe représenterait une fraction de 6,1 Mm³ (6 millions de cheminées en France et une consommation moyenne par cheminée de 1,5 stère/an).

3.1.4. Apports énergétiques du bois de feu

Sur la base des pouvoirs calorifiques (chaleurs de combustion) chiffrés ci-dessus (*§ 3.1.2*), le total énergétique est à ce jour de 9,5 Mtep pour cette filière bois énergie. Il représente 3,4 % de la production énergétique primaire totale de la France. Le bois énergie participe aussi à la production d'électricité, mais pour une très faible part (1,4 TWh, ce qui représente 0,2 % de la production brute d'électricité française). Il faut toutefois noter qu'il s'agit d'énergie mesurée au titre d'énergie « finale » (*voir annexe A.1.1*) et que la valeur au titre énergie « utile » est moindre, surtout en raison de l'importance des anciens foyers ouverts, comme évoqué *§ 3.2.2*.

Il en résulte que la bonne utilisation du bois énergie passe d'abord par une optimisation des foyers et surtout par une extension des chaufferies collectives. Ces chaufferies, associées à des réseaux de chaleur, permettent les meilleurs rendements. En outre, elles contrôlent et limitent les rejets de polluants, plus que les installations individuelles ou même les installations collectives de petite taille.

Indépendamment d'un accroissement de la production, **une meilleure utilisation du bois énergie pourrait apporter de 3 à 5 Mtep de plus en énergie utile** et donc limiter d'autant l'utilisation de combustibles fossiles ou d'électricité pour se chauffer.

3.1.5. La forêt et la fixation de carbone, un bilan

À l'accroissement végétal naturel correspond une fixation de carbone de 25 Mt par an. L'utilisation en bois énergie conduit à un rejet de carbone de 10 Mt/an. Le bilan carbone annuel est donc de 15 Mt de carbone stockées, à comparer aux 102 Mt rejetées par les combustibles fossiles sous la forme de 377 millions de tonnes de gaz carbonique (*voir § 1.2.5*).

L'analyse de la fixation du carbone peut conduire à un paradoxe apparent, qu'illustre la *figure 3.4*. Cette figure représente le cycle de vie du gaz carbonique selon que l'on utilise pour le chauffage des combustibles fossiles ou du bois.

En imaginant que pour fournir 9,5 Mtep, nous n'utilisions pas du bois énergie mais que nous lui substituions le mixte moyen actuel d'énergies fossiles (fuel, gaz, charbon), ce seraient 29 Mt de gaz carbonique qui seraient rejetées dans l'atmosphère, soit un peu moins que la source bois. Ce paradoxe apparent pourrait conduire à douter de l'intérêt du bois en tant que source d'énergie vis-à-vis de l'effet de serre. Ce doute disparaît si nous rappelons qu'il s'agit de carbone préalablement stocké pendant la croissance de l'arbre. En fait, l'idéal serait de stocker ce carbone en laissant la forêt croître jusqu'à atteindre son taux d'accroissement annuel moyen maximum. Mais, de façon évidente, la croissance ne peut être éternelle et elle est appelée à diminuer progressivement jusqu'à la destruction naturelle du bois, conduisant ainsi à des rejets de gaz carbonique, jusqu'à sa décomposition en méthane.

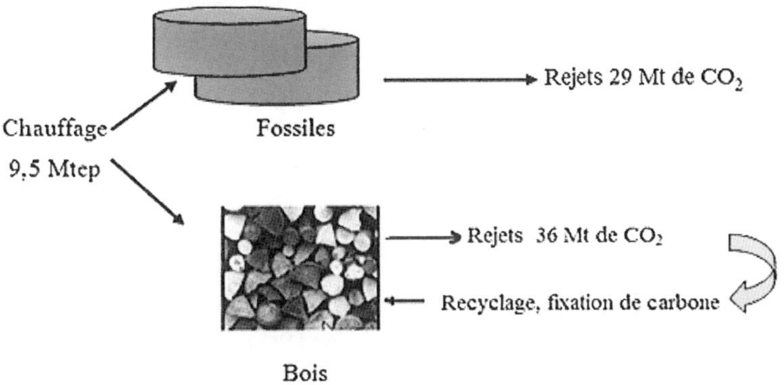

Figure 3.4 *Rejets de gaz carbonique du chauffage aux combustibles fossiles ou au bois*

3.1.6. Complémentarités bois d'œuvre et bois énergie

À côté du bois de chauffe à destination énergétique, il ne faut pas négliger l'importance du bois d'œuvre qui présente deux atouts : la fixation de carbone et sa capacité à remplacer, dans la construction, des matériaux qui sont indirectement de gros émetteurs de gaz carbonique. Les 14,3 Mm³ annuels stabilisés en bois d'œuvre représentent une fixation de carbone de 3,3 millions de tonnes, soit 12 millions de tonnes de gaz carbonique, qui ne seront « relâchées » qu'après une centaine d'années, si ce n'est quelques siècles si ce bois est utilisé dans la construction de maisons et la fabrication de meubles.

Lorsque le bois remplace d'autres matériaux de construction, ce sont aussi des volumes moindres de gaz carbonique qui sont rejetés au départ, dans la phase de production des matières premières. Un simple calcul de résistance des matériaux donne des éléments pour justifier cette dernière affirmation. Prenons, par exemple, le dimensionnement d'une poutre soumise à une simple charge. La section de la poutre en bois serait plus grande que celle en acier, mais le poids serait sensiblement le même. Une poutre en béton, par contre, pèserait quatre fois plus. Or, si la production d'acier ou de béton conduit à des rejets de gaz carbonique, celle du bois, en revanche, peut être globalement considérée comme neutre. Ainsi, à usage identique, 1 m³ de bois d'œuvre évitera un rejet de 0,3 tonne de gaz carbonique s'il remplace du béton et 1,2 tonne s'il remplace de l'acier.

Figure 3.5 *La poutre en acier ou en bois*

À chaque matériau ses spécificités et ses utilisations, cependant **le bois peut très souvent remplacer favorablement l'acier ou le béton.**

3.1.7. Aspects économiques du bois de feu

De façon générale, nous ne pouvons parler de l'avenir des énergies renouvelables sans aborder l'aspect financier. Une comparaison avec les autres sources d'énergie s'impose. Nous l'abordons ici pour le bois.

À la base, le prix du bois connaît les mêmes types de variations plus ou moins spéculatives que les autres sources d'énergie : au gré des crises pétrolières, le coût du baril a tendance à se répercuter sur celui des autres énergies. Lors de la première crise pétrolière des années 1970, le prix du bois a ainsi fortement augmenté (d'un facteur 4 en euros courants). Pour alimenter la cheminée, brusquement tout fut bon à couper, jusqu'au dernier buisson du premier talus venu. Cette ruée sur le bois conduisit d'ailleurs localement à des conséquences désastreuses sur le maintien et la tenue des terres, se traduisant lors des fortes pluies par des glissements de terrains, des inondations, etc. La fin de la crise pétrolière donna lieu à une première baisse rapide du coût du bois d'un facteur 2, puis à sa stabilisation en euros courants, et donc à une baisse en euros constants jusqu'en 2000. Depuis cette date, cette baisse a cessé et une légère revalorisation du bois se fait sentir.

En 2004, pour un baril à 36 $, le prix du fuel était de 46 €/MWh à la chaufferie. À la même date, le prix moyen du bois de chauffe était de 10 €/MWh pour les déchets des scieries et de 17 à 23 €/MWh pour les plaquettes. À première vue, le bois fait partie des sources d'énergie les moins chères, surtout si l'on considère que le prix du pétrole, après une nouvelle augmentation à 140 $ le baril, semble se stabiliser vers 70-80 $, en attendant de probables nouvelles remontées qui affecteront aussi les autres combustibles fossiles et au premier chef le gaz, très utilisé en chauffage.

Mais cet avantage du bas prix du combustible bois doit être nuancé du point de vue économique par l'importance des investissements. Le coût d'investissement de l'ensemble chaudière, stockage et alimentation automatique représente près du double de celui d'une installation au fuel de même puissance et environ le triple de celui d'une chaufferie au gaz, ce dernier évitant notamment le coût du stockage.

Comment équilibrer les investissements immédiats et les dépenses combustibles étalées tout au long de la vie de l'installation ? Sans vouloir donner une leçon d'économie, nous présentons un exemple simplifié pour poser le sujet. Les chiffres indiqués ne sont que des ordres de grandeur.

Nous considérons une maison ayant une consommation chauffage de 20 000 kWh/an. Le fuel étant écarté pour des raisons évidentes de coût (le prix du baril), nous faisons la seule comparaison gaz et bois. Le choix d'une chaudière automatique pour bois sous forme de granulés (avec un stockage pouvant couvrir une année) coûte 12 000 € de plus qu'une installation gaz (pas de stockage, pas d'alimentation automatique, etc.). En combien d'années va-t-on récupérer cet écart d'investissement ? Pour cette consommation inférieure à 23 260 kWh PCS/an, le tarif gaz était, fin 2007, de 53,9 €/MWh. Le granulé, à la même date, revenait à 36 €/MWh. L'écart de 22,3 €/MWh entraîne une différence annuelle de dépenses combustibles de 446 €. Le retour sur investissement sans actualisation dépasse donc les 25 ans, durée trop longue pour faire le choix du bois. La prise en compte de l'actualisation augmenterait fortement cette durée (pour un taux d'actualisation de 4 %, cette durée approcherait les 60 ans). Les incitations financières actuelles, sous forme notamment de crédit d'impôts, changent la donne et peuvent réduire l'écart d'investissement. Le crédit d'impôts (*voir § 2.4*) étant évalué sur la base de 40 %, le supplément de dépense réelle, à la charge du propriétaire, par rapport à un chauffage gaz, se chiffre à 6 000 €, d'où un retour sur investissement bois qui peut devenir attractif, même en prenant en compte l'actualisation (exemple 4 % sur 20 ans).

Les aides en faveur des énergies renouvelables modifient le paysage économique. Mais les données, pour poursuivre avec la comparaison gaz-bois, peuvent changer à l'avenir et ceci pour deux raisons :

– les incitations financières ne pourront avec le temps qu'être réduites, voire supprimées : elles se justifient plus ou moins au lancement d'une filière, mais ne peuvent être éternelles ;
– les prix des combustibles peuvent varier. Ainsi, le gaz distribué a augmenté de 25 % entre 2003 et 2007 (passage de 43 à 54 €/MWh pour le tarif B1). Ne risque t-il pas d'augmenter beaucoup plus dans l'avenir, son prix restant très lié à celui du pétrole ? Mais la hausse généralisée des combustibles fossiles risque aussi, par effet de marché, de se répercuter indirectement sur le prix du bois si, du fait des aides à l'investissement, un grand nombre de particuliers se convertissent au bois.

La mise en place d'une taxe carbone pourrait, en pénalisant le gaz, favoriser le bois. Sur la base de 0,63 tonne de carbone produite pour une tep de gaz consommée (2,3 tonnes de gaz carbonique), à 1 MWh gaz correspond 0,2 tonne de rejet de gaz carbonique. En retenant pour cette taxe les valeurs préconisées, qui seraient au début de 17 € la tonne de gaz carbonique et atteindraient 100 € vers 2030, nous aurions, pour la maison citée dans l'exemple, un écart annuel des dépenses combustibles qui serait peu affecté au début mais doublerait en 2030. Ainsi, l'investissement bois deviendrait attractif, même sans aide. S'il est probable que le faible taux de départ d'une éventuelle taxe carbone n'aurait que peu d'impact sur les choix d'investissements, ne faudrait-il pas cependant, pour un investissement à long terme, se préparer dès à présent aux 100 € ? Mais cette taxe verra-t-elle le jour ?

Beaucoup d'inconnues donc, c'est pourquoi nous ne pouvons livrer de conclusion définitive : chaque cas mérite d'être étudié, sur la base d'hypothèses différentes sur l'avenir et en gardant à l'esprit les incertitudes et les risques économiques associés aux choix qui pourront être faits.

3.1.8. Des exemples, chauffage bois

Chez le particulier

Le chauffage « à l'ancienne » (le bon feu de cheminée ouverte, chaleureux mais pas très efficace) s'est perfectionné avec les inserts, les portes d'accès vitrées et la mise en place de récupérateurs de chaleur. Les rendements restent cependant limités. Ils sont concurrencés par des poêles modernes (par exemple à accumulation), de meilleur rendement mais qu'il faut alimenter manuellement. De plus en plus, cheminées ou poêles seront considérés comme solutions d'appoint d'un chauffage de base type électrique ou pompe à chaleur, pour les jours de grand froid. La nécessité d'alimenter régulièrement en bûches le foyer amène, pour des usages continus en chauffage de base, à sélectionner des chaudières alimentées automatiquement en plaquettes ou en granulés.

Exemple d'une maison individuelle, 156 m^2 habitables, sur deux niveaux

Chaudière à granulés de 15 kW alimentant trois circuits (plancher chauffant pour le niveau inférieur ; radiateurs pour l'étage ; Eau Chaude Sanitaire). Le granulé, dont le pouvoir calorifique est d'environ 4 500 kWh/t (kilowatt heure par tonne), est livré annuellement par camion souffleur. Il remplit un silo situé en cave de 3 × 2,7 = 8 m^2 et 18 m^3. En comptant 50 % de volume utile, la capacité de stockage est d'environ 5,8 tonnes, ce qui est supérieur aux besoins annuels qui sont de 4,8 tonnes (21 600 kWh). L'extraction des granulés s'effectue deux fois par jour par une vis sans fin au fond du silo couplée à un aspirateur alimentant la chaudière. Le cendrier de 10 litres doit être vidé tous les 15 jours. Coût total : 22 000 €, soit 1 470 €/kW.

Chauffage bois collectif

Vivre en maison individuelle reste pour une grande partie de la population un objectif, pour ne pas dire un rêve. Mais l'avenir semble devoir s'orienter vers plus de logements collectifs. Celui-ci n'est pas, *a priori*, incompatible avec un chauffage individuel ; cependant l'option bois dans ce cas pose des problèmes de sécurité, de stockage et de pollution (*voir § 3.1.9*). Il faut donc s'orienter vers les chaufferies collectives modernes, équipées de systèmes de dépollution performants. Par rapport au chauffage individuel, le raccordement de chaudières bois à un réseau de chaleur plus ou moins étendu offre de nombreux avantages écologiques et économiques, mais il faut prendre en compte la proximité de la ressource bois, le transport et le stockage.

Exemple d'une chaufferie collective associée à un important réseau de chaleur

Ce réseau de chaleur alimente 10 000 logements, plus des écoles et des équipements sociaux (au total 14 000 équivalents logements). Les besoins sont de 116 000 MWh de chauffage et 274 000 m^3 d'Eau Chaude Sanitaire par an. Le chauffage de cette eau de 15 à 70 °C nécessite 63 000 milliards de joules, soit 17 500 MWh (application de la formule : $M \times Cp \times \Delta T$, avec M : masse à chauffer ; Cp : chaleur spécifique, ici 4 180 J/kg°C et ΔT : échauffement, ici 55 °C). Le total des besoins est donc de 130 000 MWh, soit 9 300 kWh/logement/an. Le réseau comporte 40 km de canalisations.

Au départ, le réseau de chaleur reposait sur plusieurs chaudières fuel lourd (plus des graisses et des combustibles à haute viscosité). Il fut complété plus tard par une cogénération gaz. La partie chaufferie bois, ajoutée à l'existant, se compose de deux chaudières de 6 MW chacune, permettant à la partie fuel de n'être utilisée qu'exceptionnellement, en période de grand froid. La consommation chaque année de 25 000 tonnes de bois à partir de bois d'élagage de l'agglomération, des sous-produits de l'industrie du bois et des déchets d'emballages en bois (non peint et non traité) couvre environ 75 % des besoins du réseau de chaleur. Le silo de stockage, qui a une autonomie d'une semaine environ, est accessible par semi-remorque. La moyenne quotidienne d'arrivée des camions varie de 4 à 15. Les cendres de la combustion s'accumulent dans une benne d'une capacité de 10 tonnes, qui sera remplie en 40 heures et sera évacuée. Le traitement des fumées est assuré par dépoussiéreurs multicyclones et par filtres électrostatiques.

L'investissement est de 7 millions d'euros (1 100 €/kW).

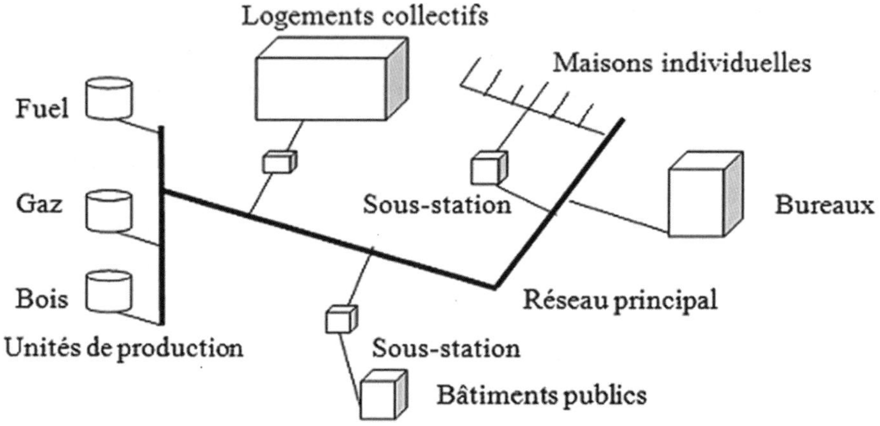

Figure 3.6 *Réseau de chaleur : plusieurs unités de production, un réseau principal et des sous-réseaux à partir de sous-stations*

3.1.9. Les problèmes posés par le chauffage bois

Combustion, rejets et santé

L'arbre, dans sa croissance, capte le gaz carbonique mais également des substances et des éléments potentiellement dangereux, parmi lesquels des métaux, du chlore (certaines écorces d'arbres sont très riches en chlore). Lorsque le bois est brûlé, l'équivalent du gaz carbonique capté est rejeté. De même, nous risquons de retrouver dans l'atmosphère, outre les sous-produits de combustion incomplète (monoxyde de carbone CO, oxydes d'azote NO_x et particules carbonées), des composés organiques (par exemple des dioxines liées au chlore), soit globalement un certain nombre de produits dangereux.

Si le bois énergie peut être considéré comme neutre vis-à-vis de l'effet de serre, sous réserve de replantation, **la combustion du bois n'en reste pas moins une source d'émissions de polluants potentiellement néfastes pour la santé au niveau local**.

La production de ces polluants est très liée à la température de combustion et elle est due en partie à la combustion incomplète.

Globalement, ce risque de pollution est très important si la température de combustion est inférieure à 700 °C. Au-dessus de cette valeur, le risque décroît, pour atteindre son plus bas niveau entre 850 et 950 °C, puis pour augmenter à nouveau au-delà. Le réglage de la température de combustion vers 850 °C est donc essentiel. Un réglage assez fin se fait pour les installations de grande puissance pouvant faire appel à un appoint énergétique autre que le bois, par exemple le gaz (appoint important surtout au démarrage et lors des changements significatifs de régime). Il faut souligner que cette optimisation de la température de combustion n'est pas faite dans le cas du chauffage individuel ni dans celui des chaudières du petit collectif.

Pour les petites installations, l'augmentation de la surface de contact avec l'air, comme avec les plaquettes et les granulés, permet d'assurer une meilleure combustion ; mais une filtration et un traitement des fumées seraient nécessaires pour limiter les rejets dangereux. Ce traitement des fumées, pas plus que le réglage fin de combustion, ne sont faits dans le cas des chaudières individuelles et de puissances faibles. Des normes de contrôle ont été imposées pour les équipements au-delà d'un certain niveau de puissance ; mais certains donneurs d'ordre arrivent à y échapper en limitant volontairement l'ampleur d'un projet ou en le scindant pour avoir ainsi des astreintes plus légères. Des exemples montrent que deux installations sans astreintes seront préférées à une seule avec astreintes. Comme il est facile de détourner les lois !

Il est clair que certains produits chimiques (de nombreux adjuvants des traitements et des peintures associés à la filière bois d'œuvre) sont incompatibles avec la filière bois énergie. Et pourtant, ils risquent fort de s'y retrouver. Les plus préjudiciables à la santé sont les bois « souillés » issus de récupération (chantiers de démolition, vieux meubles, bois échoués en bord de mer, etc.), qui contiennent des produits toxiques et/ou corrosifs (bois traités, vernis, peints, etc.). Pour ces derniers, la filière déchets ménagers (*voir § 3.2*) est la plus adaptée, mais il convient de toute façon d'être vigilant vis-à-vis des déchets présentant des risques toxiques.

Transports de bois

En masse, **il faut transporter de trois à quatre fois plus de bois que de fuel pour obtenir la même énergie** (ce serait 2,6 fois plus de bois que de bon charbon). Le transport du bois fait ainsi appel à de nombreux camions (voir l'exemple ci-dessus : jusqu'à 15 camions certains jours). Le transport est une astreinte importante, ce qui conduit à chercher à utiliser de préférence les sources proches. Toutefois, cette restriction, souvent mise en avant, de se limiter aux seules sources locales, pourrait limiter l'extension du bois énergie et mérite d'être nuancée. En effet, pour ce qui est du rejet de gaz carbonique, les conséquences d'un élargissement du champ de ramassage sont assez limitées. Par exemple, pour une distance de 100 km supplémentaires de tournée de ramassage et en prenant en compte les allers-retours des camions, le supplément de rejet de gaz carbonique n'est que de 6 kg pour chaque MWh énergétique bois transporté. Ceci est peu, si l'on considère que pour produire ce même MWh l'utilisation de fuel aurait conduit au rejet d'environ 280 kg de gaz carbonique.

3.1.10. Avenir du bois énergie

Ce n'est pas une surprise que de dire que la forêt pourrait fournir davantage. **Faute de débouchés, de nombreuses forêts sont sous-exploitées, voire pas du tout**. Alors que la France possède un des plus grands massifs forestiers d'Europe, nous constatons des déficits commerciaux qui se chiffrent entre 3 et 4 milliards d'euros pour les filières meubles et papier. Or, ces filières sont complémentaires de la filière énergie et non concurrentes.

Cette situation peut s'expliquer en partie par la dispersion de la forêt française, qui pour 72,5 % est privée, avec essentiellement des petits propriétaires (la surface moyenne n'est que de 2,9 ha, alors qu'il est estimé que la limite basse pour une exploitation équilibrée est de 4 ha). Une restructuration s'impose qu'il faut l'accompagner d'un accroissement des accès, même si certains opposants mettent en avant une détérioration de la forêt par la mise en place de ces accès. La forêt doit être entretenue et pour vivre elle a besoin d'accès. Des actions de fond doivent également porter sur la nature des essences et l'équilibre taillis-futaies.

Globalement, à court terme, par la récupération des déchets sur coupe et par une exploitation plus active des forêts existantes, il est possible d'obtenir un accroissement de + 50 % de la collecte réalisée, pour s'approcher du potentiel actuel de 80 Mm^3/an.

À plus long terme, par exemple 2050 (pour se caler sur l'année de référence de l'objectif gouvernemental, qui est de diviser par 4 les rejets de gaz carbonique), il est possible d'obtenir 130 Mm^3/an récoltés. Ceci se fera par les effets cumulés d'une exploitation complète et d'un meilleur choix des essences (arbres à croissances rapides : eucalyptus, peupliers, saules, etc.). Cette récolte de 130 Mm^3/an serait issue d'une production primaire de 150 Mm^3/an, dont seront déduites les pertes occasionnées par les difficultés d'accès, par la mortalité et par la non prise en compte de tous les rémanents. Ceci devrait conduire à doubler le bois d'œuvre, notamment dans les constructions. En parallèle, il resterait en bois énergie 90 Mm^3, soit 66 millions de tonnes de matière, qui représentent un potentiel de 19 Mtep, soit un doublement de la production énergétique actuelle de bois. Une partie de cette production énergétique, non utilisée sous forme de bois de chauffe, pourra être additionnée aux résidus agricoles (*voir § 7.5.2*) pour la production de biocarburants dans la filière lignocellulosique.

Dans un premier temps, les surfaces forestières devraient continuer d'augmenter comme ces dernières années au taux de 0,4 %/an sans poser de problème de disponibilité de terres en agriculture (4 à 5 Mha de terres sont en friche ou neutralisées).

À moyen terme, toutefois (10 à 20 ans), si par ailleurs se développent les cultures pour les agrocarburants (on parle couramment de 4 à 5 Mha), la question de disponibilité des terres peut se poser, sauf si les améliorations de rendement (avec les OGM par exemple) se poursuivent sans pour autant augmenter l'utilisation des engrais et des insecticides ni accroître les besoins en eau.

3.2. Les déchets ménagers et autres

Nous avons vu que l'utilisation énergétique des déchets est largement répandue dans la filière bois et pas seulement en autoconsommation. **Mais il existe de multiples autres types de déchets en partie valorisables d'un point de vue énergétique**.

Avant de parler de récupération énergétique, il faut rappeler que la priorité doit porter sur le recyclage, la réutilisation des matériels (après éventuelle cure de jouvence) et la récupération des matières premières ; sans oublier l'importance de la prise en compte, dès la conception d'un produit, de la limitation des déchets futurs.

La valorisation énergétique d'une partie des déchets de type ménager est très proche de la combustion à grande échelle du bois, vue dans le *§ 3.1.8.* La différence repose sur un pouvoir calorifique un peu plus faible (9,5 MJ/kg, ou 2,6 kWh/kg en moyenne, soit 0,22 tep/t de déchets). Si les masses en circulation sont importantes, en revanche les transports restent limités, les lieux d'incinération étant en général assez proches des lieux de production. Par rapport aux grosses chaufferies bois, il faut considérer le fait que le pouvoir calorifique peut varier considérablement d'un lot de charge à un autre, d'où des risques accrus de déséquilibre combustible/oxygène de l'air et donc de combustion incomplète. Enfin, comme pratiquement tout produit peut entrer dans les déchets à incinérer (dont les plastiques, qui en constituent environ 10 %), la présence de composés néfastes pour la santé doit être prise en compte. Ceci conduit à un contrôle encore plus strict de la combustion (assistance type gaz quasi indispensable) et impose surtout un lourd traitement des fumées, ce qui n'est possible que dans des installations de grande taille.

Au niveau mondial, la récupération énergétique de ces déchets représente 19 Mtep par an. En France, à ce jour, sur les 22 millions de tonnes par an de déchets ménagers (365 kg/hab), 40 % sont incinérés et parmi ceux-ci 80 % le sont avec récupération d'énergie. Ceci donne annuellement une fourniture chaleur d'environ 1 Mtep (un peu moins de 1 % des besoins en chaleur directe) et une production d'électricité associée de 3,8 TWh par an (environ 0,7 % de la production totale d'électricité). Cette valorisation énergétique permet aussi la récupération de métaux et de mâchefers, ces derniers étant des résidus utilisables en technique routière. Il ne reste que 2 % de la masse initiale à envoyer en centre d'enfouissement technique. Cette valorisation compense ses frais propres et, partiellement, les frais de collecte. Il faut rappeler que l'autre solution adoptée, qui concerne plus de la moitié des déchets, est la mise en décharge.

L'incinération des déchets devrait s'étendre, en dépit des oppositions locales, comme solution à leur gestion (solution préférable à la mise en décharge). Cette incinération, avec récupération d'énergie (et potentiellement cogénération) associée à un réseau de chaleur lorsque ce dernier existe dans le voisinage, est aussi en soi une source d'énergie. L'accroissement de l'incinération pourrait atteindre un facteur 2, mais serait réduit si par ailleurs nous arrivions à limiter notre production de déchets.

À côté de l'incinération, d'autres techniques, dont la gazéification et la thermolyse, devraient aussi fortement se développer, comme celles qui visent la fabrication des biocarburants (*voir § 7.5*), en parallèle à l'utilisation des résidus agricoles. Ces derniers, constitués par des masses importantes de pailles, de tiges, de noyaux, de coquilles, etc., ont déjà une première utilité dans le processus de préparation de la terre aux récoltes suivantes s'ils sont laissés en l'état ou brûlés sur place. La récupération de ces matières ne peut être que partielle. Elle n'est pas toujours facile et serait coûteuse, non seulement en argent, mais aussi en énergie. Toutefois, une partie, qui peut se chiffrer à environ 20 millions de tonnes de matières sèches (*voir § 7.5.2*), pourrait être récupérée, ce qui représenterait un potentiel énergétique de 6 à 7 Mtep d'énergie primaire.

La méthanisation est réalisée par la fermentation anaérobie (décomposition par action bactérienne en l'absence d'air de substances très humides comme les algues, les déjections animales ou les déchets ménagers). Il est ainsi possible d'obtenir un mélange gazeux de méthane (50 à 60 %) et de gaz carbonique (35 à 40 %). Cette technique s'applique aux stations d'épuration des eaux urbaines, industrielles et agricoles, aux digesteurs agricoles et aux décharges (sous réserve de leur aménagement pour collecter le gaz). Ceci conduit préférentiellement à la combustion *in-situ*, pour la production de chaleur et d'électricité. L'injection du gaz dans le réseau urbain, après purification et filtration, pourrait en parallèle connaître un léger développement.

À ce jour, en France, la méthanisation représenterait 0,15 Mtep. Ce chiffre pourrait dépasser 1 Mtep.

3.3. Récapitulatif biomasse (hors biocarburants)

La biomasse, qui fut la première source d'énergie pour l'homme mais fut, avec le temps dépassée et quasiment effacée par d'autres sources, doit pouvoir réapparaître de façon plus notable dans le paysage énergétique à venir.

En France, l'apport énergétique de la biomasse peut globalement être doublé. L'essentiel de cet apport continuera de reposer sur le bois dit de chauffe, mais un complément significatif doit venir de toutes les formes de déchets, tels les déchets ménagers incinérés, ou ceux qui produisent du biogaz.

En France, mesuré en énergie finale, le bilan pourrait se chiffrer à 20 Mtep thermiques et 15 TWh d'électricité, soit globalement plus que le doublement par rapport à l'année 2008. Ce même type d'évolution pourrait être retenu pour le monde entier.

4. L'énergie hydraulique

4.1. L'hydraulique, première force motrice dans l'histoire

L'utilisation de l'hydraulique comme source d'énergie remonte à l'apparition des *norias* en Asie Mineure, apparition dont on a des traces datées de 200 ans avant notre ère. Une *noria* est constituée d'une grande roue à ailettes installée sur un cours d'eau et actionnée par le courant. Des godets fixés tout autour de la roue se remplissent dans le courant en passant en position basse, puis s'élèvent en suivant la rotation, pour basculer en arrivant en position haute, déversant leur contenu d'eau dans un aqueduc. Ainsi, sans recours à l'action humaine, l'eau remonte et satisfait aux besoins de l'irrigation.

Dans la continuité de la *noria*, la roue hydraulique se répandit dans les civilisations antiques grecque et romaine, avec un élargissement des utilisations. S'inspirant des *norias*, la partie inférieure de la roue plongeait dans le courant. Avec ce système, on obtenait des puissances que nous estimerions aujourd'hui à quelques centaines de watts. Au IIe siècle après J.-C., des puissances de plusieurs dizaines de kilowatts furent atteintes en amenant l'eau en partie haute de la roue, comme sur la *figure 4.1*.

Figure 4.1 *Le moulin à eau*

Le moulin à eau, générateur de force motrice, était au départ dédié au broyage du grain. Un moulin à eau remplaçait ainsi 40 esclaves pour moudre le blé. Pour la compréhension de la « grande histoire » à travers les avancées technologiques, il faut noter que tant que le marché des esclaves fut prospère, rien ne poussait à la mécanisation. Il faudra attendre le début du Moyen Âge pour que la pénurie d'esclaves donne un élan aux machines.

Les inventions et le développement de nouveaux dispositifs, comme la came, les câbles et les poulies, ont promu l'arbre horizontal de la roue hydraulique en véritable moteur industriel qui fut, avec le moulin à vent, le seul en usage jusqu'à l'invention de la machine à vapeur. Tous ces dispositifs permirent ainsi d'actionner partout des marteaux de forges, des batteries de maillets (dans la défibrination), etc.

Une autre évolution importante vit le jour au XIVe siècle avec l'activation du soufflet de forge. Avec ses capacités à produire des feux plus intenses et plus denses, il permit l'essor de la métallurgie et l'extension du four, qui mènera au haut-fourneau. En fait, jusqu'à l'invention de la machine de Watt, tout le gros outillage du métallurgiste comme celui de l'industrie toute entière reposa sur le moulin à eau.

Un nouveau champ s'ouvre à la fin du XIXe siècle, avec l'arrivée de l'électricité, marquée notamment par les travaux de

Faraday sur les courants d'induction vers 1830, par ceux de Léon Foucault sur la première lampe en 1844 et, enfin, par la première dynamo en 1870. Les propriétaires de moulins commencent à installer des petites génératrices pouvant produire 10 kW pour l'éclairage. En 1884, l'usine électrique Louis Dumont, avec sa retenue d'eau édifiée sur les pertes du Rhône, fit de Bellegarde la première ville électrifiée de France. De 30 à 90 lampes (selon les sources) ont été installées pour l'éclairage public et pour certains particuliers.

Sous l'aspect industriel, l'hydroélectricité démarre en France avec Aristide Bergès et l'expression « houille blanche », qui apparait en 1878. Pour équiper une nouvelle papeterie et alimenter notamment les défibreurs, Bergès fait aménager un barrage et met en place des conduites forcées en tôles. L'eau, tombant de 200 m de hauteur, produit 500 « chevaux », soit 368 kW (le cheval « étalon » de mesure de puissance énergétique de l'époque valant 736 W).

De cette fin du XIXe siècle à nos jours, l'ampleur du phénomène électricité a complètement changé les références. Des centaines de kilowatts à la fin du XIXe siècle, nous sommes passés à des installations de centaines de mégawatts comme à Génissiat, centrale mise en service en 1948, avec une puissance de 405 MW, et qui fut un véritable symbole du renouveau industriel de la France après la Seconde Guerre mondiale. Aujourd'hui, au niveau mondial, l'échelle atteint les milliers de mégawatts, comme le barrage des Trois-Gorges en Chine avec une production de 18 000 MW.

En 1950, 16 TWh, soit 50 % de la production électrique française, étaient assurés par l'hydraulique. Cette production est passée à 70 TWh en 2000, soit un accroissement d'un facteur supérieur à 4 marquant l'importance des investissements hydrauliques français jusqu'à la fin des années 1980. Parallèlement, l'ensemble de la production électrique était multiplié par 15 et l'hydroélectricité ne représentait plus que 14 % du total. Entre-temps, les besoins de chaque Français se sont multipliés. Ainsi, de nos jours, pour une consommation individuelle faisant appel à une production de 4,4 tep/an (toutes sources d'énergies confondues), chaque Français jouit de l'équivalent du travail de 100 esclaves à son service. Nous sommes loin du moulin à eau !

4.2. Le cycle de l'eau, du soleil à l'électricité

L'énergie hydraulique est d'une nature toute différente de celle des énergies issues des combustibles fossiles et de la biomasse. Contrairement à ces dernières, pour lesquelles la réaction chimique qui va produire de l'énergie calorifique se traduit par la destruction ou un changement de la matière, nous n'avons, pour l'hydraulique, ni changement de nature chimique ni disparition de matière. Ainsi, l'eau se retrouvera telle quelle en fin de cycle, sans perte de masse hormis quelques « fuites » éventuelles ; fuites qui retourneront dans le cycle global de l'eau.

En fait, nous ne pouvons parler d'énergie dans l'absolu lorsqu'il s'agit de l'hydraulique. Il faut parler de l'énergie potentielle que représente une masse d'eau stockée en altitude, dans un champ de pesanteur. La baisse d'altitude transformera ce potentiel en énergie cinétique de cette même masse d'eau, qui se transformera en énergie électrique. Si l'altitude finale est supérieure au niveau de la mer, cette même masse d'eau a encore un potentiel énergétique ; mais sera-t-il un jour utilisé ?

C'est la « nature » qui remontera l'eau à son potentiel d'origine et le « moteur » de ce relevage est le cycle de l'eau. Ce cycle est fondé sur l'énergie calorifique solaire, comme le schématise la *figure 4.2*. L'évaporation est source de tous les échanges. La chaleur du soleil fournit l'énergie pour évaporer l'eau, directement à partir des surfaces liquides (océans, lacs, rivières, etc.) et indirectement par la transpiration des plantes, dont le concours reste globalement faible.

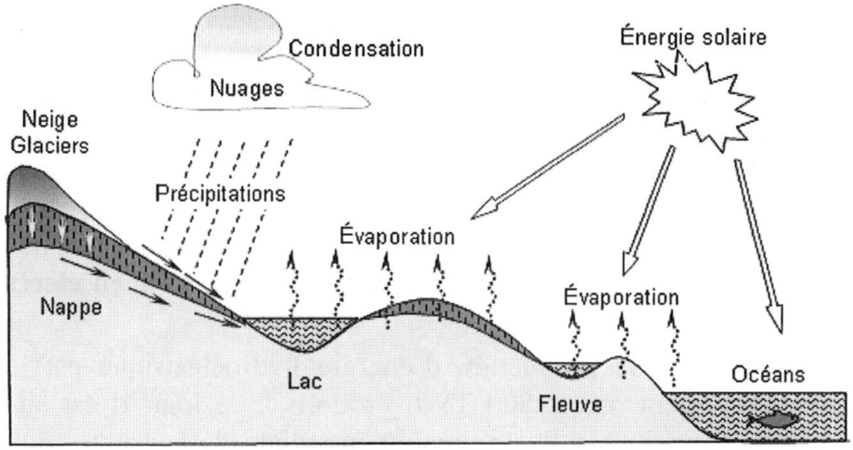

Figure 4.2 *Le cycle de l'eau*

La condensation de la vapeur d'eau en gouttelettes minuscules amène la formation de nuages. La rencontre de nuages avec des courants d'air frais au-dessus de la Terre conduit aux précipitations ; et l'eau retourne à la terre, aux océans et aux mers. Sur le sol, une fraction de l'eau de pluie s'écoule en surface, une autre fraction s'infiltre et rejoint les eaux souterraines. Une partie s'évapore à nouveau à partir du sol ou de la végétation, et le reste rejoint mers et océans, à partir desquels elle s'évaporera de nouveau.

Les océans représentent 71 % de la surface de la planète, les continents 29 %. La superficie de la Terre étant d'environ 500 millions de km^2, les continents en occupent 145 millions ($4 \pi r^2 \times 0{,}29$, avec r = 6 378 km). La hauteur moyenne de précipitations étant de l'ordre de 0,8 mètre par an, ce sont donc 0,115 million de kilomètres cubes, c'est-à-dire 115 millions de millions de tonnes d'eau, qui seront déversés par an sur les continents. Environ 60 % de cette eau s'évaporera avant d'avoir rejoint les fleuves et les rivières. Il reste donc 46 millions de millions de tonnes d'eau en écoulement ou en attente dans les lacs de montagne.

À partir de cette première donnée, une quantification approximative du potentiel énergétique du cycle de l'eau et de l'apport de la nature dans ce pompage peut être avancée. En considérant que l'altitude moyenne de la surface terrestre est de 400 m, ce potentiel s'exprime par la formule simple : M × g × Δh, avec pour M les 46 millions de millions de tonnes estimées ci-dessus. Ce calcul donne : 180 500 PJ (P pour peta : mille millions de millions), soit 50 000 TWh (T pour téra : million de millions) d'énergie brute. En supposant un rendement de transformation de l'énergie potentielle en énergie électrique de 0,85, **la quantité récupérable en électricité serait de 42 500 TWh.**

Ce potentiel de production d'énergie hydroélectrique est largement supérieur aux 2 800 TWh produits à ce jour. Il est aussi largement supérieur à la production mondiale d'électricité toutes sources confondues, qui est proche de 20 000 TWh. Ces besoins devraient croître fortement dans l'avenir. En conséquence, nous sommes certains qu'un accroissement important de l'hydroélectricité a sa place dans le panorama énergétique. Cependant, dans ce domaine comme dans tous ceux qui reposent sur les « forces » de la nature, il y a un écart considérable entre le potentiel théorique et ce qui est réalisable. Que peut-on viser ?

L'origine de cet écart peut se décliner de différentes façons. Les limitations peuvent être techniques : impossibilité de récupération de toutes les eaux de pluie, due notamment au retour direct à la mer, à la difficulté d'accessibilité des sites, à l'éloignement des lieux de consommation, etc. ; elles peuvent être économiques, compte tenu de l'importance des investissements ; et, enfin, elles peuvent être environnementales et sociétales (submersion de territoires immenses, déplacements de populations, etc.).

À partir de la situation en France, nous pouvons tenter d'en déduire les possibilités mondiales. L'hydraulique française produit en moyenne 65 TWh. Il est considéré que pratiquement tout a été fait dans un pays particulièrement favorisé par la géographie (importance relative des zones montagneuses et accessibilité des sites), par la proximité relative des lieux de consommation et de production et enfin par les capacités financières. En extrapolant par simple règle de trois basée sur les surfaces, nous obtenons 17 000 TWh comme limite monde. Cette approche rejoint plusieurs estimations d'experts, qui donnent **pour le monde la valeur du réalisable à 15 000 TWh, mais qui ramènent le potentiel de ce qui est économiquement supportable à la moitié, soit 7 500 TWh. C'est presque trois fois plus que la production actuelle**.

Nota : Ces petits calculs simplifiés des possibilités mondiales de l'hydroélectricité n'ont pour but que de donner des ordres de grandeur et expliquer des chiffres couramment avancés.

4.3. Hydroélectricité : situation actuelle et tendances

En 2008, l'hydraulique mondiale a produit 2 800 TWh d'électricité, soit 14 % du total de la production, qui était alors de 20 000 TWh.

Quatre pays assuraient à eux seuls plus de la moitié de cette production :

- la Chine arrivait en tête avec 435 TWh (15 % de sa production électrique) ;
- le Canada produisait 355 TWh (52 % de sa production électrique) ;
- le Brésil produisait 348 TWh (83 % de sa production électrique) ;
- les États-Unis produisaient 317 TWh (7,3 % de leur production électrique).

Du point de vue de l'importance relative de la part de l'hydraulique dans la production d'électricité, le continent sud-américain se détache avec 72 % d'hydraulique ; alors que pour tous les autres continents ce chiffre est de l'ordre de 15 %.

En France, en 2008, la production s'est élevée à 64 TWh, soit 11 % de la production électrique totale de 575 TWh. Cette production d'origine hydraulique est variable d'une année sur l'autre selon les conditions climatiques. La production a ainsi oscillé entre un maximum de 72 TWh en 2000 et un plus bas de 58 TWh en 2005.

Au niveau mondial, la puissance hydraulique installée est de 715 000 MW, soit 19 % de la puissance électrique totale installée.

Sur la base des deux chiffres donnés, l'un de production, et l'autre de puissance installée, il est possible de déduire le taux moyen d'utilisation de la capacité hydraulique (appelé aussi facteur de charge), qui est de 44 %, soit l'équivalent de 3 900 heures par an de fonctionnement à pleine charge.

Ces dernières années, le parc hydroélectrique mondial a augmenté en moyenne de 12 000 MW par an, soit + 1,7 %/an. C'est moins que la croissance annuelle mondiale de consommation d'électricité, qui était d'environ + 2 %/an. La hausse actuelle n'est donc pas suffisante pour que la place relative de l'hydraulique dans la production électrique se maintienne.

Les Trois-Gorges en Chine : le plus grand barrage du monde

L'événement le plus spectaculaire de ces dernières années a été la mise en service du barrage des Trois-Gorges en Chine. Ce barrage, avec une puissance de 18 200 MW (26 turbines) et une énergie produite de 84 700 GWh/an, est le plus puissant du monde. Il a supplanté le barrage d'Itaipu (à la frontière commune du Brésil, du Paraguay et de l'Argentine), dont la puissance est de 12 600 MW.

Les potentiels de croissance sont surtout significatifs dans les pays émergents et en développement. Ils concernent l'Asie (la Chine planifie au moins un barrage équivalent à celui de Trois-Gorges), l'Amérique latine et surtout l'Afrique, ce dernier étant le plus en retard par rapport à son potentiel. Parmi les grands projets, citons le barrage de Belo Monte au Brésil d'une puissance de 11 000 MW pour un coût prévu de 17 milliards de dollars, soit 1 550 $/kW, dont la construction vient d'être décidée. Enfin, à une plus grande échelle encore, le barrage de Grand Inga sur le fleuve Congo est à l'étude. Avec une puissance de 39 000 MW, soit deux fois plus que celle des Trois-Gorges, il pourrait représenter un tiers de l'approvisionnement électrique actuel du continent africain. Mais pour ce continent, plus que pour d'autres, se pose la question des colossaux investissements nécessaire à la création de cette filière de production d'électricité, alors qu'en Europe, et en France notamment, l'essentiel des investissements a été fait avant les années 1980.

Les estimations les plus optimistes au niveau mondial donnent un potentiel de production de 7 500 TWh/an (trois fois plus qu'actuellement). Cette estimation suppose une puissance installée un peu supérieure à 1 900 000 MW. Au rythme actuel de 12 000 MW/an, il faudrait environ 100 ans pour parvenir à cette estimation.

Nota : La mise en valeur de gigantesques gisements hydroélectriques encore inexploités (Himalaya, Andes, Zaïre, Canada, etc.) repose en partie sur le développement du transport longue distance de l'électricité, transport que les nouvelles avancées technologiques (très très hautes tensions, courants continus) facilitent. Mais ceci aussi a un coût.

En France, la puissance totale installée des 400 barrages est de 25 500 MW. Cette puissance installée représente 22 % du total de la puissance électrique, qui est de 110 000 MW (dont nucléaire : 63 000 MW, fossiles : 21 000 MW).

Un classement approximatif répartit ces installations hydroélectriques entre la « Grande Hydraulique » et la « Petite Hydraulique ». La première, qui regroupe les installations de puissance unitaire supérieure à 10 MW, représente un total de 23 500 MW. La seconde, qui regroupe les installations de puissance inférieure à 10 MW, représente au total 2 000 MW. Pour les très faibles puissances (de moins de 0,1 MW), on parle de micro, voire de pico hydraulique. Le potentiel de développement repose sur des adaptations de l'existant et sur l'ajout de ce qui est classé en Micro et Pico Hydraulique. Au total, un supplément de puissance installée de 1 000 MW est envisageable. Cette augmentation de puissance ne se traduirait pas nécessairement par une augmentation de l'énergie produite, du fait, notamment, des besoins sans cesse croissants de l'irrigation et des astreintes touristiques, qui amènent à détourner une partie des débits d'eau.

4.4. Les divers types d'aménagements hydroélectriques

4.4.1. Généralités

L'eau accumulée dans les barrages ou dérivée dans les prises d'eau des fleuves ou des rivières (au fil de l'eau) représente une énergie potentielle. La diminution de l'énergie potentielle de cette eau entre les deux niveaux amont et aval produira de l'énergie cinétique du fluide. Cette dernière se transformera en énergie mécanique en entraînant la turbine et l'alternateur ; ce qui donnera en définitive de l'énergie électrique.

Avec un rendement global compris entre 85 et 90 %, une énergie potentielle gravitaire se transforme en « énergie électrique » (n'oublions pas que l'électricité n'est pas une source d'énergie, mais un vecteur, porteur d'énergie). De façon simplifiée, nous pouvons retenir que 1 m^3/s qui chute de 100 m génère 0,85 MW et que 1 m^3 d'eau qui descend de 400 m produit 1 kWh. Quelques exemples :

- Cleuson (Suisse) : 1 874 m de chute, débit 75 m^3/s, puissance 1 269 MW ;
- Trois-Gorges (Chine) : 80 m de chute, débit 27 600 m^3/s, puissance 18 200 MW ;
- Donzère (France) : 21 m de chute, débit 1 970 m^3/s, puissance 352 MW.

La centrale de Donzère, quelques données

Débit : 1 970 m^3/s soit 1 970 tonnes/s, 1 970.10^3 kg/s.

Énergie brute par seconde : $Q \times \Delta h \times g = 1\,970\ 10^3 \times 21 \times 9.81$ = 406 millions de joules par seconde.

À partir de la puissance affichée de 352 MW, soit 352 millions de joules par seconde, il est possible de retrouver le rendement de 0,87.

L'énergie hydraulique recouvre des réalités très variées, tant par la taille des ouvrages que par les débits et les hauteurs de chute. Pour la même puissance, débit et hauteur varient à l'inverse l'un de l'autre, une turbine pouvant être alimentée par un faible débit sous une hauteur de chute importante, ou au contraire par un débit important sous une faible hauteur de chute.

Un classement peut être établi en fonction de la puissance des ouvrages. Cette puissance va de quelques kilowatts (micro-hydraulique) pour les réseaux régionaux ou locaux à des centaines ou des milliers de mégawatts pour les réseaux interconnectés. Un classement peut également être établi selon la hauteur de chute :

- les hautes chutes (> 200 m), associées à des lacs de montagne ;
- les moyennes chutes (entre 50 et 200 m), sur les fleuves et rivières en montagne ;
- les basses chutes (< 50 m), dont les centrales au fil de l'eau.

Les aménagements peuvent ou non comporter une réserve d'eau ; cette réserve peut-être naturelle, mais est le plus souvent artificielle.

4.4.2. Les centrales au fil de l'eau

Les centrales au fil de l'eau sont en général installées en plaine. C'est le fleuve ou la rivière qui a façonné la plaine et imposé sa pente. En France, le Rhône est ainsi particulièrement représentatif. La pente de la vallée rhodanienne en aval de Lyon est de l'ordre d'un peu moins d'un mètre au kilomètre. Sur cette base, la somme de tous les dénivelés des 12 barrages de Lyon à la mer n'est que de 132 m, et ainsi les hauteurs de retenues individuelles, compte tenu de l'espacement des barrages, sont faibles (de 6 à 21 m).

Pour la mise en œuvre de ce type d'aménagement hydraulique, est en général créé un canal dérivé, dit canal d'amenée, sur lequel sera construite l'usine hydroélectrique. Un barrage, dit de retenue, est placé sur le lit naturel du fleuve, obligeant l'essentiel du courant à passer par le canal dérivé, sauf en cas de crue.

Ces équipements utilisent le débit du fleuve tel qu'il se présente et n'ont pas de capacité significative de modulation par stockage. Le temps nécessaire pour vider la réserve d'eau amont, appelé constante de vidange, est généralement de l'ordre de l'heure. Ces centrales n'ayant pas de réserves significatives d'eau relativement à leur débit fournissent ainsi de l'électricité en base (*voir § 4.7*).

Le débit du fleuve varie en fonction du mois de l'année. Par exemple, moyenné sur plusieurs dizaines d'années, le débit du Bas-Rhône passe de 2 000 m^3/s en un mois de mars moyen à 1 000 m^3/s en un mois d'août moyen. Les installations de récupération d'énergie seront en général dimensionnées pour le débit du mois moyen maximum, le mois de mars dans la référence citée. Mais il faut aussi prendre en compte les écarts par rapport à la moyenne, et notamment les sur-débits de crues qui, *via* le barrage de retenue, passeront par le lit naturel. Dans le cas du Bas-Rhône, le record de crue est de 13 000 m^3/s.

C'est la turbine du type Kaplan (à axe vertical) qui paraît la plus adaptée aux basses chutes avec forts débits. La roue est du type hélice, les pales étant proches de l'axe, comme celles des bateaux. Les pales peuvent être orientées, ce qui permet d'avoir un rendement élevé pour toute la gamme de débits d'eau (le rendement turbine varie de 90 % à 95 %). La vitesse de rotation varie de 50 à 250 tr/min.

En France, la puissance cumulée de ces centrales représente 7 500 MW. En année moyenne, elles produisent 37,3 TWh, ce qui donne un taux d'utilisation de 57 % (5 000 heures par an).

4.4.3. *Les centrales dites d'éclusée*

Ces équipements sont généralement situés en moyenne montagne (Jura, Massif central), sur des cours d'eau à débits importants associés à des lacs. La constante de vidange est comprise entre quelques heures et quelques centaines d'heures. La présence du lac permet de moduler tout au long de la journée, voire de la semaine, la puissance produite. Pendant les heures de forte demande, ces centrales sont utilisées à leur puissance maximale, en tirant sur la réserve : c'est le fonctionnement dit en éclusée (contrairement à ce que ce terme pourrait suggérer, cette désignation n'est pas liée à la présence d'une écluse).

C'est la turbine du type Francis, la mieux adaptée pour les moyennes chutes, qui sera en général utilisée. Elle est aussi à axe vertical et se présente comme un cylindre de grand diamètre, divisé sur sa circonférence par une série de cloisons longitudinales incurvées.

En France, la puissance cumulée de ces centrales représente 4 300 MW. Elles produisent en année moyenne 14 TWh, d'où un taux d'utilisation de 37 % (3 250 heures par an).

4.4.4. Les centrales de lacs (barrages de haute chute)

Ces centrales, situées en altitude, bénéficient, pour des débits parfois faibles, de très importants dénivelés. Elles disposent, relativement au débit, de grandes retenues d'eau, ce qui permet une durée de fonctionnement à pleine puissance supérieure à quelques centaines d'heures par an. Leur rôle peut être typiquement saisonnier, avec par exemple les apports en eau du printemps. Elles sont capables d'augmenter très rapidement leur production.

Pour ces hautes chutes, la turbine du type Pelton sera la mieux adaptée. Elle est constituée d'une roue sur la périphérie de laquelle sont fixés des augets (séries de cuillères doubles). L'eau à grande vitesse vient frapper directement ces augets.

En France, la puissance cumulée de ces centrales représente 9 300 MW. En moyenne annuelle, elles produisent 17,4 TWh, d'où un taux d'utilisation de 19 % (1 800 heures par an).

4.4.5. Les STEP : Station de Transfert d'Énergie par Pompage

Avec les STEP, nous sommes à la limite du cadre de la production directe d'énergie, puisque ces installations sont en fait des consommatrices nettes d'énergie. Mais comme elles jouent un rôle majeur dans le fonctionnement du réseau électrique et sont technologiquement très proches des centrales de lacs, nous devons en parler ici.

En ajoutant à une centrale de lac un dispositif artificiel de pompage qui peut remonter l'eau dans ce lac, que nous désignerons comme le lac supérieur, nous obtenons une STEP. Il ne s'agit pas, bien sûr, de pomper l'eau à mesure qu'elle s'écoule mais de pomper celle qui a été déversée antérieurement et stockée dans un lac inférieur : une variante, en somme, de l'univers des Shadoks. L'exploitation de l'installation en mode pompage permet de stocker l'énergie produite par d'autres types de centrales lorsque la consommation est basse, la nuit par exemple, pour ensuite la redistribuer, lors des pics de consommation, en mode turbinage. Ces centrales possèdent donc deux bassins, un bassin supérieur et un bassin inférieur. Entre les deux bassins, les machines peuvent être soit des groupes ternaires (la ligne d'arbre comporte la turbine, l'alternateur et la pompe), soit des groupes avec pompes-turbines réversibles capables d'assurer turbinage et pompage.

Les installations STEP peuvent être de pompage pur ou de pompage mixte. Dans ce dernier cas, un système de pompage est ajouté à une installation de type haute chute, dont le lac est déjà alimenté par les eaux des versants.

L'ensemble du type mixte de Grand-Maison (Isère), mis en service en 1988, est la plus puissante STEP en France. Le lac supérieur, situé à 1 698 m d'altitude, a une capacité de 137 Mm^3. Le lac inférieur du Verney, situé à 725 m d'altitude, a une capacité de 14 Mm^3. L'usine a une puissance de 1 800 MW. À la puissance maximale, le lac supérieur se viderait en moins de 200 heures.

La puissance cumulée de l'ensemble des STEP de pompage pur est de 1 900 MW. Elles transforment 5,5 TWh consommés pendant les heures creuses en 3,9 TWh produits pendant les heures pleines. Le rendement global est de 70 %. En moyenne, elles fonctionnent 2 000 heures par an en fourniture d'électricité. Les STEP de pompage mixte représentent 2 500 MW de puissance en production. Elles produisent en année moyenne 1,2 TWh en énergie nette (apports naturels d'eau au réservoir supérieur) et environ 1,9 TWh en énergie récupérée.

Globalement, l'ensemble des STEP a fourni en 2008 5 TWh au réseau électrique pendant les heures pleines à un coût de vente élevé et a consommé 6 TWh pendant les heures creuses à un coût d'achat faible.

4.5. Les coûts de l'hydraulique terrestre

D'une manière générale, les centrales hydroélectriques sont très coûteuses en investissements et peu en fonctionnement. Le combustible est gratuit, et l'exploitation et la maintenance ont des coûts réduits. La part relative des investissements et du combustible est très variable selon les filières énergétiques de production d'électricité. Quelques chiffres permettent de donner les ordres de grandeur (base année 2005).

- Pour une centrale au gaz, le prix du combustible représente 76 % du coût total de l'électricité produite, celui de l'investissement 17 % (pour un ordre de grandeur du coût du kW installé de 700 € à 1 000 €) et celui de l'exploitation-maintenance, 7 %.
- Pour une centrale au charbon dit « propre » non équipée pour la capture du gaz carbonique (*voir § 1.2.4*), la part combustible représente 41 % du prix de revient de l'électricité, celle de l'investissement 42 % (pour un ordre de grandeur du coût du kW installé de 1 700 €), et celle de l'exploitation-maintenance, 17 %.
- Pour une centrale nucléaire, la part matière première du combustible (uranium) ne représente que 4 % du coût de l'électricité produite. À cette part, il faut ajouter 11 %, correspondant au coût de la fabrication du combustible (dont l'enrichissement), pour avoir la part totale du coût combustible prêt à charger, qui

est donc de 15 %. La part de l'investissement est largement prépondérante et représente 62 % du coût total (pour un ordre de grandeur du coût du kilowatt installé de 2 500 € dans le cas d'une installation unique de troisième génération). L'exploitation-maintenance représente 23 %.

– Pour une centrale hydraulique, si le combustible est gratuit, l'investissement peut en revanche représenter plus de 85 % du coût du kWh. La variable principale sera la durée prise en compte pour amortir l'investissement. Une fois les emprunts initiaux remboursés, il ne reste à assurer que les dépenses d'exploitation et d'entretien-maintenance (coûts estimés entre 1 et 3 €/kWh) ainsi que des provisions pour les grosses réparations.

Il n'est pas possible de donner une référence absolue du coût d'investissement de l'hydraulique, car à chaque site correspondent des aménagements spécifiques. Chaque centrale hydroélectrique est un cas particulier. Il est facile de commencer à installer les sites les plus « rentables » et d'attendre que le prix des autres énergies augmente pour lancer de nouveaux sites.

Le dernier chiffre connu d'investissement d'une installation terminée concerne le barrage des Trois-Gorges. La Chine annonce un coût de 25 milliards de dollars, c'est-à-dire 18 milliards d'euros (début 2010), soit environ 1 000 €/kW installé. L'analyse du détail des coûts et du mode de calcul chinois conduit certains analystes à multiplier ce chiffre par 2. L'estimation « occidentale » du plus grand projet mondial, celui de Grand Inga sur le fleuve Congo, donne un coût de 80 milliards de dollars, ce qui reviendrait à 2 000 €/kW. Pour l'installation de Belo Monte au Brésil, le coût annoncé est de 1 550 $/kW, soit 1 100 €/kW. En Europe, un chiffre moyen de 1 500 €/kW actualisé est avancé pour les équipements passés.

En dépit des grandes incertitudes des évaluations du coût d'investissement par unité de puissance installée, ces premiers ordres de grandeur classent l'hydraulique dans la famille des équipements à investissements lourds. Cette famille comprend aussi le nucléaire, le charbon, l'éolien, le photovoltaïque et le solaire thermodynamique. Le gaz en comparaison nécessiterait, à même puissance installée, deux fois moins d'investissements que l'hydraulique.

Nota : Dans le cas des centrales au charbon, l'investissement est d'autant plus lourd qu'elles sont munies d'équipements efficaces de traitement des fumées. Ceci serait accentué si le captage du gaz carbonique était imposé.

Mais cette analyse de l'investissement par unité de puissance installée ne suffit pas : il faut aussi considérer le taux d'utilisation. En moyenne mondiale, **le taux d'utilisation de l'hydraulique est de 44 %.** À même investissement par unité de puissance, le coût du kilowattheure produit varie en sens inverse du facteur de charge. Ceci sera à prendre en compte lors de la comparaison avec des installations dont le taux de charge peut atteindre et dépasser les 80 % (centrales classiques à combustibles fossiles et centrales nucléaires).

La souplesse de fonctionnement doit aussi être analysée. En dehors du cas de l'hydraulique au fil de l'eau, dont la capacité de réglage est nulle ou réduite, une plus-value importante est à accorder aux investissements dans l'hydraulique qui, comme c'est le cas des éclusées, a la capacité d'ajuster la production aux besoins (*voir § 4.7*).

4.6. Impact environnemental, rejets de gaz carbonique

À première vue, l'hydraulique étant une énergie renouvelable sans aucun lien avec le cycle du carbone, donc avec les rejets de gaz carbonique, elle ne peut affecter l'effet de serre. Mais cette affirmation, évidente du fait de l'absence de combustible, n'est pas suffisante pour juger d'une filière énergétique. Il faut regarder l'ensemble du cycle de vie, qui inclut les rejets dans la phase de construction (chantier et fabrication). Ces rejets ont été calculés pour toutes les sources de production d'électricité. La *figure 4.3*, tirée de données de l'AIE (Agence Internationale de l'Énergie), donne les principaux résultats de ces analyses.

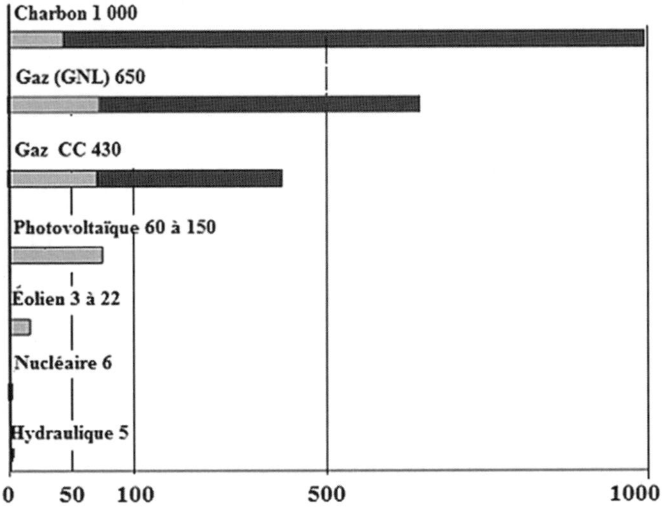

Figure 4.3 *Rejets de gaz carbonique mesurés en gramme de gaz/kWh Rejets répartis entre ceux liés à l'exploitation (barre noir foncé) et le reste (barre gris clair) lié à la construction, aux transports, aux opérations de fin de vie, etc.*

Toutes les valeurs publiées sur ces rejets sont sensiblement les mêmes pour les combustibles fossiles. La plupart des rejets sont ceux qui sont liés à l'exploitation, et un bilan énergétique simple ne peut conduire qu'à un résultat. En revanche, des écarts importants existent quand on examine les bilans de rejets associés à la construction, car ils dépendent notamment des procédés de fabrication et de la structure énergétique du pays où sont faites les constructions.

Pour l'hydraulique, ces rejets s'avèrent dans tous les cas très faibles. Ils sont incontestablement les plus bas de toutes les sources de production d'électricité.

En fait, l'essentiel de la production indirecte de gaz carbonique en phase de chantier vient du béton. En effet, l'hydraulique monopolise d'énormes quantités de béton, au même titre que le nucléaire et l'éolien. Et la fabrication de béton est source de rejets de gaz carbonique (60 kg de gaz carbonique par mètre cube de béton). Mais cela n'a rien à voir avec les rejets d'une centrale au gaz, qui se chiffrent à 650 g de CO_2/kWh pour les centrales classiques, ramenés à 430 pour les nouvelles centrales à cycle combiné. Les rejets des dernières centrales au gaz sont donc encore importants, même si on associe souvent au gaz le qualificatif de « propre ». Cette qualification ne s'approchera de la réalité que lorsque la séquestration du gaz carbonique ou CSC (Capture et Stockage du Carbone) (*voir § 1.2.4*) sera appliquée, mais le sera-t-elle un jour ?

Toutefois, un point spécifique peut affecter défavorablement le bilan effet de serre de l'hydraulique. Il a été particulièrement souligné lors de la construction du barrage de Petit-Saut en Guyane. Pour cette installation de 37 MW destinée à produire 116 GWh par an, a été crée une retenue couvrant une surface de 350 km^2 (à comparer aux 22 km^2 de la retenue de Sainte-Croix, l'une des plus grandes de France métropolitaine). La mise en eau du barrage s'est effectuée sans déforestation préalable. Une partie de la matière organique piégée sous l'eau va se décomposer en méthane, puissant gaz à effet de serre (au moins 20 fois plus puissant que le gaz carbonique à même volume). Des estimations avancent que, sur 100 ans d'exploitation, le gain sur les rejets de gaz carbonique par rapport à une centrale au fuel n'équilibrera pas les rejets de méthane. Il s'agit là d'un cas extrême, mais qui montre qu'une certaine prudence s'impose quant au bilan effet de serre.

L'impact des centrales hydroélectriques sur l'environnement se rapporte surtout aux modifications de paysage et parfois aux déplacements de populations (pour les Trois-Gorges par exemple, le chiffre de plus d'un million de personnes déplacées est avancé). En outre, les morphologies des cours d'eau étant plus ou moins modifiées, la faune et la flore peuvent également être affectées.

4.7. Hydraulique et suivi réseau

L'électricité prend une place relative de plus en plus importante dans la réponse à nos besoins énergétiques. Par exemple, en France, la consommation finale est passée de 151 TWh en 1973 à 442 TWh en 2008, soit un facteur de croissance de 2,9 en 34 ans.

Aux mêmes dates, la consommation mondiale est passée de 5 109 à 18 000 TWh, soit un facteur 3,2.

De la production à la consommation d'électricité

En 2008, la production brute d'électricité en France a été de 575 TWh (nucléaire : 440 TWh, thermique classique : 60 TWh, renouvelables : 75 TWh).

- La production nette à destination de la consommation française est de 495 TWh.
- Le passage de la production brute à la production nette tient compte des 48 TWh représentant le solde des échanges avec les pays voisins (59 d'exportation – 11 d'importation), des 6 TWh de consommation du pompage et, enfin, des 25 TWh de consommation des auxiliaires des outils de production.
- Le passage de la production nette à la consommation finale de 442 TWh prend en compte la consommation spécifique nucléaire de l'usine d'enrichissement de l'uranium) et les pertes en ligne (environ 7 à 8 % de l'énergie transférée).

Mais l'électricité, simple vecteur énergétique, n'est pas stockable. Il faut à chaque instant ajuster la production aux besoins. Or ces besoins varient en permanence. Globalement, comme nous le détaillons ci-après (*§ 4.7.1*), il faut distinguer les grandes variations saisonnières et les variations journalières. Les premières (les saisonnières) s'étalent sur plusieurs mois et donnent des variations énergétiques hebdomadaires qui évoluent de ± 20 % autour de la moyenne annuelle. Les secondes, les journalières, sont un peu moins importantes, fluctuant de ± 15 % autour de la moyenne, mais elles sont très rapides, avec des vitesses de variations proches de 10 %/h.

4.7.1. Les besoins du réseau

Pour examiner ces besoins d'électricité, regardons comment ceux-ci varient en France au cours d'une année, puis de façon plus détaillée lors d'une journée type. La *figure 4.4* montre la variation relative de l'énergie électrique totale fournie par semaine (intégrale de puissance sur 7 jours). Cette courbe doit être lue comme une moyenne donnée à titre indicatif. En réalité, selon que l'hiver est tardif ou non, selon que le printemps est plus ou moins froid, il peut y avoir un décalage dans le temps de quelques semaines (seul le creux du mois d'août est figé). Mais schématiquement le même type d'évolution se représente chaque année.

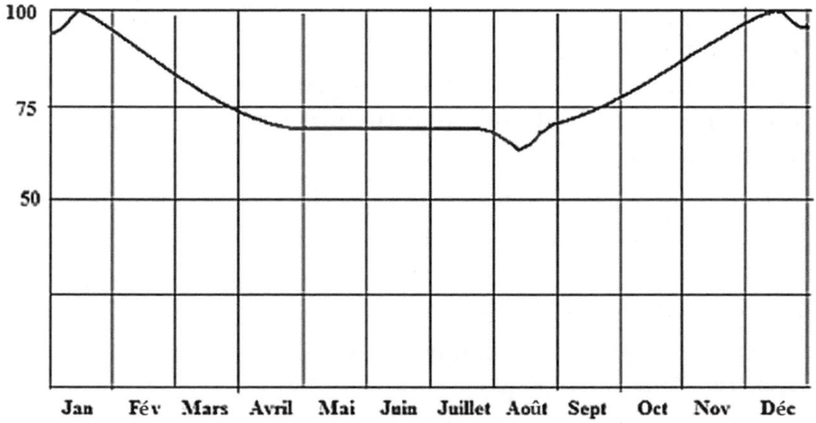

Figure 4.4 *Évolution relative de l'énergie appelée par semaine sur une année (base 100 pour le maximum)*

Sur cette figure, le chiffre de départ, proche de 100, correspond par exemple à environ 10 000 GWh d'énergie appelée en une semaine (ce fut le cas en janvier 2007). Le maximum est atteint en général vers la mi-décembre ou la mi-janvier et il correspond à une puissance moyennée sur la semaine de 59 500 MW. Le minimum, d'une valeur relative de 65, est atteint vers le 15 août, ce qui donnerait une puissance moyennée sur la semaine de 38 700 MW. Autour de la moyenne arithmétique entre ces deux extrêmes, soit 49 100 MW, la variation est de ±25 %. Indépendamment du « creux » centré sur le 15 août (maximum de fermetures d'entreprises), il y a un écart énergétique de 3 000 GWh, soit un écart de puissance moyenne de 17 850 MW entre le maximum hivernal (maximum de chauffage et maximum d'éclairage) et la base estivale (pas de chauffage et minimum d'éclairage).

La *figure 4.5* illustre l'évolution de la puissance instantanée lors d'une journée ouvrée d'hiver, et non celle de l'énergie relative comme c'était le cas dans la figure précédente. Ainsi que pour tous les jours ouvrés, la courbe de puissance appelée part de son point bas vers 5 heures du matin, monte progressivement de +16 800 MW (+ 25 %), avec un taux d'accroissement d'un peu moins de 10 % à l'heure, ce qui représente la variation la plus importante et rapide de la journée. Après cette montée matinale, les variations sont ensuite moins importantes, tant en amplitude qu'en vitesse de variations.

Le terme « pic de puissance » s'applique à la dernière montée de puissance, constatée en fin de journée, hiver comme été, jour ouvré ou non. Il correspond au retour des familles dans les foyers et aux mises en service de l'éclairage, des appareils ménagers, des téléviseurs, jeux, ordinateurs, ainsi qu'à une petite poussée du chauffage en hiver seulement. Bien qu'étant désigné comme « pic », il ne constitue pas systématiquement le point le plus haut et il n'est surtout pas le plus abrupt (le « pic » est un peu émoussé). Entre les valeurs minimales et maximales, l'écart par rapport à la moyenne est de ± 15 %.

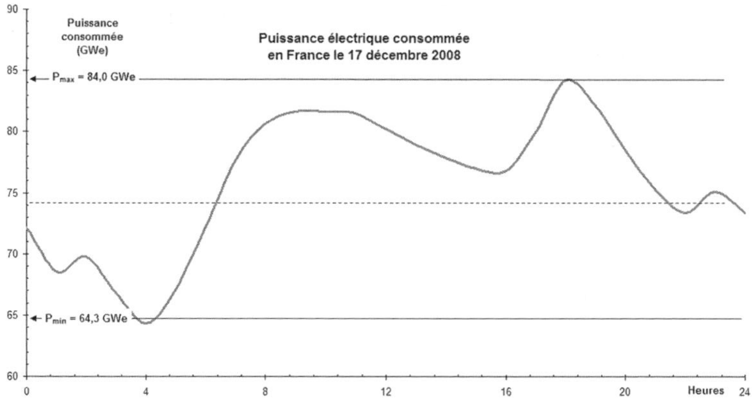

Figure 4.5 *Évolution de la demande de puissance pendant une journée ouvrée d'hiver (17 décembre 2008)*

4.7.2. La réponse aux besoins du réseau, place de l'hydraulique

Les besoins d'alimentation électrique devant être satisfaits en continu et sans rupture, il appartient à l'ensemble des sources de production de s'adapter. Les variations des besoins en puissance sont assez prévisibles. À 24 heures près (la veille pour le lendemain), les incertitudes sur les estimations de puissance appelées en consommation ne sont que d'environ 2 %. Ceci permet de préparer le programme de fonctionnement des différents producteurs (puissance de référence en fonction du temps). Néanmoins, une réponse rapide et automatique sera nécessaire pour la stabilité du réseau, qui doit en outre faire face à la perte brutale toujours possible d'un moyen de production, à des défauts de lignes ou à l'interruption d'appel d'un gros consommateur. Toutes les sources d'électricité qui peuvent ajuster leurs puissances (celles qui n'opèrent pas uniquement en déversoir) assurent ainsi en permanence l'équilibre entre la consommation et la production.

Le *tableau 4.1* donne un exemple des variations de puissance pour une journée de novembre en France. Nous voyons que **l'hydraulique assure la plus grande part de cette modulation, devant le nucléaire. Si l'électricité ne se stocke pas, l'eau se stocke**. Ainsi, grâce à l'eau des barrages de lacs, des réserves de puissance sont mobilisables en quelques minutes, ce qui permet l'adaptation fine et instantanée entre l'offre et la demande.

	P. Max	**P. Mini**	**Variation**
Nucléaire	52 085	47 845	4 240
Charbon + Gaz	5 240	3 421	1 823
Fuel	2 654	331	2 323
Hydraulique	9 485	2 784	6 701
Tout réseau	69 464	54 381	15 087

Tableau 4.1 *Détail de la puissance mobilisée en MW pour une journée de novembre*

La *figure 4.6* donne à titre d'exemple la variation de la production hydroélectrique (voir la « pointe du soir »), pour une journée type d'hiver.

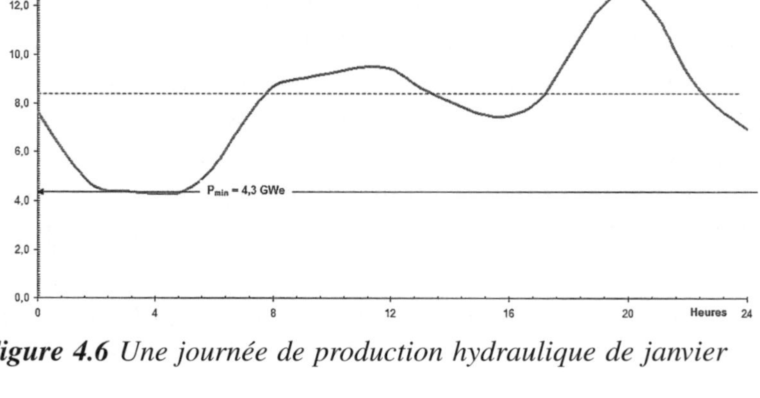

Figure 4.6 *Une journée de production hydraulique de janvier*

Mais compte tenu des équipements hydrauliques actuels et en dépit des 4 400 MW de STEP, la seule énergie hydraulique ne suffit pas : les autres sources, y compris celles qui sont classées habituellement « sources de base » comme le nucléaire, sont aussi sollicitées toute la journée, y compris pendant les pointes.

L'arrivée de nouveaux systèmes productifs renouvelables, dont les puissances mises sur le réseau ne peuvent être réglées en fonction des besoins (fonctionnement dit « en déversoir ») et qui sont en outre très variables et aléatoires (*voir § 8.7, 5.4 et 5.5*), va accentuer le besoin de modulation des autres producteurs. Si les variations de la puissance issue du soleil (photovoltaïque ou thermodynamique) sont lentes (au coucher ou au lever du soleil), elles sont en revanche très rapides pour l'éolien et en partie imprévisibles. Ceci accentuera l'amplitude des risques d'écarts entre la production et la consommation, ainsi que la cinétique de variation de ces écarts. Une modulation renforcée devra être demandée aux moyens classiques existants. Il faut noter cependant que l'hydraulique semble déjà à son maximum, comme montré ci-dessus.

Faudrait-il plus de STEP ? Les possibilités de nouvelles STEP terrestres, au vu des sites possibles, semblent limitées. Des propositions de STEP en bordure de mer, profitant d'une falaise existante ou carrément en pleine mer, se font jour (un projet au Danemark en liaison avec un champ d'éoliennes off-shore). Mais se pose la question de savoir si elles sont réalisables et à quel prix.

Un fort accroissement de la puissance installée d'éoliennes risque de conduire à faire appel systématiquement à des turbines à gaz de secours, d'où un accroissement des rejets de gaz carbonique, ce qui ne répond pas au but initial des NER.

Pour faire face à cette intermittence, la piste hydrogène, jumelée avec ces renouvelables, est mise en avant (*voir § 8.7.3*). L'hydrogène, vecteur d'énergie comme l'électricité, présente des capacités de stockage comparables à celles de l'hydraulique du type

STEP, mais le rendement semble plafonner sous les 30 %, alors qu'il est de 70 % pour les STEP. Cette voie hydrogène connaît un début d'application en Islande, pays où la vapeur d'eau omniprésente permet une forte production d'électricité. Mais dans ce cas, cette démarche ne vise pas à répondre aux problèmes posés par l'intermittence, mais à alimenter les véhicules en carburant (*voir § 6.1.2*).

4.8. Les énergies marines

Les mers et océans occupant 71 % de la surface de la planète, il est légitime de se demander quelles sont les possibilités qu'offrent ces dernières pour répondre aux besoins énergétiques des terriens. Ces possibilités présentent d'autant plus d'intérêt que plus de la moitié des habitants vivent sur le pourtour des mers. Aux moulins à marée, qui existaient déjà au Moyen Âge et qui sont devenus aujourd'hui usines marémotrices, viennent s'ajouter de nouveaux systèmes utilisant l'énergie du mouvement des mers, les courants marins ou le mouvement des vagues. À ceci s'ajoutent d'autres systèmes, comme ceux qui visent à utiliser le potentiel thermique des mers ou l'effet dit « de salinité ».

4.8.1. Usines marémotrices

Les marées sont des oscillations périodiques du niveau des mers dues à l'influence de la Lune et dans une moindre mesure du Soleil. L'attraction gravitationnelle est inversement proportionnelle au carré de la distance. Lorsque la Lune se trouve à la verticale d'un océan, elle attire plus les eaux proches qu'elle n'attire le centre de la Terre. Ces eaux proches auraient tendance à s'élever. Face à cette affirmation, une réaction trop rapide de notre part conduirait à conclure que l'eau monte du côté face à la Lune et, par l'effet des fluides communicants, baisse de l'autre côté. Mais si nous prenons en compte l'ensemble des accélérations relatives, nous arrivons à une conclusion simple : l'eau de l'autre face est en quelque sorte repoussée du centre de la Terre. La forme générale d'une couche d'eau entourant la Terre se présente comme une ellipsoïde, d'axe principal orienté Terre-Lune. Il y a deux « bosses », et donc deux marées par jour au même lieu. Mais ceci, nous l'avons tous vérifié lors de nos séjours balnéaires, du moins en Bretagne. L'amplitude de la déformation serait de l'ordre de 50 cm en pleine mer. Le phénomène est amplifié à l'approche des côtes par effet de fond. L'amplitude peut atteindre plusieurs mètres dans les mers peu profondes et, dans certains estuaires, des amplitudes de plus de 10 m sont observées.

Pour profiter de ces variations de niveau, un barrage est implanté dans une baie ou un estuaire, isolant un bassin de la mer. À marée montante, le bassin se remplit. Les accès sont ensuite fermés et cette masse d'eau présente une énergie potentielle récupérable lorsque le niveau de la mer aura baissé, lors de la phase suivante de marée basse. Cette énergie potentielle se transformera en énergie cinétique (vitesse de fluide), puis en énergie mécanique en faisant tourner une turbine. En fait, les flux montants et descendants circulent dans des groupes de type bulbes à pales orientables (variante des turbines Kaplan, *voir § 4.4.2*). Ces groupes peuvent aussi servir au pompage permettant de compléter le remplissage du réservoir amont. La production d'électricité est donc très liée au cycle naturel des marées. Elle ne suit pas les besoins des consommateurs. Mais la variabilité est parfaitement prévisible, ce qui facilite la gestion de production. La puissance de déversement peut, en revanche, être adaptée aux besoins. Le pompage, qui permet de compléter un mouvement de marée pour remplir le bassin, opère comme une STEP (*voir § 4.4.5*).

L'usine de la Rance, en France, a été la première au monde à produire de l'électricité à l'échelle industrielle à partir des courants des marées. Son barrage de 750 m de long abrite les 24 groupes bulbes d'une puissance totale de 240 MW. Elle produit 544 GWh dans le sens bassin-mer, et 64 GWh dans le sens mer-bassin (mais consomme 60 GWh en pompage). Le taux de charge ramené à la puissance nominale est de 30 % (équivalent de 2 500 heures par an). La France, grâce à l'usine de la Rance, a été leader dans la technologie des usines marémotrices. Mais, prise isolément, cette installation ne pouvait se justifier. C'est un prototype lancé à titre d'essais, avec comme objectif un équipement beaucoup plus important : celui qui devait ceindre la baie du Mont-Saint-Michel (pour environ 10 000 MW de puissance). Ce grand projet, très étudié et avancé dans les années 1960, fut définitivement abandonné dans les années 1970 en dépit de la crise pétrolière et de l'augmentation du coût des énergies. À l'étranger, le projet le plus important concerne l'équipement de l'estuaire de la Severn en Grande-Bretagne, pour une puissance de 8 600 MW, avec un coût estimé à 36,5 milliards d'euros (4 240 €/MW).

Les coûts d'investissements des usines marémotrices, très dépendants de la situation des sites, s'avèrent très élevés, plus élevés que ceux de l'hydraulique terrestre, pour des taux d'utilisation en général très inférieurs.

Les ressources ultimes mondiales des marées sont évaluées à 22 000 TWh/an. Mais l'énergie raisonnablement récupérable est très inférieure. Au mieux, les estimations donnent le dixième de la valeur des ressources ultimes, soit 2 200 TWh/an (pour mémoire, la production mondiale actuelle d'électricité est de 20 000 TWh/an).

4.8.2. Nouvelles énergies marines

L'augmentation des besoins énergétiques et la prise en compte de l'environnement et des conséquences de l'effet de serre favorisent l'apparition de nouvelles pistes de production d'énergie. Ce constat s'applique également aux énergies marines. Concepts, idées, projets originaux apparaissent en permanence. Des prototypes sont construits et plus ou moins avancés, certains vite abandonnés pour des raisons techniques et/ou financières. Les difficultés viennent essentiellement du caractère particulièrement corrosif du milieu marin. Parmi les multiples technologies expérimentées, il est difficile de dire celles qui sortiront du lot. Nous en examinerons plus particulièrement deux. Tout d'abord celle de l'énergie des vagues, qui semblait proche du stade du développement industriel mais a connu de récents déboires. Puis celle des courants marins, très prometteuse du fait de ses points communs avec cette autre énergie renouvelable en plein développement qu'est l'éolien (*voir Chapitre 8*).

L'énergie houlomotrice ou l'énergie des vagues

Les vagues, oscillations produites à la surface de l'eau, sont essentiellement générées par le vent (encore un effet indirect de la chaleur solaire). Lorsque le vent n'est pas local, mais éloigné, le terme de houle s'applique. Ces oscillations varient de quelques centimètres à plusieurs mètres, et ces écarts de hauteurs représentent de l'énergie potentielle.

Les équipements étudiés concernent surtout les houles moyennes, mais ils doivent également résister aux vagues de tempête, beaucoup plus puissantes et destructrices.

Potentiellement, l'énergie récupérable est du même ordre de grandeur que celle des marées, d'où un intérêt certain. Les premiers essais sur des machines de taille préindustrielle ont commencé au début des années 2000, la Grande-Bretagne étant particulièrement dynamique dans ce domaine.

Pelamis est un projet houlomoteur très avancé. Il se présente sous la forme d'une unité qui rassemble des cylindres de 3,5 m de diamètre et de 24 m de longueur. Ces tronçons attelés et articulés ressemblent à d'immenses serpents de mer d'une longueur totale dépassant les 100 m. Les mouvements de montée et de descente des cylindres les uns par rapport aux autres, qui modifient l'angle formé par les tronçons consécutifs, permettent la compression d'un fluide par des vérins. Cette énergie mécanique potentielle de pression pourra être utilisée pour entraîner un alternateur et produire de l'énergie électrique. Le premier montage semi-industriel significatif concerne trois tronçons, pour une puissance totale de 2,25 MW. Après une période de développement expérimental de trois ans en Grande-Bretagne, l'unité a été transférée au Portugal. Ce pays misait beaucoup sur cette filière pour atteindre l'objectif européen de réduction des rejets de gaz carbonique, avec en préparation un projet plus conséquent de 25 MW (investissement estimé à 3 100 €/kW). Mais la première année de fonctionnement en mer s'est avérée désastreuse, obligeant de nombreux retours à terre pour des remises en état. Le dernier retour en 2009 semblait définitif, le projet paraissant abandonné.

Ces premiers revers du Pelamis vont-ils condamner cette filière ? Le salut viendra t-il des nouvelles versions de ce modèle ou de l'une des nombreuses variantes présentées, au moins sur le papier, dans le monde entier ? Ces variantes reposent toutes sur d'énormes masses qui oscillent lentement et transmettent l'énergie récupérée à un fluide porteur. Ceci signifie beaucoup de masses et de mécanismes en mer. Le tri entre ces concepts multiples va prendre du temps, et l'avenir de nombreuses *start-up* qui se sont lancées dans ces voies, profitant d'aides favorables des États ou de l'Europe, est encore très incertain.

Pour limiter les équipements en mer, d'autres solutions existent et parmi celles-ci, le projet Limpet. Dans cette installation, le fluide est de l'air comprimé qui est envoyé à terre. Cette compression d'air est obtenue sous l'impulsion d'un énorme battant immergé. La puissance récupérable estimée entre 15 et 25 kW par mètre linéaire de rivage sur site favorable. Un prototype d'une puissance totale de 3 à 4 MW doit être construit sur une digue en Écosse. Il devrait être opérationnel en 2011.

L'énergie hydrolienne

Le fort développement des éoliennes terrestres et marines dites off-shore (*voir chapitre 8*) conduit naturellement à examiner leurs sœurs : les hydroliennes. L'hydrolienne est une turbine qui utilise l'énergie cinétique des courants marins ou des cours d'eau, comme une éolienne utilise l'énergie cinétique de l'air. Selon la loi de Betz (*voir § 8.3*), la puissance produite est proportionnelle à la masse spécifique du fluide ρ et au cube de la vitesse : V^3. La forte densité de l'eau de mer, 800 fois supérieure à celle de l'air, compense la faiblesse de la vitesse des courants marins, vitesse qui se mesure en quelques mètres par seconde, alors que dans l'air la vitesse dépasse les 10 m/s. Pour la même puissance, le diamètre des pales des hydroliennes est trois fois plus petit que celui des éoliennes.

En France, avec des installations qui seraient essentiellement implantées entre la Bretagne et le Cotentin, le potentiel estimé est de 3 GW, qui pourraient produire 10 TWh par an.

Jusqu'ici, dans ce chapitre consacré à l'hydraulique, l'accroissement potentiel des productions en France est resté très limité, l'essentiel ayant déjà été fait pour l'hydraulique terrestre et l'expérience de l'hydraulique marémotrice ayant montré ses limites. L'utilisation de l'énergie des vagues semble, dans notre pays, ne faire l'objet que d'un suivi de ce qui se fait à l'étranger. En conséquence, l'hydrolienne, qui n'en est encore qu'à la phase expérimentale, reste une voie à explorer. Au titre des opérations en cours, nous pouvons retenir, sur le site de Paimpol-Bréhat dans les Côtes-d'Armor, le lancement de la première phase d'un parc de quatre hydroliennes, pour un total de 2 MW, dont la mise en service est prévue en 2011. D'une puissance unitaire de 500 kW, les quatre turbines de 16 m de diamètre seront fixées sur des tripodes métalliques par 35 m de fond. À l'avenir, le parc pourrait s'étendre à dix hydroliennes. Il s'agit bien d'une première de démonstration. Cette filière en est à ses débuts. La tenue dans le temps des matériaux en constitue la principale inconnue. À l'effet corrosion par l'eau salée, commun à tous les équipements marins, s'ajoute l'effet abrasion des pales par le sable en suspension.

Mais comme pour l'utilisation de l'énergie des vagues, les idées foisonnent. Citons par exemple les « hydroliennes flottantes ». Celles-ci, dans le cadre du projet Hydro-Gen, mixent les techniques des bateaux-moulins mobiles et des moulins à marée. Même si les gammes de puissance restent réduites (quelques dizaines de kW), ce type de filière mérite d'être suivi.

Autres possibilités d'énergies marines

Nous ne pouvons terminer ce tour d'horizon sans évoquer, d'une part, la piste très ancienne de l'Énergie Thermique des Mers (ETM), et d'autre part, une toute nouvelle piste : l'énergie osmotique.

• ***ETM, l'Énergie Thermique des Mers***

Si Jules Verne l'évoque dans *Vingt mille lieues sous les mers*, c'est Georges Claude (par ailleurs inventeur du procédé de liquéfaction de l'air et à l'origine, avec Paul Delorme, de la société Air Liquide, créée pour exploiter les procédés mis au point par Georges Claude) qui en 1930, à Cuba, démontra la faisabilité de tirer de l'énergie en jouant sur l'écart de températures entre la surface et le fond des océans en zone tropicale. L'installation de Georges Claude produisit quelques dizaines de kilowatts, mais cette puissance obtenue restait un peu plus faible que celle nécessaire au seul pompage de l'eau. Cependant, depuis 1930 toutes les technologies ont évolué et de nouveaux espoirs se présentent.

L'ETM repose sur la même technologie qu'une de celles utilisées en géothermie moyenne énergie (*voir § 6.1.3*). Un cycle binaire utilisant un fluide volatil s'adapte à un cycle thermodynamique de production d'électricité. En zone tropicale, avec le procédé ETM, la zone d'ébullition serait la couche surfacique de la mer, qui avoisine les 25 °C, et la zone de condensation le fond de la mer, qui descend à 4 °C au-delà de 1 000 m. Un démonstrateur est programmé dans l'île de la Réunion ; sa mise en service est prévue en 2014. L'objectif est d'arriver à une puissance de 100 MW en 2030, ce qui couvrirait environ 10 % des besoins de l'île.

• *L'énergie osmotique*

Cette énergie est toute nouvelle. Elle met en présence de l'eau salée et de l'eau douce à travers une membrane semi-perméable. Même si la pression dans le réservoir contenant l'eau salée est supérieure à celle du réservoir d'eau douce, cette dernière passe par osmose du côté eau salée. L'eau douce remonte « naturellement » la barrière de pression et globalement le système a acquis du potentiel énergétique. La surpression ainsi créée peut être utilisée pour actionner une turbine. Dans la pratique, on envisage d'opérer avec une surpression de 1 MPa (10 bar), et un débit d'eau douce de 1 m^3/s générerait alors 1 MW. Cette technologie récente sort déjà du laboratoire, puisqu'un prototype de 10 kW, mettant en œuvre 2 000 m^2 de membranes, vient d'être mis en service fin 2009 en Norvège par la société Statkraft (Groupe public norvégien, 2e producteur européen d'électricité hydraulique). Les promoteurs annoncent un potentiel mondial de 1 600 TWh par an.

4.9. Récapitulatif, une vue globale sur l'énergie hydraulique

De ce tour d'horizon, nous pouvons conclure que l'hydraulique ne peut que fortement se renforcer au niveau mondial. Les besoins en électricité augmentant et l'essentiel de la production provenant encore, et pour longtemps, du charbon, il est clair que les raisons sont multiples de voir à l'avenir une forte augmentation quantitative de la production hydraulique. **Dans le monde, un triplement de la production d'énergie hydraulique est envisageable d'ici la fin du siècle, triplement qui serait essentiellement basé sur**

l'hydraulique terrestre classique et un apport de l'hydraulique marine. Pour la France, comme pour le reste de l'Europe, tout est pratiquement fait en ce qui concerne l'hydraulique terrestre, et seules les voies marines présentent encore un potentiel, mais qui devrait rester marginal.

5. L’énergie solaire

Que le soleil émette de l’énergie calorifique ne fait aucun doute. Nous l’expérimentons en permanence, surtout en été, parfois même à l’excès puisque ses rayons peuvent brûler notre peau. Cette chaleur solaire, qui se répand gratuitement, nous pouvons l’utiliser pour chauffer nos habitations, l’eau de nos douches et de nos bains, mais aussi pour transformer l’eau en vapeur. Celle-ci, en entraînant une turbine, produira de l’électricité. Mais ces mêmes rayons du soleil détiennent un pouvoir magique : celui d’arracher des électrons à la matière et de produire ainsi directement de l’électricité.

5.1. Le soleil

5.1.1. Le soleil : un astre pérenne

Notre soleil est une jeune étoile d’environ 4,5 milliards d’années. Les astronomes estiment que, avant qu’il ne s’éteigne, il faudra patienter encore 10 milliards d’années, une éternité à l’échelle humaine !

Ce réacteur thermonucléaire est situé à 150 milliards de kilomètres de la Terre, seuls ses bienfaits énergétiques nous parviennent. Il nous délivre une énergie 10 000 fois plus importante que celle consommée par l'humanité actuelle. Cette énergie gratuite est délivrée à toute la Terre, aussi bien aux pays les plus pauvres de la planète, situés dans les zones tropicales et équatoriales, qu'aux pays riches. Il n'est donc pas étonnant qu'il ait été déifié par des civilisations, comme celle de l'Egypte des pharaons ou celle des Incas, et que certains aient été tentés, comme Louis XIV, de s'approprier son image rayonnante.

5.1.2. Repérage du soleil dans le ciel

Repérage de sa position apparente

Dans la suite de cet ouvrage, on adoptera, pour repérer le soleil dans le ciel, les conventions classiques suivantes :

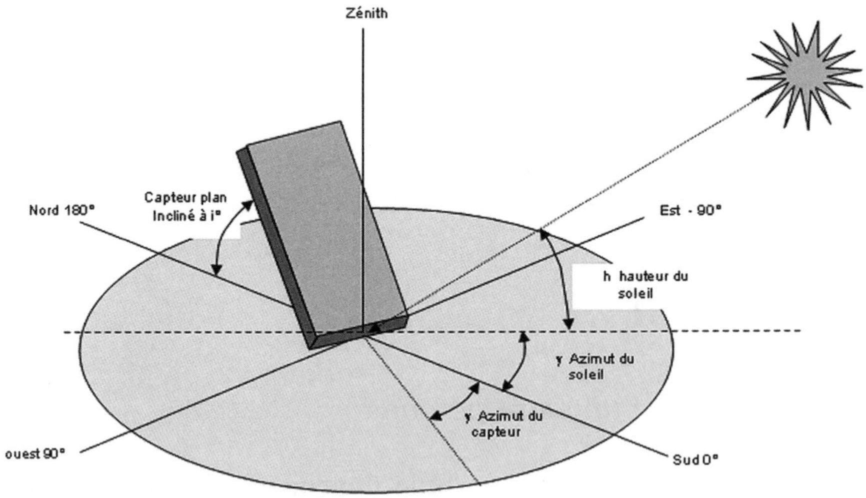

Figure 5.1 *Repérage de la position du soleil et d'un capteur*

On notera sur ce schéma que les grandeurs essentielles pour le soleil sont sa hauteur (h), variant de 0 à 90° ; son azimut (γ), variant de – 180° à + 180°. Les grandeurs pour le capteur sont son inclinaison (i), variant de 0 à 90° ; son azimut (g), variant de – 180 à + 180°.

La trajectoire apparente du soleil dans le ciel

La Terre tourne autour du soleil dans un plan appelé « plan de l'écliptique ». Elle se déplace à plusieurs milliers de kilomètres par heure sur une trajectoire légèrement elliptique. Lors de ce mouvement, elle effectue autour d'un axe de rotation incliné de 23°30 un tour sur elle-même en 24 heures. La principale conséquence est une trajectoire apparente du soleil qui chaque jour varie en hauteur et en azimut. Il en va de même des durées journalières, qui elles aussi diffèrent.

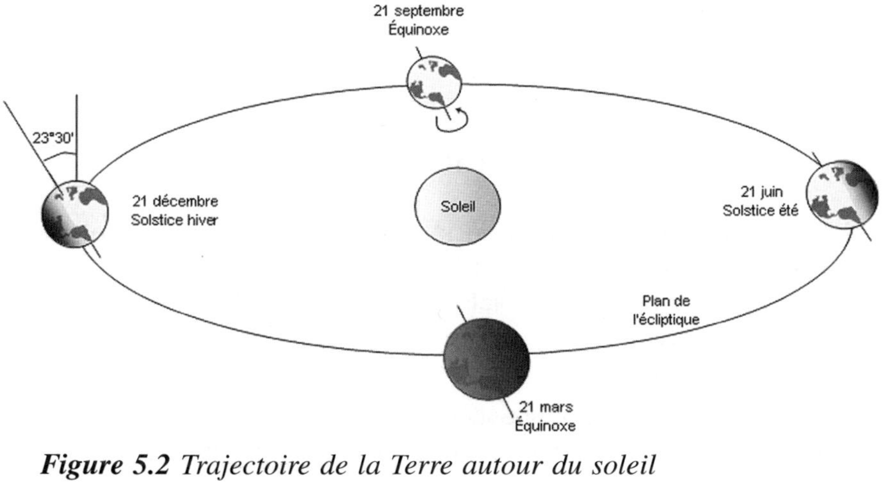

***Figure 5.2** Trajectoire de la Terre autour du soleil*

Les calculs de hauteur du soleil étant compliqués et les représentations dans l'espace difficiles à lire, il est pratique de représenter pour un lieu de latitude donné les trajectoires apparentes du soleil en fonction des jours de l'année les plus caractéristiques : les équinoxes (21 mars et 21 septembre) et les solstices d'hiver et d'été (21 décembre et 21 juin). On trouve facilement sur Internet de petits logiciels qui donnent ces courbes.

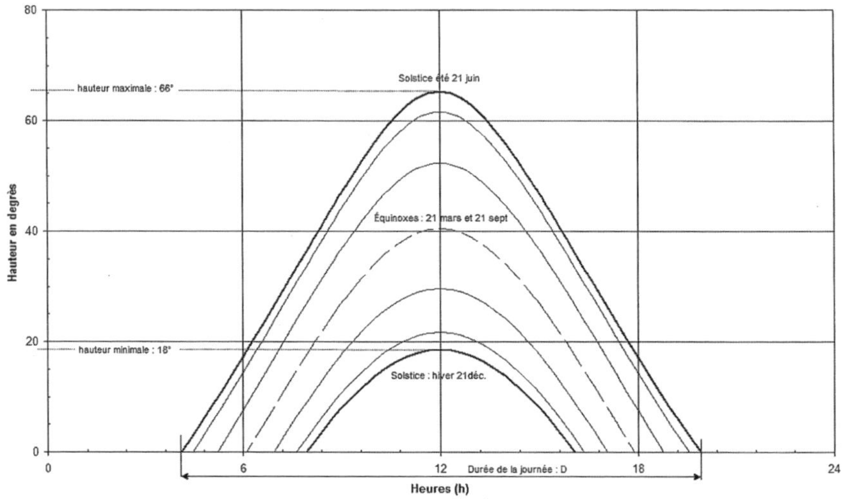

Figure 5.3 *Hauteur du soleil à Paris*

Exemple d'application de la figure 5.3

À Paris, le 21 juin, le soleil se lève à 4 h 20 (heure solaire), se couche à 19 h 40, d'où une durée diurne de D = 19 h 40 – 4 h 20 = 15 h 20. À 12 heures au soleil, il culminera à 66° dans le ciel (trajectoire supérieure de l'ensemble de ces courbes). Tout ceci aura une double importance :

– quand on se posera la question de l'orientation et de l'inclinaison des capteurs, qu'ils soient thermiques ou photovoltaïques ;
– lors de la vérification de la présence d'une ombre portée accidentelle ou permanente, ce que l'on appelle un masque solaire.

5.1.3. Qu'est-ce que la lumière du soleil ?

La lumière solaire est constituée de corpuscules appelés photons. Ce sont des grains d'énergie de masse nulle qui se propagent dans le vide avec une célérité (vitesse de propagation) proche de 300 000 km/s.

Ces particules se comportent comme des ondes et nous parlons de rayonnements électromagnétiques. Les photons ont une énergie W équivalente à l'énergie d'un « paquet » d'ondes électromagnétiques polarisées : $W = h.\nu$

(W : Énergie du photon exprimée en joule ; ν : fréquence de l'onde électromagnétique exprimée en hertz ; et h : constante de Planck qui vaut $6{,}63 \cdot 10^{-34}$ J·s).

Le spectre de ce rayonnement va des ondes décamétriques aux rayons gamma, en passant par la lumière visible (*figure 5.4*). L'œil (domaine visuel) n'en perçoit qu'une infime partie, celle qui, à partir du violet (vers 0,4 µm), passe par le bleu, puis par le jaune, pour aboutir au rouge (vers 0,7 µm). Du point de vue énergétique, la partie utile du spectre solaire est comprise entre 0,5 µm et 2 µm.

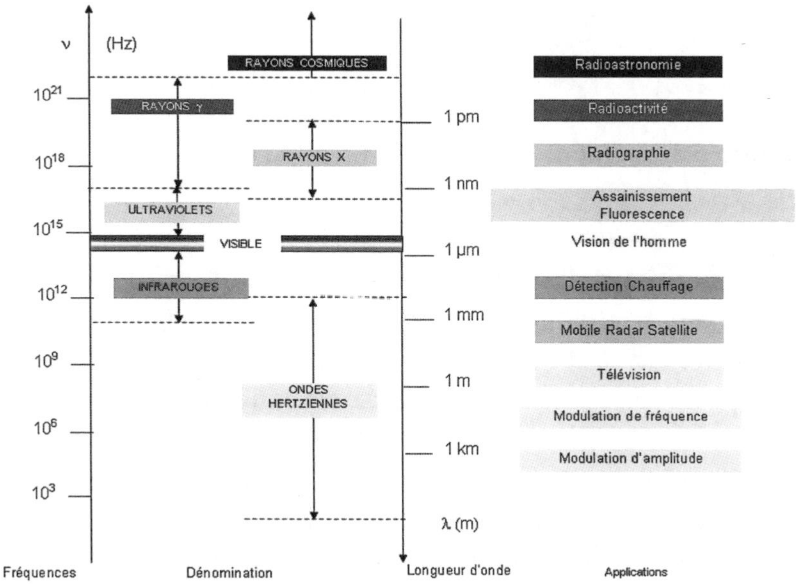

Figure 5.4. *Les ondes électromagnétiques*

5.1.4. Énergie solaire reçue sur la Terre

L'énergie solaire nous parvient sous forme radiative

La loi de Planck (*figure 5.5*) donne la répartition énergétique et spectrale de ces radiations. Les radiations les plus intenses dépendent directement de la température de la surface solaire et se situent dans la sensibilité maximale de notre œil (la couleur jaune). L'ensemble de ces radiations produit la sensation de lumière blanche.

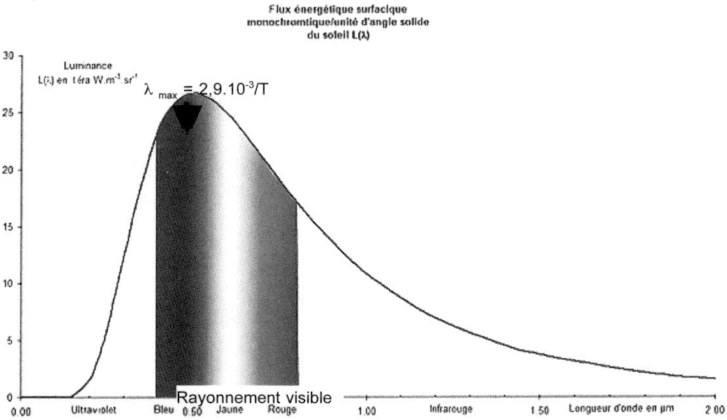

Figure 5.5. *La loi de Planck*

Quelle quantité d'énergie solaire irradie la Terre ?

L'irradiation solaire qui arrive à proximité de la terre, hors atmosphère, est de l'ordre de 1 360 W/m^2. Les gaz présents dans l'atmosphère terrestre, comme le gaz carbonique (CO_2), l'ozone de haute altitude (O_3), la vapeur d'eau (H_2O), en filtrent le quart, pour laisser passer environ 1 kW/m^2.

Lorsque l'on se pose la question de la viabilité et de la rentabilité d'une installation solaire, la donnée la plus utile est le potentiel solaire du lieu. On peut bien évidemment relever l'ensoleillement pendant une ou plusieurs années à l'aide d'un radiomètre, puis faire la moyenne annuelle de ces relevés. On peut aussi acheter ces données auprès de Météo-France pour une centaine d'euros, mais le plus simple consiste à se procurer sur Internet (site de l'Ademe) les cartes de l'ensoleillement moyen journalier, qui dépend de la géographie, de la latitude, du relief et du climat de la région considérée.

La *figure 5.6* montre l'une de ces cartes proposée sur Internet, dans notre cas distribuée par Tecsol. Leur utilisation est aisée.

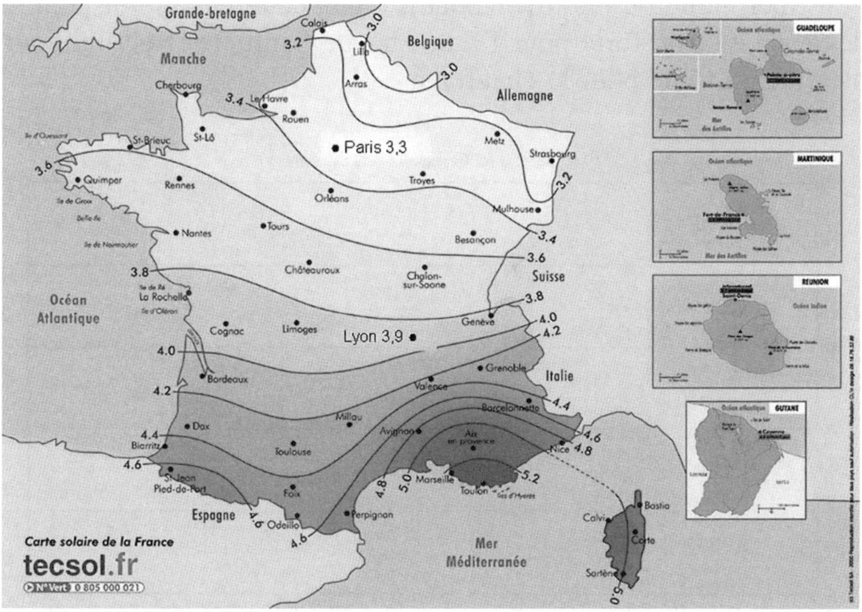

Figure 5.6 *Ensoleillement journalier moyen de la France en kWh bruts par m² incliné à la latitude du lieu*

• ***Application directe de la carte***

À Paris, la carte indique que l'énergie moyenne journalière est de : E_j = 3,3 kWh/jour. Soit, pour une année E_a = 365 x 3,3 = 1 204 kWh. Bien évidemment, hors ombres portées sur le capteur, dont l'inclinaison en degrés est (*i*) = 48° (latitude du lieu).

Cette carte donne le potentiel solaire, qui est fonction du lieu donné (latitude, altitude, proximité de la mer, etc.). Elle tient compte à la fois de l'irradiation diffuse et directe. Ce qui explique que ces équipotentielles solaires ne soient pas des droites parallèles à l'équateur.

• ***Commentaire sur l'utilisation de la carte d'ensoleillement moyen (figure 5.6)***

Dans la pratique, la valeur de l'énergie solaire reçue par une surface fixe peut varier d'un facteur 6 entre un jour d'été et un jour d'hiver (*figure 5.7*). L'énergie utile sera dépendante de son utilisation (thermique ou photovoltaïque). L'été, cette énergie disponible devient vite trop forte pour l'Eau Chaude Sanitaire (ECS) et complètement inutile pour le chauffage.

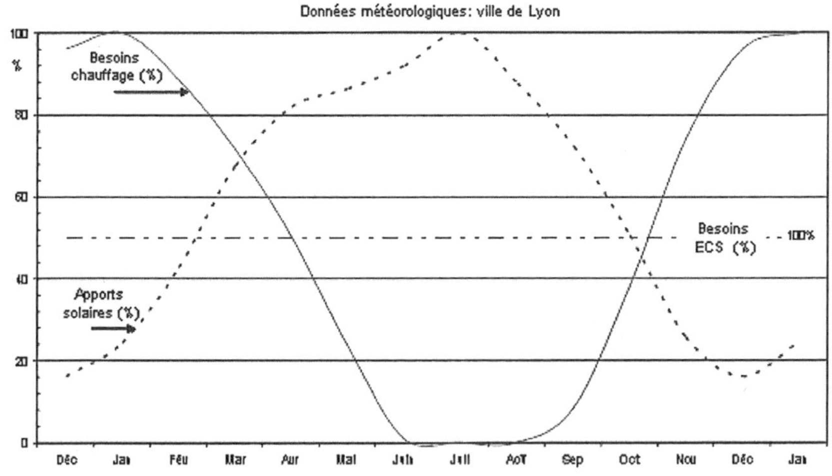

Figure 5.7 *Comparaison entre l'ensoleillement mensuel et les besoins de chauffage et ECS*

5.2. Utilisation de l'énergie solaire à des fins calorifiques

5.2.1. Les capteurs solaires thermiques plans

Lorsque l'énergie du soleil est utilisée pour créer de la chaleur, c'est principalement l'irradiation directe, ce que l'on appelle familièrement les rayons du soleil, qui sera captée, et non le rayonnement diffus. L'idéal serait de réaliser une boîte fermée dans laquelle le rayonnement pourrait pénétrer mais ne pourrait pas ressortir. Ce dispositif est un four qui s'apparente à un corps noir. Un corps noir absorbe toute l'énergie radiative qui lui est communiquée, voit sa température s'élever et à son tour émet de l'énergie radiative dont les répartitions spectrale et énergétique sont données par la loi de Planck (*figure 5.5*). Il va nous apparaître visuellement de couleur noire, puisqu'il ne nous renvoie aucun des rayons visibles du soleil. Il va réémettre, dans le domaine des infrarouges, de la chaleur qu'il faudra transmettre à un caloporteur, en général de l'eau.

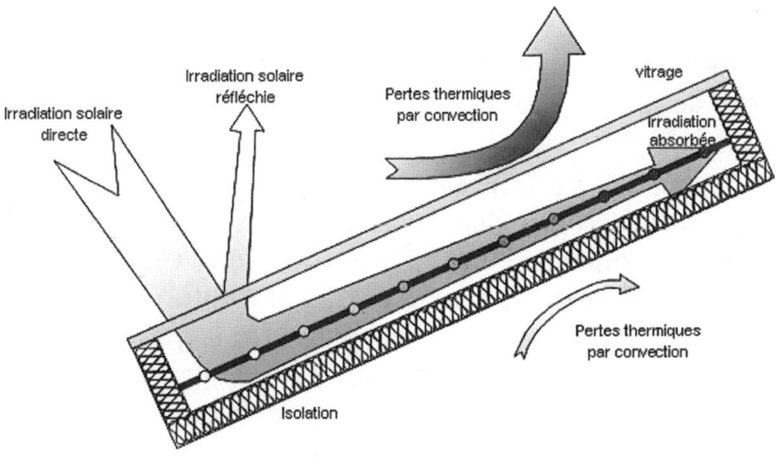

***Figure 5.8** Le capteur thermique*

Cette condition d'émission et d'absorption est réalisée à l'aide d'une plaque de cuivre sur laquelle est soudé le tube caloporteur. Dans ce tube, l'eau froide arrive par le bas et ressort par le haut, se réchauffant à son contact. Afin de parfaire son absorption, la plaque de cuivre est couverte de revêtements absorbants comme le chrome noir. (On peut utiliser un sandwich de matériau appelé le Cermet, particulièrement efficace). L'ensemble est intégré à un boîtier isolant plat fermé par un couvercle vitré, transparent et non réfléchissant. On arrive ainsi à capter plus de 70 % de l'irradiation solaire. À partir de cette énergie captée et en tenant compte des pertes schématisées sur la *figure 5.8*, nous aboutissons au rendement réel. En moyenne, en France, l'énergie produite se situe entre 300 et 600 kWh/m^2 par an.

Pour améliorer les performances et minimiser la surface de capteurs qu'il faut placer en toiture, on peut utiliser des capteurs mieux isolés. Le vide étant le meilleur des isolants thermiques, les constructeurs ont imaginé des tubes sous vide ou sous faible pression de gaz rare (krypton par exemple). Plus chers, ils représentent une faible part du marché.

5.2.2. Les besoins en Eau Chaude Sanitaire (ECS)

La consommation journalière d'Eau Chaude Sanitaire est en moyenne de 50 litres par personne. Nous retenons les données suivantes :

- température de l'eau froide à chauffer : $\theta_F = 15$ °C ;
- température de l'eau chaude consommée : $\theta_C = 60$ °C ;
- chaleur massique de l'eau : Cp = 4,18 kJ/kg.°C ;
- masse volumique de l'eau : $\rho = 1$ kg/dm^3 (litre).

Sur ces bases, avec la formule : $V \cdot \rho \cdot Cp \cdot (\theta_C - \theta_F)$, nous obtenons par personne 3 400 MJ, soit 950 kWh, soit 0,082 tep.

Pour la population française, qui est de 60 millions d'habitants, les seuls besoins en ECS nécessitent 4,9 Mtep par an. Le soleil devrait pouvoir apporter une part significative en réponse à ces besoins.

5.2.3. Le chauffe-eau solaire le plus simple

- Ce type de chauffe-eau solaire, le plus simple et le plus économique à mettre en œuvre, est valable pour les régions où il ne gèle pas, et lorsqu'on a la possibilité de positionner le capteur thermique en dessous du réservoir (*figure 5.9*). C'est le cas du Sud de la France, des Antilles et de la Réunion. Il comporte dans sa configuration la plus simple :
- un capteur thermique plan ;
- un accumulateur d'eau chaude (appelé souvent ballon d'eau chaude ou cumulus).

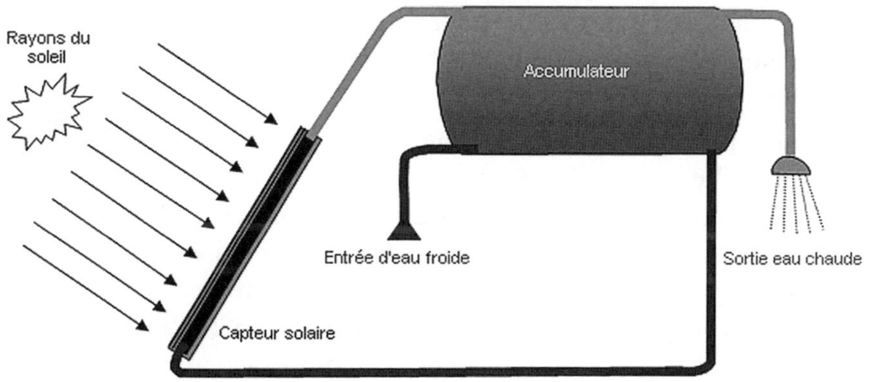

Figure 5.9 *Chauffe solaire simple*

Dans ce type de CESI (Chauffe-Eau Solaire Individuel), l'eau chaude ayant une densité inférieure à l'eau froide monte naturellement vers l'accumulateur et, au fur et à mesure de son utilisation, est remplacée par de l'eau froide. La stratification verticale de la température dans le ballon garantit d'extraire par la partie supérieure de l'eau chaude.

Afin d'être assuré d'obtenir de l'eau chaude en cas de ciel couvert pendant une journée, on prévoit, pour une famille de quatre personnes, un stockage d'eau chaude de 250 à 300 litres d'eau à 60 °C. Ce stockage peut être placé sur le toit de la maison et directement à la partie supérieure du capteur. Le tout peut se présenter sous forme d'un capteur monobloc, assez lourd, aisément mis en place sur un toit-terrasse. Le poids néanmoins peut être un obstacle pour une mise en place sur les charpentes des toits inclinés.

5.2.4. Un chauffe-eau solaire mieux adapté aux pays tempérés ou froids

Dans les pays chauds, le type de chauffe-eau solaire présenté ci-dessus ne présente pas de risque de gel. Mais dans les pays où les températures peuvent être négatives, on est amené à s'entourer d'un certain nombre de précautions pour répondre aux contraintes indiquées ci-dessous.

- En raison du gel possible, le circuit du capteur est rempli d'une solution d'eau glycolée (antigel).
- Cette eau étant impropre à la consommation ne servira que de caloporteur. La chaleur sera transférée à l'eau sanitaire consommée à travers un serpentin en cuivre placé au sein du réservoir tampon.
- Le réservoir tampon ne peut plus se situer à l'extérieur de la maison. La plupart du temps, il sera placé à une hauteur inférieure à celle du capteur.

Par voie de conséquence, il faudra forcer l'eau à monter dans le capteur à l'aide d'un circulateur. En chauffant, l'eau glycolée se dilatera, et on sera contraint, comme dans le circuit d'un chauffage central, de placer un réservoir d'expansion destiné à absorber cette augmentation de volume. Enfin, un système « intelligent » (le μ contrôleur) comparera, à l'aide de deux capteurs, la température de l'eau médiane du chauffe-eau à celle de l'eau glycolée et stoppera le circulateur si la température de sortie du capteur est plus froide que celle du cumulus. L'été, lorsque la température du chauffe-eau devient excessive, le μ contrôleur actionne le circulateur la nuit afin de la ramener à des valeurs raisonnables (< 100 °C) dans le capteur.

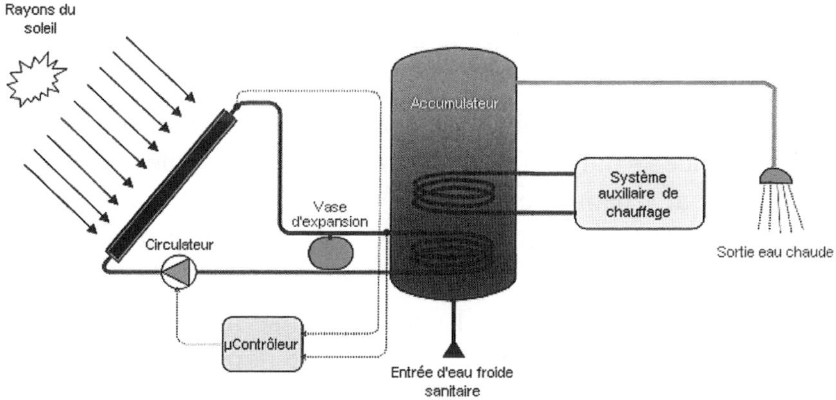

Figure 5.10 *CESI (Chauffe-Eau Solaire Individuel) à appoint intégré, régions tempérées et froides*

Un exemple d'installation ECS

Dans cette maison située en Vendée, les besoins annuels pour l'Eau Chaude Sanitaire (ECS) sont de 2 500 kWh. Pour pouvoir arrêter une partie de l'année la chaudière au fuel utilisée pour le chauffage, le propriétaire utilise l'énergie solaire pour l'Eau Chaude Sanitaire.

Des capteurs solaires d'une surface de 2,48 m^2 ont été posés. Ils produisent 1 117 kWh/an (soit 450 kWh/m^2 et par an) et répondent à 45 % des besoins. Le complément est assuré par une résistance électrique intégrée de 2 kW.

Le coût total est de 6 200 € (TVA à 5.5 %), soit 2 480 €/m^2. Des aides directes ont été obtenues pour un montant de 1 300 €, et les crédits d'impôts se montent à 1 971 €. Pour le propriétaire, l'investissement net n'est donc que de 2 929 €. Avec un taux d'actualisation de 4 %, le retour sur investissement dépasse légèrement les 20 ans avec les aides. Sans ces aides, il dépasserait les 60 ans, ce qui serait dissuasif. Il faudrait que le prix de base du fuel soit multiplié par plus de 2 pour que sans les aides le retour sur investissement avec ce taux de 4 % soit assuré en 20 ans environ.

5.2.5. Le chauffage solaire

Généralités

Le chauffage est le premier poste de consommation d'énergie. En France, il fait appel à environ 60 Mtep d'énergie primaire (38 Mtep pour l'habitat et 22 pour le tertiaire). Il dépasse ainsi le second poste de consommation représenté par les transports (environ 50 Mtep).

Les besoins de chauffage d'une maison se mesurent à partir de la déperdition thermique moyenne G. Cette déperdition, ramenée à la surface habitée, est très variable. Elle peut atteindre voire dépasser 300 kWh/m^2 par an pour des logements anciens mal isolés et descendre sous les 100 kWh/m^2 pour des logements récents bien isolés.

À constructions identiques, les besoins varient également selon les conditions climatiques locales, qui peuvent s'évaluer par le DJU (Degrés Jour Unifié). Le DJU se détermine en notant, pour chaque jour de la période de chauffage, la différence entre 18 °C et la température extérieure moyenne, puis en faisant l'addition des valeurs obtenues.

Exemples de DJU : Paris-Montsouris : 2 400 ; Lille-Université : 2 495 ; Strasbourg : 2 706 ; Lyon-Bron : 2 500 ; Brest : 1 990 ; Marseille-Marignane : 1 790 ; Nice : 1 465.

L'apport des renouvelables dans le chauffage est déjà significatif avec le bois de feu (*voir chapitre 3*). Un complément important peut venir du soleil, sur la base de l'utilisation de capteurs thermiques identiques à ceux utilisés pour la production d'Eau Chaude Sanitaire, en notant quelques différences que nous détaillons ci-après.

• ***Intermittence du soleil, couverture solaire***

Comme pour le CESI, l'intermittence du soleil peut être en partie compensée par la mise en place d'un réservoir-tampon qui fera face aux fluctuations d'ensoleillement pendant la journée, accumulera la chaleur le jour pour la nuit et celle des journées ensoleillées pour les jours pluvieux. Mais même en stockant 1 à 2 000 litres d'eau chaude, il n'est pas possible de faire face aux longues périodes d'hiver avec peu, voire pas du tout de soleil. Plus que pour le CESI, un apport extérieur est nécessaire si l'on s'éloigne des régions chaudes du monde. Cet apport doit répondre seul aux besoins énergétiques maximum de chauffe, et l'investissement est indépendant de l'apport potentiel du soleil.

Une solution très souple, souvent recommandée par les chauffagistes du solaire, est l'utilisation du gaz, qui nécessite le minimum d'investissement. Mais vis-à-vis des rejets de gaz à effet de serre (GES), l'idéal serait une chaudière à bois (*voir § 3.1.8*).

L'apport relatif du chauffage solaire, que l'on appelle la couverture solaire, est pour une même surface de capteurs d'autant plus importante que le DJU est faible, que l'ensoleillement est favorable (*voir figure 5.6*) et enfin que la déperdition thermique G de l'installation est faible. Avec le solaire, on peut ainsi produire jusqu'à 50 % des besoins de chauffage dans des régions à faibles DJU, à bon ensoleillement et avec des bâtiments à faibles déperditions.

• ***Détermination de la surface de capteurs***

Dans ce type d'installation, on sera toujours partagé entre d'une part le coût financier dû à l'investissement initial, fonction de la surface de capteurs, et d'autre part l'économie de dépense de chauffage qui sera réalisée à l'avenir. Il faut rappeler que la priorité des investissements devrait en général porter sur la réduction des pertes énergétiques (G) et donc sur l'isolation.

La surface de capteurs se détermine en choisissant une couverture solaire financièrement raisonnable (en général 30 à 40 %) et tient compte du potentiel solaire du lieu. L'Ademe préconise comme ordre de grandeur de 15 à 20 m^2 pour une maison de surface habitable de 100 à 150 m^2. Dans ces conditions, l'économie de chauffage réalisée peut dépasser les 5 000 kWh/an.

• ***Choix de l'orientation des capteurs***

Pour l'Eau Chaude Sanitaire, dont la demande est sensiblement constante toute l'année, l'orientation des capteurs n'a pas une importance capitale. L'azimut peut être compris entre - 90° et + 90°. L'inclinaison (*i*) peut être comprise entre 0 et 90°. Il en résultera une couverture solaire de l'ordre de 50 %.

Pour le chauffage solaire, utilisé seulement une partie de l'année, l'orientation optimale des capteurs est essentielle. Il faut faire une adéquation la plus judicieuse possible pour couvrir toute la période de chauffage, en mettant l'accent sur les périodes les plus froides (décembre et janvier) et sans oublier les autre mois. Pour orienter le capteur en direction du soleil à ces périodes, ce sont les courbes donnant la hauteur du soleil en fonction de l'heure et des mois de l'année que l'on utilisera pour optimiser l'orientation. Ainsi, à Paris (figure 5.3), il sera conseillé d'orienter les capteurs vers le sud, avec une inclinaison (*i*), angle pour lequel le meilleur rendement moyen des capteurs est obtenu, soit (*i*) = 90 – h (90 – 32) = 68°.

Mais il est rare de posséder une maison dont le toit ait une inclinaison de 60 à 70°. Si l'angle s'écarte trop de l'optimum, on pourra alors construire un petit édicule à vocation de garage ou d'abri de stockage, dont la toiture bipente sera dissymétrique, avec une surface sud égale à celle des capteurs thermiques. On peut également placer ces capteurs sur des supports, dans son jardin ou sur une terrasse. Dans toutes ces situations, on raccordera ces capteurs au réservoir-tampon par des bitubes caloporteurs bien isolés.

• ***Les émetteurs de chaleur***

L'hiver, l'eau glycolée des capteurs thermiques n'étant pas à température très élevée, le chauffage solaire impose de grandes surfaces de chauffe. Ces surfaces sont bien supérieures à celles des radiateurs classiques, qui appellent des températures d'eau chaude au moins égales à 60 °C, voire 70 °C, températures difficiles à atteindre pour les capteurs solaires en plein hiver. Ceci conduit à privilégier les solutions du type plancher chauffant basse température, désigné par le terme PSD (Plancher Solaire Direct). L'eau de circulation dans ce plancher a une température de 30 °C à l'entrée et de 20 °C à la sortie. Elle est donc à température plus basse que l'Eau Chaude Sanitaire (60 °C).

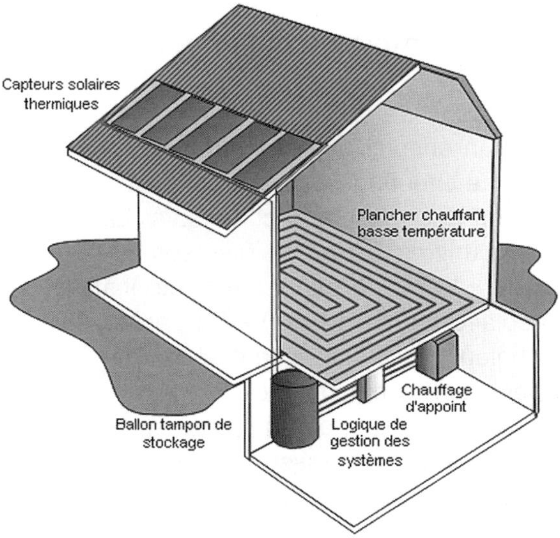

Figure 5.11 *Chauffage solaire type PSD*

Il faut noter que l'adaptation aux maisons anciennes n'est pas toujours possible et entraîne de toute façon des frais de mise en œuvre.

• ***Surchauffe d'été***

Même mal orientés pour l'été, les capteurs thermiques non utilisés vont être en surchauffe pouvant dépasser 130 °C, avec risque de détérioration du matériel. Cette chaleur pourra être utilisée pour chauffer une piscine ou devra être perdue en traversant un « radiateur extérieur ». Si cela est impossible ou insuffisant, il faudra simplement masquer la partie active des capteurs par des rideaux pour que le rayonnement direct du soleil ne pénètre pas dans les capteurs. Cette situation est facile à mettre en application lorsque les capteurs thermiques sont disposés sur support dans le jardin.

Un exemple de chauffage solaire

Il s'agit d'une maison de 190 m^2 située dans les Alpes-de-Haute-Provence, avec un ensoleillement journalier moyen de 4,6 kWh/m^2 (*voir figure 5.6*). Le chauffage de base est assuré par une chaudière au fuel alimentant des planchers chauffants. La consommation initiale était de 3 000 litres par an de fuel, soit 23 000 kWh utiles. Un appoint solaire de 12 m^2 de panneaux a été installé. La production moyenne du solaire est de 14 500 kWh par an. Mais comme l'essentiel de la chaleur arrive l'été, il faut décharger à perte 5 000 kWh par an. Ceci est réalisé par un radiateur extérieur. Ce ne sont en réalité que 9 500 kWh utiles, soit 0,82 tep, qui sont produits par les 12 m^2 de panneaux solaires, assurant ainsi 41 % des besoins de chauffage. Grâce à cet apport solaire, 1 300 litres de fuel par an ne seront pas consommés.

Le coût total de l'installation solaire est de 15 000 €, soit 1 250 €/m^2. Avec 1 500 € d'aides (Ademe, Région) et un crédit d'impôts de 8 000 €, le total net de l'investissement est de 5 500 €. Sur la base du prix du fuel fin 2009 (baril à environ 70 $), le retour sur investissement se fera sur 8 ans environ, en considérant une actualisation au taux de 4 %. Sans les aides, le retour sur investissement se ferait en 14 ans environ, et il faudrait un prix du fuel multiplié par 1,2 pour arriver à un retour sur investissement en environ 20 ans.

5.2.6. Capteurs thermiques, bilan actuel et tendances

Situation actuelle

La surface de nouveaux capteurs thermiques installés chaque année dans l'UE a marqué plusieurs baisses en 1999, 2002, 2007 et surtout en 2009. Les principales causes de ces baisses sont la crise financière mondiale, une diminution des aides financières et une relance gouvernementale de certains pays de l'UE en faveur d'un autre secteur des énergies renouvelables comme le photovoltaïque.

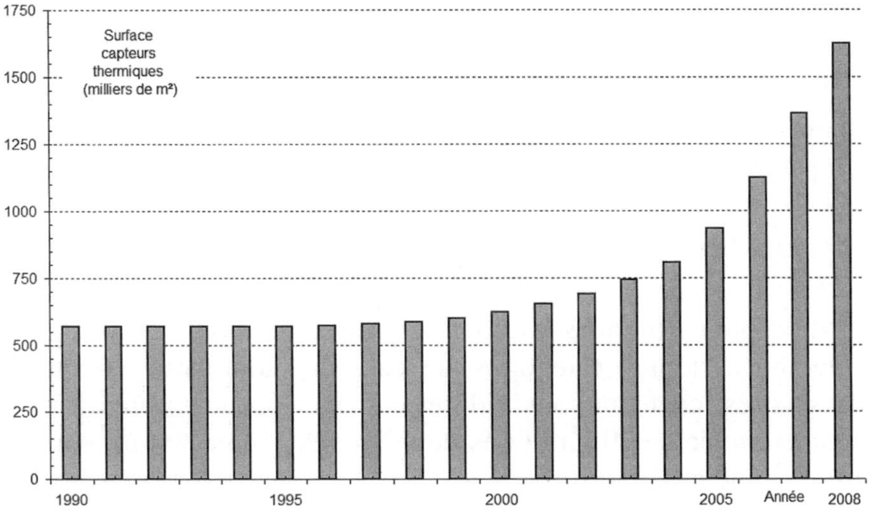

Figure 5.12 *Surfaces de capteurs thermiques en France*

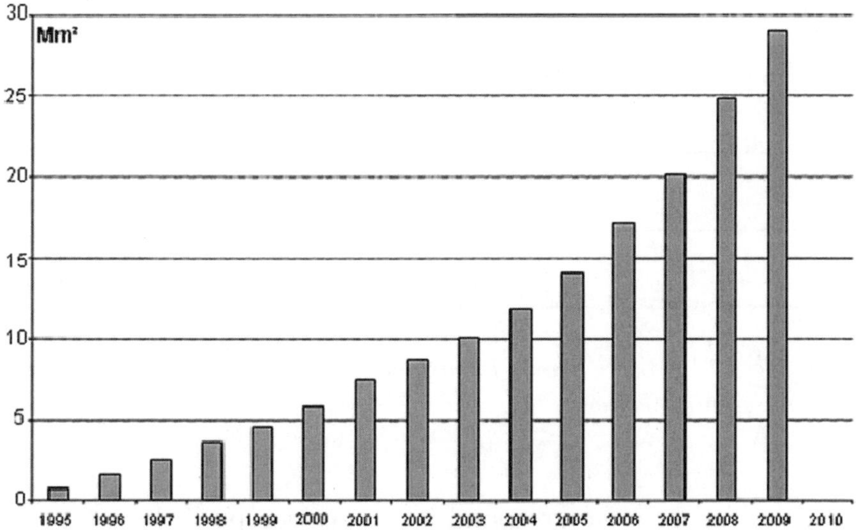

Figure. 5.13 *Surface cumulée de capteurs thermiques dans l'Union européenne*

Globalement l'Allemagne, pourtant pas la plus richement dotée en irradiation solaire, montre l'exemple et continue d'installer quatre fois plus de chauffe-eau et de chauffages solaires que les pays méditerranéens de l'UE. Mais, avec près de 1 m^2 de panneaux solaires par habitant, ce sont les Autrichiens qui sont les champions européens.

Capteurs thermiques, l'avenir

Pour l'ensemble de l'UE, en supposant que la surface installée de capteurs thermiques continue la progression connue depuis 1995, c'est, toutes catégories de capteurs confondues (capteurs plans vitrés, capteurs sous vide et capteurs opaques), une surface totale cumulée de 205 millions de mètres de panneaux qui pourrait être obtenue en 2020.

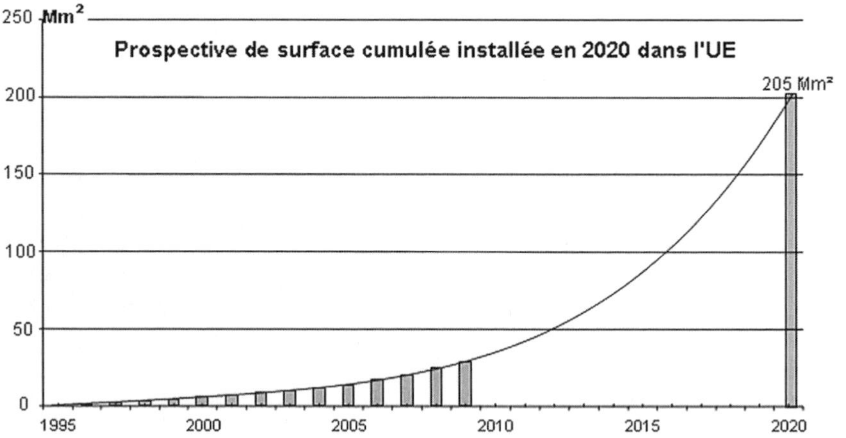

Figure 5.14 *Prospective de la surface de capteurs thermiques dans l'Union européenne*

Cette prospective correspond à une surface par habitant encore inférieure à celle des Autrichiens en 2010 ; elle n'a donc rien d'utopique. Cette surface correspondrait à une énergie thermique équivalente comprise entre 61 et 122 TWh.

En France, en supposant que la moitié des logements puissent disposer de chauffe-eau solaires et que pour ceux-ci 50 % de l'énergie ECS soient issus du soleil, c'est 1,7 Mtep qui pourrait être produite par le soleil. Par ailleurs, en supposant que 1,5 million de logements (soit 5 % du parc) adopte un équipement proche de celui décrit ci-dessus (*voir § 5.2.5*), le solaire pourrait participer pour 1 Mtep au chauffage.

Au total, pour la France, sur la base d'environ 70 millions de mètres carrés de panneaux solaires installés (environ 1 m^2 par habitant), la production pourrait atteindre 2,7 Mtep (1,7 Mtep ECS + 1 Mtep chauffage). Mais comme les actions sur l'habitat sont à forte constante de temps, il faudra aller au-delà de l'année 2020 pour atteindre cet objectif.

L'exemple de l'île de la Réunion

Figure 5.15 *Photo des chauffe-eau solaires à Saint-Leu, île de la Réunion*
Chaque point noir indique la présence d'un chauffe-solaire en toiture

Sur cette île de 800 000 habitants, 77 000 m^2 de panneaux solaires sont installés, soit 0,1 m^2/hab, alors qu'en France métropolitaine ce chiffre est d'environ 0,03 m^2/hab. Ceci résulte d'une politique volontariste menée par le Conseil général, consistant à donner la possibilité aux Réunionnais d'acquérir leur installation solaire thermique en *leasing* à un coût mensuel plus que raisonnable de moins de 20 €.

5.3. Des cuiseurs solaires au capteur parabolique

Lorsque nous voulons amener l'eau d'une casserole à 100 °C, nous utilisons une plaque chauffante dont la puissance est de l'ordre de Pc = 600 W. Pour un diamètre de 20 cm, la surface chauffante est de S = 0,03 m^2. L'irradiation de la plaque chauffante est d'environ I_R = Pc/S = 20 kW/m^2. L'irradiation solaire naturelle, de l'ordre de I_{RS} = 1 kW/m^2, va être bien insuffisante pour aboutir au même résultat. L'idéal serait d'avoir 20 soleils à sa disposition ! C'est ce que permettent de réaliser les concentrateurs solaires.

Le concentrateur solaire est constitué d'un pavage de nombreux miroirs dont chaque superficie est égale à la superficie de la cible. Dans notre cas, une casserole d'eau S va recevoir les soleils fictifs, images de notre soleil, et la puissance de chauffage sera multipliée par 20 environ. Pour cela, il faut que les faisceaux lumineux en provenance du Soleil convergent vers la cible. Optiquement, cette convergence est relativement simple dans le cas de la casserole. Les miroirs seront disposés sur une surface approximativement sphérique.

Pour atteindre des températures plus importantes et sur des cibles plus petites, les miroirs seront plus petits et disposés sur un support parabolique de révolution.

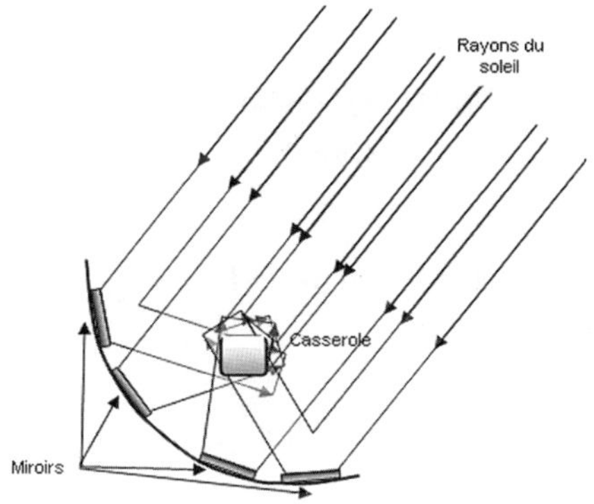

Figure 5.16 *Cuiseur solaire*

Ce système de cuisson extrêmement simple serait de toute évidence une solution particulièrement adaptée pour la cuisson alimentaire dans tous les pays ensoleillés en voie de développement. Cela éviterait la désertification des zones périurbaines de leurs cités, due à un déboisement systématique de la part de leur population à la recherche de bois de feu.

Ainsi, en multipliant le nombre de miroirs et en réduisant leur surface ou en leur substituant des surfaces continues de bonne qualité optique réfléchissante (aluminium poli), on peut à la demande multiplier en un point de petite surface le flux solaire incident et atteindre des valeurs très élevées.

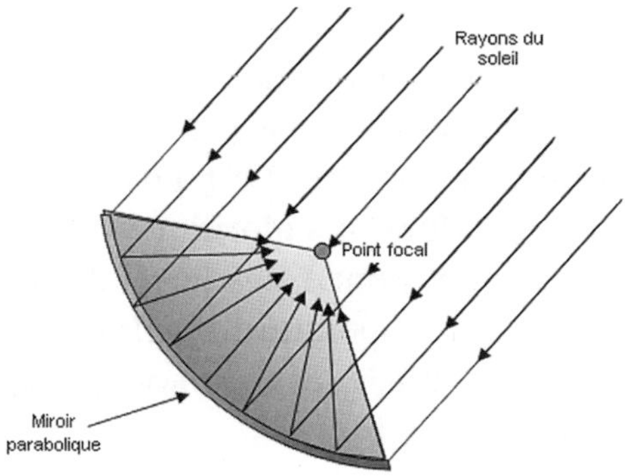

Figure 5.17 *Capteur solaire parabolique*

5.4. Solaire thermodynamique, production d'électricité

5.4.1. De l'énergie thermique à l'énergie mécanique, le rendement de Carnot

Dans l'absolu, nous ne pouvons parler ni de production, ni de consommation d'énergie *(voir Annexe 1)*. En fait, il n'y a que des transferts d'énergie d'un système à un autre, ou des changements de la forme de l'énergie. Mais le changement de forme d'énergie n'est pas toujours neutre, il peut se traduire par des pertes. En effet, si la chaleur est une énergie de désordre (associée au mouvement du type brownien des molécules), le travail (mécanique, électrique…) est une énergie ordonnée. Pour qu'il y ait travail, il faut et une force résultante et un déplacement de cette force : W = F x L.

L'énergie d'un système passe nécessairement et spontanément de formes ordonnées à des formes désordonnées. Ceci fait référence à la notion d'irréversibilité qu'introduit le deuxième principe de la thermodynamique, ou principe d'évolution. Ce principe est souvent interprété comme une « mesure du désordre » et traduit l'impossibilité, sans intervention extérieure, du passage du « désordre » à l'« ordre ».

On comprend bien que le passage de l'ordre au désordre se fait naturellement, avec un rendement de 100 %, et que, en revanche, le passage du désordre à l'ordre est une opération qui fait appel à de l'énergie extérieure au système. Le rendement de l'opération de passage du désordre de l'énergie calorifique à l'ordre comme celui de l'énergie mécanique est donné par la relation de Carnot. Cette relation fait intervenir la température du fluide caloporteur, qui a cédé son énergie désordonnée lors de son passage de la source chaude T_1 à la source froide T_2.

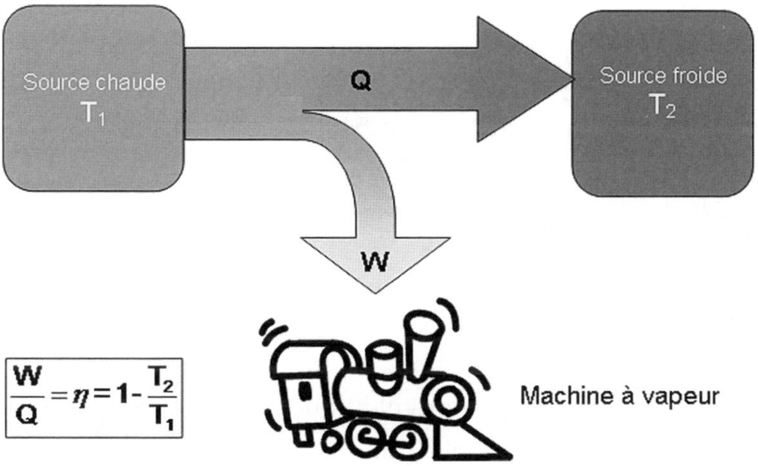

Figure 5.18 *Rendement de Carnot*
T1 et T2 sont exprimées en degrés Kelvin = θ°C + 273 (température absolue)

Exemples de détermination du rendement de Carnot, rendement réel

Pour une centrale thermique, la vapeur sèche à la sortie de la chaudière est à la température de θ1 = 540 °C et à une pression de 165 bar. Cette vapeur, après passage dans les étages haute pression de la turbine, revient à la chaudière pour une re-surchauffe, puis passe dans les étages moyenne et basse pressions. Détendue à une pression absolue de quelques dizaines de millibars, elle est condensée au point froid θ2 = 30 °C.

Avec T1 = 540 + 273 = 813 °K et T2 = 30 + 273 = 303 °K, le rendement de Carnot calculé est de 62 %. Il s'agit du rendement théorique maximum. Le rendement réel, variable selon les installations, serait plutôt de 44 %. Le même calcul dans d'autres conditions de températures donnerait :

– pour une température source chaude de 300 °C (au lieu de 540) et sans changer la température source froide (30 °C), le rendement de Carnot serait de 47 % (au lieu de 62) ;

– pour une température source froide de 70 °C (au lieu de 30 °C, cas par exemple d'un refroidissement à l'air) et sans changer la température source chaude (de 540 °C), le rendement de Carnot serait de 58 % (au lieu de 62).

5.4.2. La centrale solaire thermodynamique

Le principe

Dans une centrale thermodynamique, on met en application le principe de Carnot. Un fluide caloporteur sera chauffé à température T_1. Il sera ensuite dirigé dans une machine thermique (turbine) où il va se détendre et voir sa pression et sa température T_2 s'abaisser. Le refroidissement par condensation à la sortie de la turbine représente la perte d'énergie. Afin que le rendement $\eta = W/Q$ de cette conversion chaleur (Q) → travail (W) soit le plus grand possible, il faut que le rapport T_2/T_1 soit le plus petit possible.

L'intérêt est donc de choisir des sites à fort ensoleillement et de concentrer les rayons du soleil pour que la température chaude T_1 soit la plus élevée possible. La maîtrise de la température froide dépend des sources froides disponibles, l'idéal étant la disposition d'eau en abondance, comme les bords de mer ou des fleuves à fort débit toute l'année. Toutefois, ceci n'exclut pas le refroidissement à l'air. Dans ce cas, bien que le rendement de Carnot soit fortement affecté du fait d'une température froide plus élevée, la solution mérite d'être étudiée. C'est le cas par exemple d'un désert, sans eau mais avec un maximum d'ensoleillement et des surfaces disponibles sans limites.

Un premier exemple en France : la centrale Thémis

L'histoire de la centrale Thémis (dans les Pyrénées-Orientales) traduit bien les hauts et les bas de la R&D française dans le domaine des énergies renouvelables. La France, qui a été l'une des premières à réaliser dès 1860 avec Augustin Mouchot un four solaire parabolique générant de la vapeur pour une machine à vapeur, n'a pas exploité cette créativité et ce savoir-faire. L'histoire de la centrale recommence en 1970 à quelques kilomètres de là, à Odeillo. Félix Trombe y met au point un four solaire d'une puissance de 1 MW. La puissance électrique délivrée au réseau étant faible (moins de 100 kW), le projet de production d'électricité est abandonné.

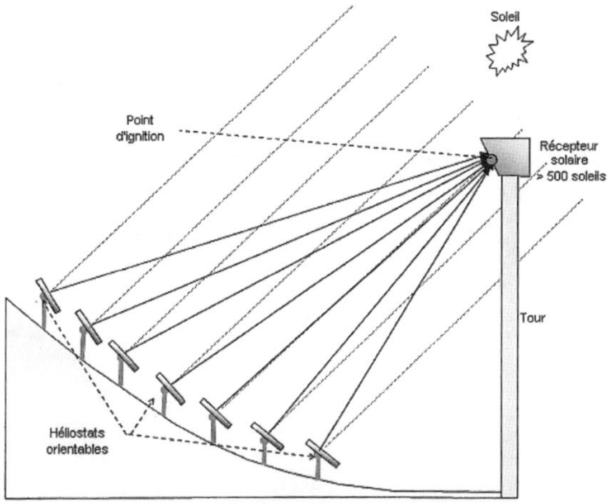

Figure 5.19 *Centrale à tour type Thémis (France)*

Dix ans plus tard est lancé le projet Thémis. Il comportait un champ de 200 héliostats (miroirs plans orientables) installés sur 5 ha. La chaleur solaire était récupérée par un sel fondu (nitrate de potassium et de sodium) dont la température, en traversant le four, passait de 250 à 450 °C. Ce sel transmettait ensuite cette chaleur dans un échangeur générateur de vapeur à de la vapeur à 50 bar et 430 °C. Un groupe turbo-alternateur fournissait au réseau une puissance de 2,5 MW. Vu le bas prix de l'énergie de l'époque, l'expérience est arrêtée et la centrale démantelée. Tout ce savoir va faire le bonheur des Espagnols, des Allemands, des Américains, des Mexicains… qui reproduisent le concept à travers le monde. Les Espagnols réalisent, à Sanlùcar La Mayor (Andalousie), deux centrales à tour (PS 10 et PS 20) de respectivement 11 et 20 MW. De leur côté, les Allemands réalisent au titre de la R&D la centrale Jülich (Aix-la-Chapelle). Quant aux Français, ils espèrent réactualiser le projet Thémis-Pégase.

Le projet Pégase

La centrale thermodynamique de Pégase est un projet expérimental. Les rayons du soleil sont focalisés sur une tour à l'aide de 101 héliostats. Le fluide caloporteur est de l'air, qui atteint 800 °C au point de focalisation. Ce fluide chaud et sous pression est ensuite détendu dans une turbine à gaz. Ce procédé utilise comme source froide l'air et non l'eau, ce qui est particulièrement intéressant dans les zones désertiques. Ce projet devrait fournir ses premiers kilowattheures en 2013.

Figure 5.20 *Le projet de la centrale Pégase*

Les centrales à concentrateurs cylindro-paraboliques

Dans les centrales thermodynamiques à tour, il faut orienter les héliostats en azimut (γ) et en inclinaison (i) afin que leurs directions soient optimales par rapport au soleil (h). Le système d'orientation nécessite un entretien et, comme tout système électromécanique, n'est pas à l'abri d'une panne. On peut simplifier le dispositif en adoptant des concentrateurs paraboliques longitudinaux de direction nord-sud. Ainsi, à l'aide d'un suivi électromécanique horaire simple à un axe, quelle que soit l'heure de la journée, l'image concentrée du soleil se forme sur un tube récepteur disposé sur la directrice focale du concentrateur. Au cours de la journée, le concentrateur pivote d'est en ouest. La concentration solaire obtenue varie, selon la saison et l'heure, entre 60 et 400 soleils.

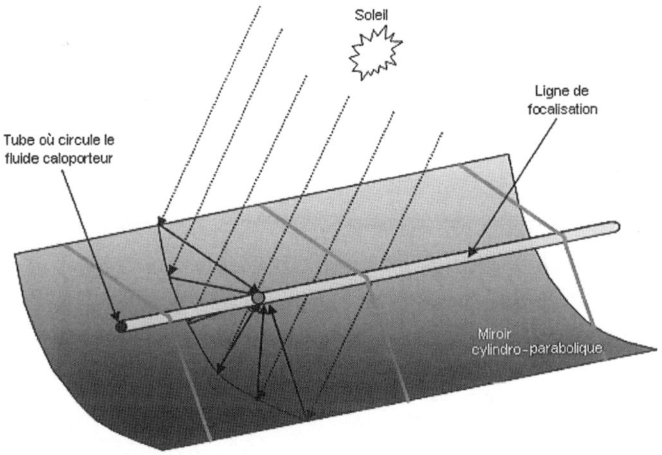

Figure 5.21 *Concentrateur cylindro-parabolique*

Un exemple : le site Andasol en Andalousie

Deux unités de 50 MW pour une production chacune de 190 GWh/an (soit 3 800 h/an à pleine charge) sont en service. Une troisième unité est en construction, dont la mise en service est prévue en 2011. Un stockage de chaleur est assuré par 28 500 tonnes de nitrates de potassium et de sodium. Il permet de continuer à produire du courant en l'absence de soleil. Globalement, la puissance maximale de production est ainsi assurée 18 heures par jour en été et 10 heures par jour en hiver. Le coût est de 260 millions d'euros par unité, soit 5 200 €/kW. Le coût de production de l'électricité serait de 250 €/MWh, alors qu'il est racheté 300 €/MWh.

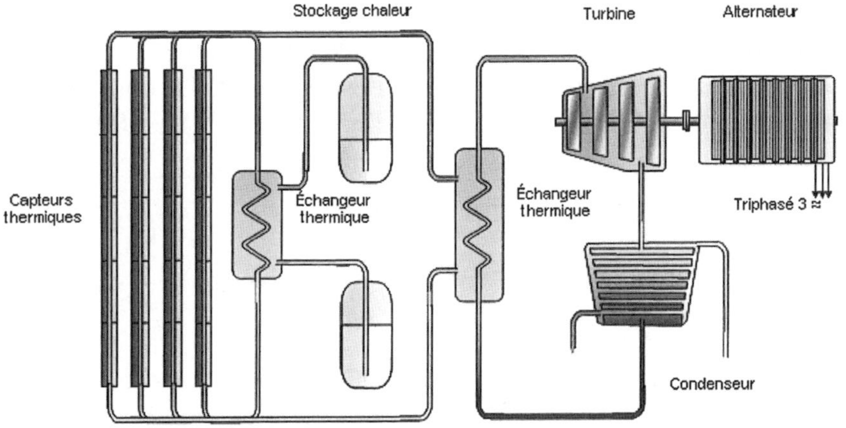

Figure 5.22 *Schéma de principe d'une unité Andasol*

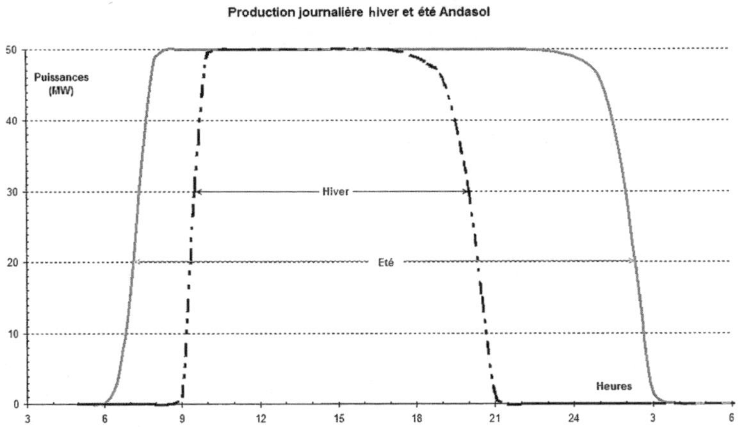

Figure 5.23 *Andasol, production d'électricité*

Le concept de ces centrales fonctionne bien et a démontré sa fiabilité et sa viabilité depuis une dizaine d'années déjà. De nombreuses centrales existent à travers le monde dans les zones bien ensoleillées. Citons la Californie, avec les centrales SEGS de 1 à 9 pour un total de 354 MW (ces centrales sont souvent couplées à des centrales à gaz afin de garantir aux acheteurs la fourniture électrique, quelles que soient les conditions météorologiques et techniques) ; l'Afrique du Nord, avec un total de 200 MW ; l'Espagne, avec total de plus de 600 MW de centrales actives ou en cours de réalisation.

Les centrales à parabole

Avec la parabole, qui suit la trajectoire du soleil à tout moment de l'année, on atteint des concentrations solaires de l'ordre de 700 à 1000 soleils. Ceci est possible avec une parabole d'excellente qualité optique et grâce à une bonne précision du suivi de la trajectoire du soleil. On augmente ainsi la température de la source chaude, qui peut s'élever jusqu'à 700 °C. Le bloc générateur d'électricité, qui peut par exemple être une machine Stirling, est placé directement au point focal de la parabole. Le moteur à gaz Stirling, aussi appelé moteur à combustion externe ou moteur à air chaud, a deux chambres de compression-décompression. Ces chambres communiquent par leurs échappements et sont mécaniquement liées, afin que leurs cycles compression-détente opèrent dans le temps avec un décalage d'un quart de période. L'une des chambres de compression, la chambre dite chaude, sera chauffée par l'air venu du récepteur solaire. L'autre chambre, ou chambre froide, sera refroidie par l'air extérieur (source froide du cycle de Carnot).

Les installations courantes font plusieurs mètres de diamètre. Par exemple, pour un diamètre de 8,5 m, la puissance thermique de 50 kW conduira à une puissance électrique de 10 kW.

Le parfait suivi de trajectoire du soleil peut, dans des régions à ensoleillement optimum (Sud de la France, Afrique du Nord, Espagne), permettre une couverture solaire de l'ordre de 50 %.

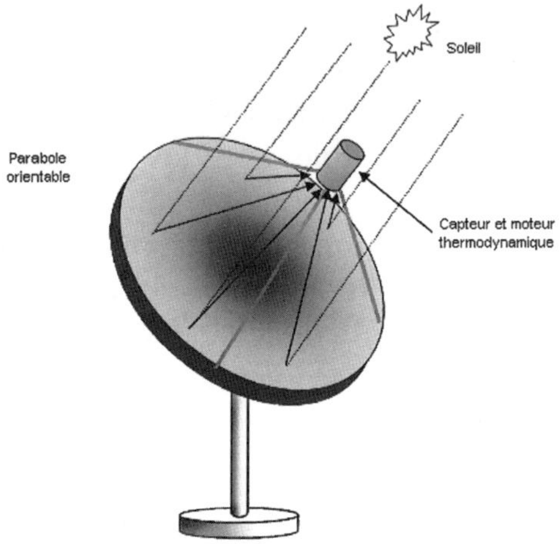

Figure 5.24 *Concentrateur parabolique tracker (suiveur)*

Le système est simple à mettre en place, relativement autonome, idéal pour un site isolé de quelques dizaines de kilowatts. Néanmoins, ces systèmes restent coûteux en matériels et en maintenance (notamment celle du moteur Stirling) et présentent une certaine fragilité face aux conditions météorologiques, particulièrement lors des épisodes cycloniques.

5.4.3. Couverture solaire et stockage de chaleur

Comme la majorité des NER, l'énergie électrique d'origine thermodynamique est intermittente. Cependant, les fluctuations journalières peuvent être lissées en stockant non pas l'électricité produite, ce que l'on ne sait pas faire de façon simple et économique, mais en stockant la chaleur.

À côté du stockage à l'aide de sels fondus, comme pour le site d'Andasol (*figure 5.22*), d'autres procédés sont mis en œuvre de façon expérimentale :

– l'accumulateur thermique, testé à Almería en Espagne, constitué d'un assemblage de couches de graphite et de sels de nitrate qui permet de stocker de la vapeur d'eau à 200 °C pendant une dizaine d'heures et de restituer jusqu'à 90 % de la chaleur stockée sous une puissance de 100 kW. L'objectif de la R&D en cours est d'atteindre un stockage sous une puissance d'1 MW, avec des températures de 300 °C ;

– la technique du stockage dans le béton, qui est une solution extrêmement économique. Elle est expérimentée par le Centre allemand de recherche aérospatiale et également à Almería sur la plateforme solaire, en liaison avec une centrale à concentration.

5.4.4. Centrale hybride solaire/gaz

L'une des solutions couramment utilisée pour faire face au déficit solaire météorologique ou à l'absence de production solaire nocturne est le couplage des centrales solaires thermodynamiques avec une centrale à gaz. Une adaptation avec une chaudière biomasse est également possible, accentuant davantage le caractère renouvelable de l'ensemble de l'installation. Toutefois, l'hybridation solaire thermodynamique/gaz risque de conduire à un pâté d'alouettes. En effet, dans une installation à cycle combiné, la puissance de la turbine à vapeur représente environ un tiers du total, la turbine à gaz représentant les deux tiers. Autrement dit, pour 100 MW de solaire, on aura 300 MW de gaz. Si le solaire produit la moitié du temps (430 GWh par an), le gaz produira donc trois fois plus (1 290 MWh par an). Mais la réalité risque d'être pire encore. Si le gaz et le gaz carbonique sont bon marché (pas de taxe carbone ou d'équivalent sous forme de quota), il sera très tentant pour le producteur de dimensionner l'installation solaire sans stockage (200 MW avec les mêmes capteurs) et de produire la même énergie solaire (430 GWh) le quart du temps. Dans ces conditions, avec 600 MW installés de gaz qui seront utilisés les trois quarts du temps, il y aura neuf fois plus d'électricité produite par le gaz que par le solaire.

5.4.5. Situation actuelle et prévisions pour le thermodynamique

D'ici 2012, ce sont dans le monde environ 4 000 MW de centrales thermodynamiques qui seront opérationnelles dans les pays à fort ensoleillement et qui produiront environ 10 TWh d'électricité. Au rythme actuel de développement, **on peut espérer dans 10 ans doubler la puissance électrique installée et atteindre 8 GW en 2020.**

En France, le seul projet est celui d'Alba Nova en Corse, d'une puissance de 12 MW. Dans ce projet, les solutions mettant en œuvre un stockage pour améliorer la continuité de la fourniture semblent abandonnées au profit d'une solution hybride faisant appel à une chaudière à bois, permettant ainsi d'avoir une installation dite à zéro émission de gaz carbonique. Un premier projet d'une puissance de 20 MW (coût annoncé 80 M€), appelé Solenha, qui visait une installation dans les Hautes-Alpes, a été abandonné. Ce projet était bien avancé, puisqu'une convention avait été signée en octobre 2007 avec le département et la région PACA. Il était basé sur la technique cylindro-parabolique avec caloporteur huile et stockage. Son démarrage était prévu pour 2010. Mais le classement Seveso de cette installation incompatible avec les plans d'urbanisation locaux et l'inquiétude de la population conduisirent à son abandon en avril 2009.

De façon générale, un constat important s'impose : pour les grandes installations, la production d'électricité thermodynamique est en concurrence directe avec le photovoltaïque. Nous renvoyons au *§ 5.6*, pour l'analyse comparative des deux systèmes.

5.5. Solaire photovoltaïque

En évitant le passage par la chaleur, le photovoltaïque convertit directement le rayonnement solaire en électricité. Les « particules de lumière », appelées photons, en frappant certains matériaux libèrent des électrons qui deviennent « libres » et « baladeurs ». En canalisant et en orientant ces mouvements, nous obtenons de l'électricité : celle-ci n'est qu'un mouvement d'électrons.

5.5.1. *L'effet photovoltaïque*

C'est en 1887 qu'Heinrich Rudolf Hertz réalise l'expérience suivante : il charge négativement une plaque de zinc, puis l'expose à la lumière d'un arc électrique, riche en ultraviolets très énergétiques (*voir* *§ 5.2.5*). Il constate que la plaque se décharge sous l'effet de ce rayonnement.

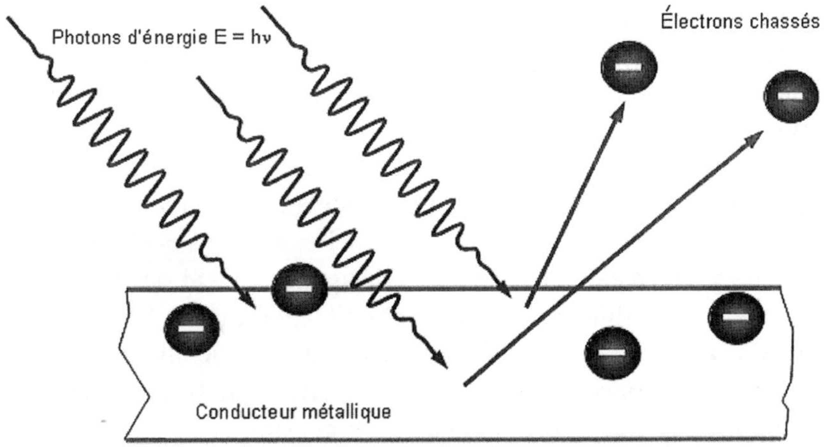

Figure 5.25 *Effet photoélectrique*

Il faudra attendre 1905 qu'Albert Einstein, en quantifiant la lumière, explique que cet effet est provoqué par l'absorption de l'énergie des photons par les électrons, et qu'en conséquence cet effet ne peut se produire que si l'énergie des photons est supérieure à l'énergie de liaison des électrons à la plaque métallique, ce que l'on appelle le seuil photoélectrique.

5.5.2. *La cellule photovoltaïque*

Le semi-conducteur

C'est la venue des semi-conducteurs qui permettra l'exploitation de cet effet photovoltaïque. Dans un premier temps, les cellules au sélénium étaient utilisées comme moyen de mesure de l'éclairement d'une surface en photographie. L'étape suivante vit, en 1954, la réalisation des premières piles électriques photovoltaïques utilisables dans le domaine spatial.

Les cellules photovoltaïques actuelles sont des photodiodes non polarisées, génératrices de courant lorsqu'elles sont exposées à la lumière. Le matériau de base le plus utilisé pour les semi-conducteurs est le silicium. Ce silicium est abondant sur terre, puisque les sables sont pour la plupart composés principalement d'oxyde de silicium : SiO_2. Une opération métallurgique et électrolytique va permettre de réduire cet oxyde de silicium en silicium métallurgique : MG-Si (pureté 1 %). Cette opération est coûteuse en énergie et elle est source d'émission de gaz carbonique (de 60 à 150 g de CO_2 par kWh produit pendant la vie, *voir figure 4.3*). Des opérations de cristallisation par tirage et purification vont donner naissance à des monocristaux de silicium. Ces cristaux seront coupés en tranche de 200 à 300 µm d'épaisseur (galette ou Wafer). Ces galettes désignées EG-Si ont la pureté du diamant et sont, comme ce dernier, chères et éternelles ! La pureté est supérieure à 1 atome pour 10 milliards d'atomes de silicium. Ce sont ces mêmes Wafers qui sont utilisés en électronique pour la fabrication des composants comme les mémoires, transistors, etc.

En fait une telle pureté n'est pas nécessaire pour l'industrie photovoltaïque, qui utilise actuellement des déchets de l'industrie du silicium pour la fabrication des cellules photovoltaïques. Le photovoltaïque peut se contenter d'une pureté de 1 pour 10 millions (silicium SG-Si). Une pénurie de silicium étant apparue sur le marché, on commence à fabriquer directement du silicium de pureté solaire, moins onéreux et refondu sous forme mono ou polycristalline.

Après la phase métallurgique, qui tient un peu de la recette de cuisine, les galettes obtenues par sciage sont dopées afin d'obtenir des cellules photovoltaïques. Comme dans l'industrie des composants électroniques, ces opérations sont réalisées, pour des raisons de propreté, dans des salles dites « blanches ». La fabrication est complexe. Avant la commercialisation, il reste à assembler les cellules entre elles, à les encapsuler à l'aide d'éthylène vinyle acétate (EVA : un polymère à indice proche de celui du verre), à les protéger par une feuille de verre trempé et une feuille de tedlar réfléchissante inférieure, puis enfin à les intégrer dans un châssis métallique. Ce conditionnement les protégera des intempéries et des chocs et facilitera les connexions électriques et mécaniques.

Description de la cellule photovoltaïque

Une cellule photovoltaïque est une photodiode dont la surface peut atteindre jusqu'à plusieurs centaines de centimètres carrés, couramment 15 × 15 cm (*voir figure 5.26*).

Comme toutes les diodes électroniques, la cellule est constituée au minimum de deux couches de semi-conducteurs. La couche inférieure est de type P et a une épaisseur de 150 µm. La conduction y est due majoritairement à des trous (positifs). La deuxième couche supérieure, d'une épaisseur de 50 à 100 µm, est de type N. La conduction y est due principalement aux électrons libres négatifs. Cette couche doit être suffisamment fine pour permettre aux photons de pénétrer jusqu'à la zone centrale.

Lors de la création de cette diode, les trous et les électrons de la partie du sandwich central migrent les uns vers les autres et créent une zone isolante d'épaisseur 50 µm, zone où aucune charge libre n'est disponible. À cette migration va correspondre une barrière énergétique (différence de potentiel de l'ordre de 0,6 V) qui interdit aux charges de se déplacer. Une polarisation extérieure suffisante peut annuler cette barrière de potentiel, mais sans cette tension extérieure, la diode ne conduira pas.

Ce sandwich de base est complété de deux électrodes en aluminium destinées à la collecte éventuelle du courant électrique (*voir figures 5.26 et 5.27*).

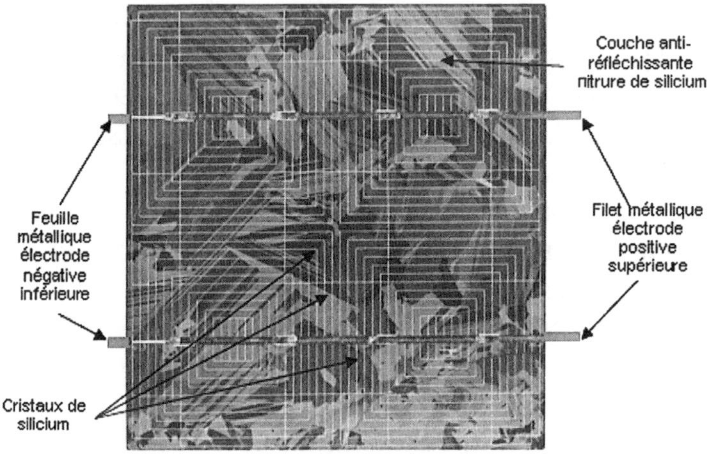

Figure 5.26 *Photo la cellule photovoltaïque*

La feuille métallique inférieure est l'anode. Le peigne métallique supérieur est la cathode. Sur la partie supérieure, ce peigne collectera les charges électriques sans pour autant bloquer le passage des photons de l'énergie solaire. Une couche antiréfléchissante bleutée de quelques dizaines d'angströms recouvre la partie supérieure (nitrure de silicium par exemple).

Conversion de l'énergie solaire en énergie électrique

Par sa conception, une cellule photovoltaïque non éclairée est une diode.

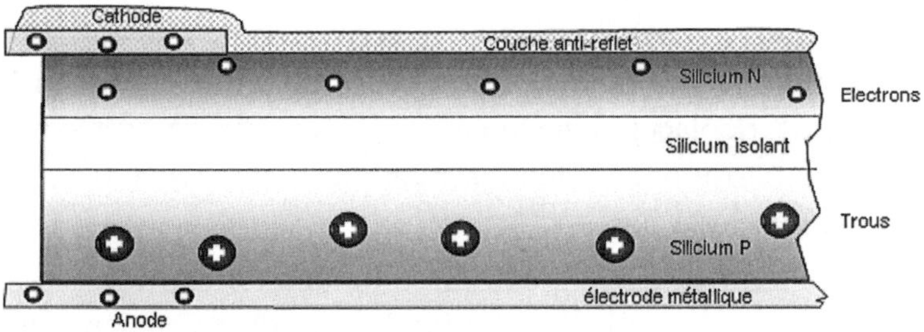

Figure 5.27 *Cellule photovoltaïque non éclairée*

La diode permet au courant électrique I de passer de l'anode vers la cathode, à condition bien entendu de dépasser sa tension de seuil Vs (+ 0,6 V). C'est une source d'énergie extérieure qui apportera aux charges du semi-conducteur l'énergie nécessaire au franchissement de la barrière de potentiel Vs.

Lorsque la cellule photovoltaïque est éclairée, les photons qui ne sont pas réfléchis ou arrêtés par le peigne supérieur traversent la couche N très fine. Ils peuvent entrer en collision avec des atomes de silicium de la couche isolante si leur énergie est suffisante (1,2 eV). Ils vont créer une paire de charges (électron-trou). Chacune de ces charges va se déplacer vers les zones P pour les électrons et N pour les trous, créant ainsi ce que l'on appelle du courant électrique (*figure 5.28*).

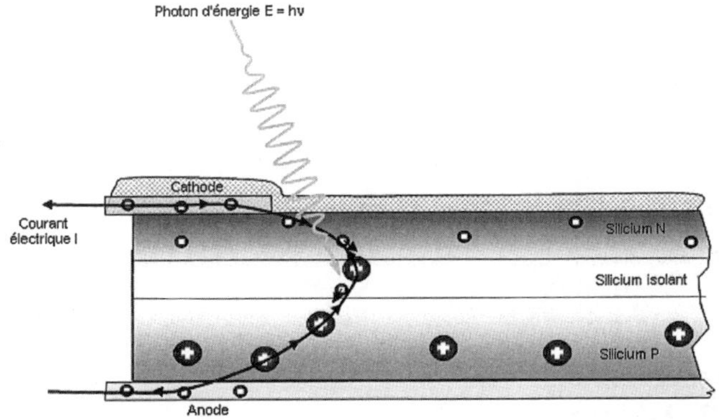

Figure 5.28 *Cellule photovoltaïque éclairée : création d'un courant I Soumise à une irradiation de photons d'énergie suffisante, la photodiode devient générateur de courant*

Rendement des cellules photovoltaïques (PV)

• ***Rendement théorique***

La première des hypothèses est de considérer que tout le rayonnement pénètre dans le matériau : pas de réflexion, pas d'obstacle à la pénétration. Ensuite, il faut que l'énergie des photons soit suffisante pour provoquer une interaction avec les atomes de silicium. Dans le cas du silicium cristallin, cette énergie minimale vaut : Eg = 1,12 µm. En conséquence, les photons d'énergie inférieure à Eg ne vont pas interagir (*figure 5.29*, zone A). Les photons les plus énergétiques (ceux que nos yeux « voient » de couleur bleue) vont interagir dès l'entrée dans le matériau. Les photons « rouges », dont l'énergie est plus faible, vont interagir au centre du matériau. Quant aux infrarouges, ils risquent de traverser tout le matériau sans créer de charges électriques, ou de créer des charges électriques qui vont rapidement se recombiner avant d'être captées par les électrodes de surfaces (zone A). Ainsi, dans le cas d'une cellule au silicium cristallin, on considérera que seuls les photons de longueur d'onde comprise entre 0,4 et 1,12 µm ont une chance de donner naissance à une paire électron-trou utile (zones B et C).

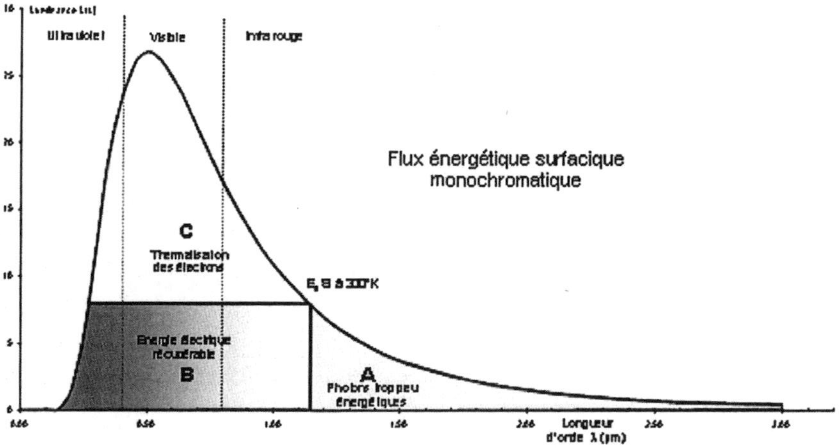

Figure 5.29 *Flux de photons en fonction de leur longueur d'onde*

Mais des électrons vont être thermalisés, et l'énergie sera dissipée dans le semi-conducteur sous forme de chaleur (*figure 5.29*, zone C). Si le rendement est égal à 100 % pour Eg = 1,1 eV, globalement pour l'ensemble du spectre solaire le rendement théorique est d'environ 43,5 %.

• ***Rendement réel des cellules PV***

On différencie aisément les cellules polycristallines rectangulaires, dont on devine l'agencement des différents cristaux par leur couleur bleutée, des monocristallines, dont les angles sont biaisés et de couleur uniforme bleu nuit, et des cellules en silicium amorphe de couleur gris foncé.

Selon la technologie, le rendement réel des cellules varie de 10 à 24 %. En laboratoire, les chercheurs pourront « jouer » à atteindre la valeur théorique, mais avec un surcoût financier inacceptable pour l'acheteur. L'énergie solaire étant *a priori* surabondante, cela ne sert à rien de multiplier le rendement par 2 si le coût est multiplié par 10. La course au rendement est inutile, sauf dans quelques cas particuliers. C'est le cas des modules PV alimentant les stations spatiales : le kilo satellisé vaut une fortune. Ce peut être aussi le cas sur terre lorsque la partie utile de la toiture est de faible surface. Il est alors intéressant d'utiliser des cellules à haut rendement.

Nota : Pour les utilisations courantes et quelle que soit la technologie choisie, le prix des toits photovoltaïques est à puissance égale à peu près le même : 6 à 7 €/Wc posé et connecté réseau (Wc signifie watt/crête et représente la puissance maximale qui peut être atteinte lorsque le soleil est idéalement positionné), dans la gamme de 1 à 10 kWc. Pour des centrales au sol ou sur toitures agricoles et commerciales, des prix de l'ordre de 3 à 5 €/Wc sont envisageables dans l'avenir. À ce jour, le dernier prix connu pour une installation de forte puissance déjà réalisée est de 5,1 €/Wc (centrale de 46 MW d'Amareleja, voir § 5.5.9 : *La centrale d'Amareleja, l'une des plus grandes au monde).*

Plus important que le rendement de la cellule seule, il faut considérer le rendement global, les cellules étant rassemblées en modules (*voir § 5.5.3*).

Technologie	Rendement des cellules en %	Rendements des modules en %
Monocristallin	24 %	13 à 17 %
Polycristallin	18 %	11 à 14 %
Silicium amorphe	11 %	5 à 9 %
Couches minces CIS	10 %	7 %
Couches minces CdTe	15 %	8 à 10 %

Tableau 5.1 *Rendement des cellules et modules photovoltaïques (hors onduleur)*

Influence de la température sur le fonctionnement optimum des cellules

Le silicium, comme tous les semi-conducteurs, est extrêmement sensible à la température de jonction (température de la zone interne non conductrice de la photopile). Le constructeur chiffre cette diminution de puissance sous la forme d'un ratio. Typiquement, cette valeur sera de l'ordre de 0,5 %/°C. À 20 °C d'élévation de température correspondra une baisse de la valeur relative du rendement de 10 % (passage de 15 à 13,5 %).

Comme le rendement des cellules PV est de l'ordre de 15 %, on a tout intérêt à ventiler les cellules, afin que les 85 % du rayonnement qui ne sont pas convertis en électricité mais transformés en chaleur n'entraînent pas une élévation de température trop importante. En particulier dans le cas d'une intégration toiture, il serait judicieux de prévoir une ventilation arrière naturelle. Les constructeurs font déjà des recherches sur des cellules pour lesquelles l'énergie calorifique dissipée serait récupérée pour chauffer le local sous-jacent.

5.5.3. De la cellule photovoltaïque au module photovoltaïque

Assemblage des cellules en module

Initialement, les modules PV fonctionnaient en liaison avec des batteries 12 volts. Dans la continuité, la tension de 12 volts fut maintenue indépendamment de l'utilisation des batteries. La disposition adoptée le plus fréquemment est la guirlande, série de 36 cellules appelée module. Comme la surface de chaque cellule peut aller de 100 à 400 cm^2, le module peut couvrir de 0,36 à 1,44 m^2.

Pour faciliter la connectique, la chaîne des cellules est disposée en aller-retour. Ainsi, pour reprendre l'exemple précédent, la disposition sera celle de la *figure 5.30*.

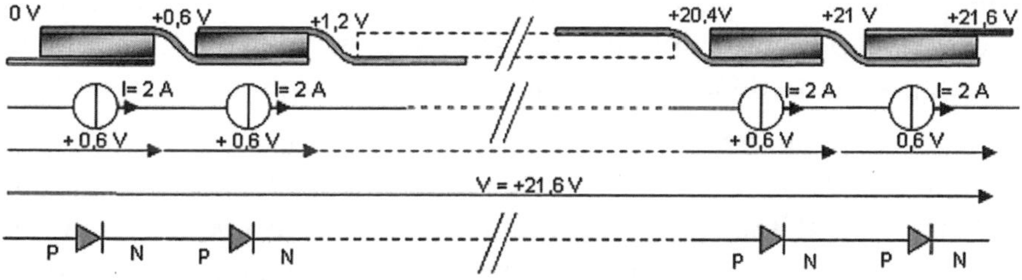

Figure 5.30 *Guirlande de cellules photovoltaïques et leur modèle équivalent*

Figure 5.31 *Module photovoltaïque classique*

À titre d'exemple, nous pouvons retenir qu'un module d'une surface de 0,4 m^2 (1 × 0,4 mètre), constitué à partir de cellules carrées de 10 × 10 cm, produira sous une tension de 12 volts une puissance maximale de 40 watts. Si le panneau est fixe, l'énergie produite variera de 40 à 60 kWh selon le lieu.

Faire face aux masques solaires

Un masque solaire est une ombre portée par un obstacle placé entre le soleil et une ou plusieurs cellules d'un module. Il peut être créé par un oiseau, une feuille d'arbre ou, plus préoccupant, l'ombre d'une cheminée qui, lors du déplacement apparent du soleil dans le ciel, peut être présente une partie de la journée. L'arrivée d'un masque sur la cellule, qui reçoit ainsi moins de lumière et est traversée par le même courant, a deux conséquences : la cellule devient « récepteur » et risque de « claquer » sous l'effet de la tension négative trop importante appliquée par les cellules voisines ; cette photodiode dissipe de l'énergie. On dit que l'on a un point chaud.

Une solution très simple à ce problème consiste à placer sur chaque moitié de la guirlande de cellules une diode en direct (diode by-pass) qui détournera le courant de la chaîne où la cellule est bloquée. Dans la pratique, on intègre généralement deux diodes by-pass dans le boîtier de raccordement électrique. Ces diodes protègent ainsi les cellules d'un masque éventuel. Elles sont indiquées sur la gauche de la *figure 5.32*.

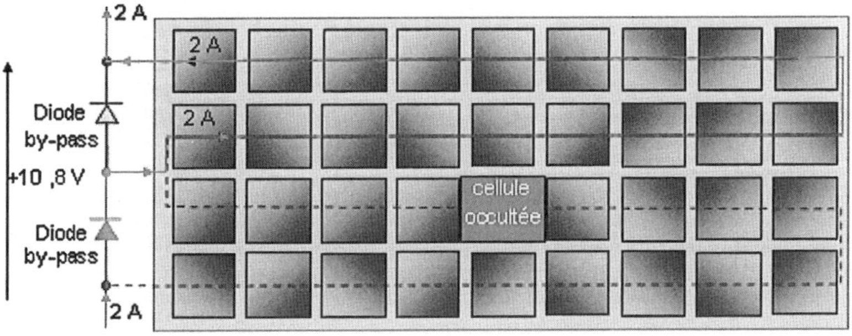

Figure 5.32 *Effet de masque*

5.5.4. Du module photovoltaïque au réseau électrique

L'électricité continue fournie par un module PV est sous une tension et un courant trop faibles pour être convertie à l'aide d'un onduleur en électricité alternative et connectée au secteur EDF (tension efficace : 230 volts et fréquence : 50 Hz). Il faut donc regrouper les modules entre eux afin d'augmenter la tension U (mise en série des modules) et le courant I (mise en parallèle des modules). On pourra ainsi alimenter l'onduleur de puissance.

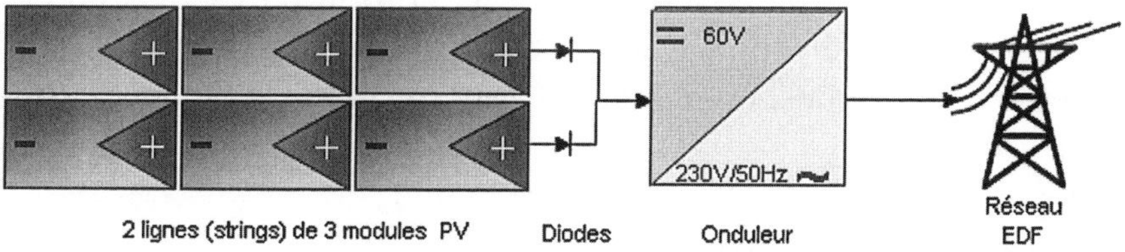

Figure 5.33 *Les principaux constituants d'une centrale PV connectés au réseau*

5.5.5. Les installations photovoltaïques

Quelle technologie de modules PV choisir ?

Il faut retenir au départ que le coût au watt/crête des différentes technologies est du même ordre de grandeur.

- Si l'on dispose de peu de place, c'est la technologie la plus performante que l'on choisira, c'est-à-dire des cellules monocristallines (rendement 16 %, soit 7 à 8 m^2 au kWc).
- Si la toiture est moyennement orientée et que l'irradiation est plutôt diffuse, on privilégiera du silicium amorphe (rendement 6 à 7 %, soit 16 à 17 m^2 au kWc).
- Si la toiture a des contraintes architecturales (couleur, texture, granulation), on choisira des technologies récentes multicouches, qui permettent d'obtenir aspects et couleurs (rouille, rouge, verte...) s'harmonisant au paysage. Certains constructeurs proposent des modules tronçonnables non photovoltaïques, qui permettent de compléter la toiture quelle que soit sa forme.

- Si la couverture est galbée ou en terrasse, on l'étanchéifiera par des supports souples de technologie multicouches.
- Si on veut couvrir une véranda ou réaliser un puits de lumière, les constructeurs proposent depuis plus d'une décennie des modules transparents sous lesquels règne une lumière douce et bleutée.

Avec l'utilisation de toitures de bâtiments industriels ou de champs photovoltaïques au sol, c'est généralement le rendement financier de l'opération qui va primer. On peut aujourd'hui (début 2011) descendre, grâce à l'effet d'échelle, à des prix de 3 €/Wc. À l'avenir, les prix devraient baisser, condition indispensable pour que cette filière de production d'électricité connaisse un réel développement sans aides, en dehors de zones spécifiques comme celles isolées du réseau.

Quelle disposition pour modules PV ?

S'il n'existe aucun masque sur la toiture, ce qui est rarement le cas, toute disposition est bonne à condition que les modules soient ventilés sur la face inférieure afin de bénéficier d'un bon rendement. Si au contraire à certaines époques de l'année il y a quelques masques possibles et intermittents, on veillera à disposer les modules de préférence en plusieurs lignes (string) suivant la ligne de pente du toit. Chaque ligne sera isolée de ses voisines par des diodes, afin qu'une ligne squeezée (étranglée) ne devienne pas réceptrice du courant délivré par ses voisines.

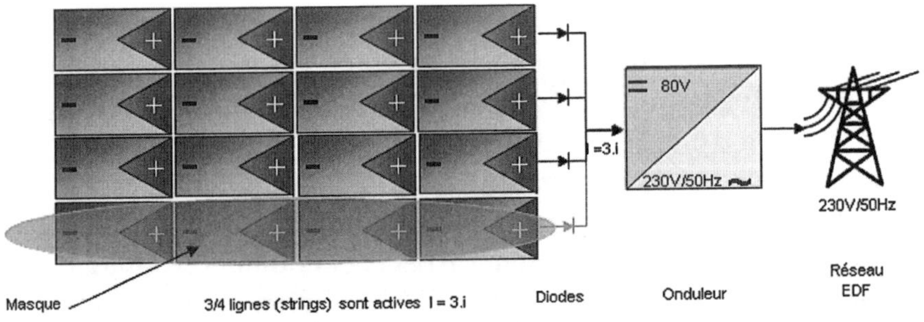

Figure 5.34 *Disposition correcte des lignes, la centrale produit moyennement*

Couplage au réseau

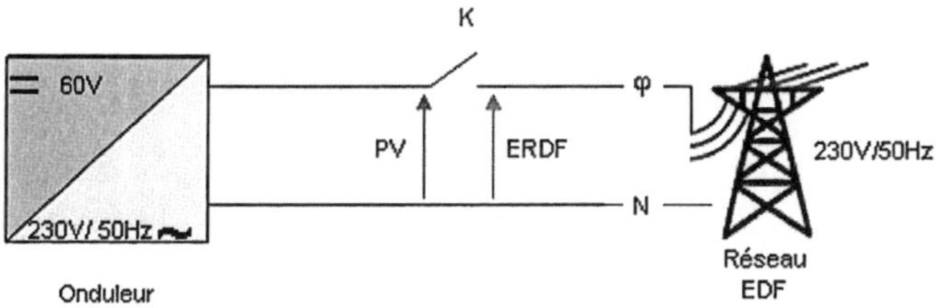

Figure 5.35 *Couplage au réseau*

Comme pour toute source d'énergie électrique, la connexion au réseau ERDF d'une centrale photovoltaïque est une opération délicate. L'opération suppose en effet une synchronisation parfaite de la fréquence, de la tension, ainsi qu'un phasage rigoureux. La connexion à un temps « t » où les deux tensions PV et ERDF ne sont pas égales, synchrones et en phase, conduirait irrémédiablement à un court-circuit. Le PLL (Phase Loop Locked) est venu heureusement apporter la réponse à ce problème. C'est lui qui sur nos postes FM effectue la recherche et le verrouillage d'une station sur une fréquence donnée choisie. De façon analogue, cet asservissement de phase et de puissance va connecter la centrale photovoltaïque au réseau ERDF. Le PLL va ensuite verrouiller le PV sur le réseau ERDF afin que la tension PV fournie par l'onduleur soit légèrement supérieure à la tension ERDF.

5.5.6. Centrale photovoltaïque autonome

C'est typiquement le cas de la petite centrale photovoltaïque que l'on va installer en site isolé (montagne, île…) ou pour une utilisation itinérante (camping-car, bateau). Dans la continuité de la production de courant continu, les utilisations peuvent être à courant continu. Ils peuvent être aussi à courant alternatif avec, dans ce cas, la mise en œuvre d'un onduleur autonome.

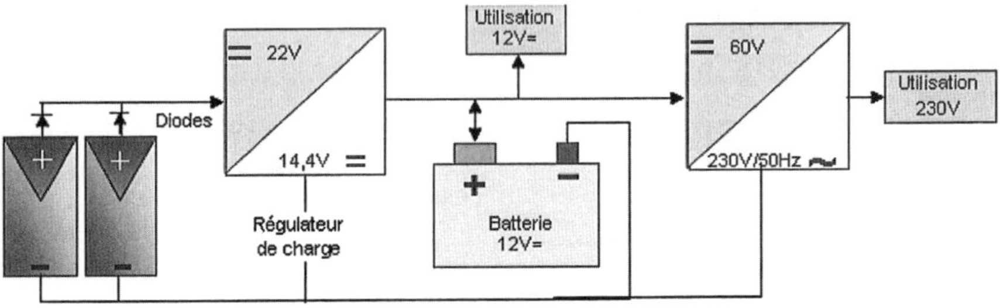

Figure 5.36 *Centrale autonome continue 12 V ou alternative 230 V 50 Hz*

Un exemple d'un usage camping car, tout usage courant continu

Le but est de produire l'électricité pour un réfrigérateur de 75 W (12 V, 6,25 A) dont le compresseur fonctionne 12 h/24 h et pour deux tubes d'éclairage à LEDs de 6 W qui fonctionnent 5 h/24 h.

- Le calcul de la consommation journalière donne : E = 75 × 12 + 6 x 5 = 930 Wh = 0,93 kWh.
- L'énergie électrique est produite à partir de modules PV monocristallins dont le rendement est η_{PV} = 16 %.
- Le stockage est réalisé dans une batterie d'un rendement global η_B de 60 % (régulateur stockage et restitution).
- La production journalière E_{PV} minimale des PV est de E/η_B = 1,55 kWh.
- Pour des vacances au mois de juillet sur la Côte d'Azur, l'énergie solaire journalière surfacique E_S est de 20 kWh/m^2 et la production électrique journalière E_S sera de 20 × η_{PV} = 3,2 kWh/m^2.
- La surface S_{PV} nécessaire de modules PV est de : $E_{PV}/E_{S,}$ 1,55/3,2 = 0,48 m^2.

Les modules de référence ayant une surface de 0,35 m^2, deux modules sont à prévoir. Pour une réserve de fonctionnement de deux jours, la réserve énergétique de la batterie doit être de 1,86 kWh, soit pour une tension de 12 volts une capacité de 155 Ah (les batteries de nos voitures ont une capacité d'environ 80 Ah.)

5.5.7. Toit photovoltaïque

Un zoom sur une installation particulière (année 2006)

- 10 modules d'une surface totale de 15 m^2 (inclinée à 22°) pour une puissance de 2 000 Wc et une production de 2 000 kWh/an sont installés.
- Coût total 17 350 € (15 700 € de matières et 1 650 € de main-d'œuvre), plus 500 € de raccordement.
- Les aides viennent de la Région pour 4 800 € et sous forme de crédit d'impôts, 7 850 €.

Pour un total net d'investissement de 5 200 €, un rachat de l'électricité à 0,30 €/kWh, (600 €/an), un coût annuel de location du compteur EDF de 60 €, le retour sur investissement se fait en 8,5 ans.

Retour sur investissement

Le retour sur investissement est fonction du coût total de l'équipement (dont sont déduites les aides telles que les crédits d'impôts) et du coût de rachat de l'électricité. Ces données peuvent changer. Les conditions de crédit d'impôts (*voir § 2.4*) et celles de rachat de l'électricité peuvent être sujettes à modification dans les années à venir et devenir moins attractives. En revanche, le prix des modules photovoltaïque devrait diminuer.

C'est ainsi que le gouvernement japonais, face à un essor important du photovoltaïque il y a quelques années, n'attribue plus d'aide financière et que le gouvernement espagnol met une butée à la surface totale aidée.

En France, la récente baisse de 50 à 25 % de l'aide sous forme de crédit d'impôts montre la variabilité des données économiques. Ces dernières années, les conditions de rachat de l'électricité n'ont été que revues symboliquement à la baisse, puisqu'elles sont passées de 60 à 58 c€/kWh pour les installations intégrées au bâti. C'est ce dernier chiffre qui fait le plus polémique et qui pourrait être revu à la baisse pour les futures installations. Il doit en effet être comparé aux prix équivalents offerts en Allemagne, 39 c€/kWh, et en Espagne, 34 c€/kWh. Il doit surtout être comparé au prix que le particulier paye son kilowattheure (produit mais aussi transformé, transporté et commercialisé) autour de 8 c€ hors taxes (au tarif bleu). Paradoxe, puisqu'au même moment, le propriétaire vend son courant produit à EDF à 58 c€/kWh, et pour ses besoins personnels, en achète à 8 c€/kWh. Il n'a donc aucun intérêt à faire de l'autoconsommation ! En fait, pour le total des dépenses, il faudrait comparer le coût de rachat de l'électricité solaire à celui du prix de base de l'électricité à la production, avant transport, qui est entre 4 et 5 c€/kWh.

Cas type de 3 kWc

Fin 2010, la situation est la suivante pour les particuliers en résidence principale. L'achat et la pose d'une centrale photovoltaïque de 3 kWc représente un investissement d'environ 20 000 € (18 000 € de matériel divers et 2 000 € de pose). Le raccordement au réseau ERDF coûte environ 600 €. La location annuelle du compteur de vente coûte 55 €. L'État accorde une réduction d'impôt de 25 % du prix du matériel, soit dans ce cas 4 500 €.

- Si la centrale est considérée comme intégrée à la toiture, EDF signera un contrat d'achat de l'électricité photovoltaïque à 0,58 € le kWh pour une durée de 20 ans. Ce coût de rachat est indexé, mais nous n'en tiendrons pas compte dans notre simulation, car il intervient peu. De même, nous ne prenons pas en compte le coût d'entretien de la centrale, qui est relativement négligeable (le rendement des modules PV est souvent garanti plus de 20 ans et l'onduleur 10 ans).
- La centrale va produire environ 3 000 kWh/an, soit une recette annuelle sous forme de vente d'électricité de 1 740 € - 55 € = 1 685 €.
- L'investissement net étant de 16 100 €, le calcul simple de retour sur investissement (investissement/annuités, sans prise en compte de l'actualisation) donne environ 10 ans. Avec une actualisation à 4 % et 20 ans, au bout des 20 ans le résultat est bénéficiaire de 10 000 €. En dépit de la baisse du crédit d'impôts de 50 à 25 %, il s'agit donc encore d'un bon placement pour l'investisseur. Avec

une actualisation à 8 % et 20 ans, au bout des 20 ans le résultat est encore bénéficiaire de 1 500 €.

Ce résultat positif pour l'investisseur particulier est obtenu grâce à l'aide de l'État (les 4 500 € que paieront les contribuables) et grâce au surcoût de rachat d'électricité (que paieront l'ensemble des clients d'EDF : environ 1 590 €/an pendant 20 ans). Au total, l'aide à l'investisseur sera de 36 300 € pour 3 kWc installés.

5.5.8. Centrale au sol : le centrale de Montéléger (Drôme)

La centrale sera située à 10 km au sud-est de Valence. La surface au sol est de 17,7 ha. L'installation est particulièrement simple, car les modules sont assemblés et prémontés sur panneaux inclinés à 20°. Cette inclinaison diminue légèrement le rendement mais optimise la surface mobilisée au sol. Il est prévu environ 35 000 modules de 230 Wc, pour une puissance totale de 8 MWc et une surface capteurs de 72 800 m^2.

Elle produira ses premiers kilowattheures en mai 2011. La production énergétique annuelle prévue est de 9 000 MWh, soit une moyenne de 1 170 heures à pleine charge et un facteur de charge de 0,13. Le coût prévisionnel de la centrale est de 28 M€, soit 3 500 €/kWc installé.

5.5.9. La centrale d'Amareleja (Portugal), l'une des plus grandes au monde

La centrale d'Amareleja installée dans le Sud du Portugal, dans l'endroit le plus chaud du pays, est en service depuis fin 2008.

- La puissance totale est de 46 MWc.
- La production de 93 000 MWh/an donne une moyenne de 2 020 heures de fonctionnement à pleine charge et un facteur de charge de 0,23.
- Sur 250 hectares sont installés 2 520 modules. Chaque module, qui comporte 104 panneaux solaires, fait 13 m de large et 10,8 m de haut.

Le module incliné à 45° peut pivoter sur son axe et ainsi suivre la trajectoire du soleil. Ce suivi permet d'obtenir un facteur de charge nettement supérieur à celui d'une installation fixe, comme celle décrite dans le *§ 5.5.8*.

- Le coût est de 5 150 €/kW installé. Le coût du kilowatt installé est 47 % plus élevé que celui de l'installation fixe vue ci-dessus, mais chaque kilowatt installé produisant 77 % de plus de kilowattheure, celui-ci devrait coûter 30 % de moins pour la part investissement.

5.5.10. Photovoltaïque et environnement

La fabrication des panneaux photovoltaïques fait appel à l'électrométallurgie. Alors que la production d'électricité par les panneaux n'est pas source d'émission de gaz carbonique, il faut, pour le bilan global, prendre en compte les émissions qu'entraîne la fabrication de ces panneaux. L'approche bilan énergétique permet de voir l'importance relative de la fabrication (*figure 5.37*).

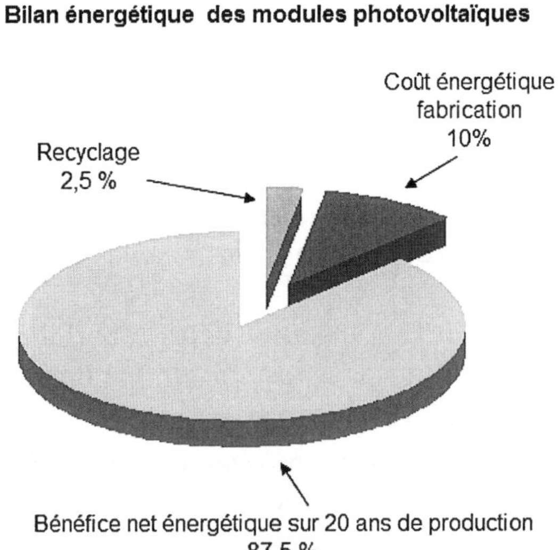

Figure 5.37 *Bilan énergétique des PV*

Il faut compter 2,5 années de fonctionnement pour récupérer l'énergie utilisée à la fabrication des PV.

En tenant compte du verre encapsulant les cellules et modules, le bilan global donne en France, pour une durée de vie de 20 ans, pour le silicium polycristallin, 37 g de gaz carbonique par kilowatt-heure produit, et pour les couches minces (tellure de cadmium), 18 g/kWh produit.

Si le silicium est un matériau non toxique, les particules microscopiques les plus fines de 1 à 20 µm émises lors du sciage des lingots peuvent pénétrer dans les alvéoles pulmonaires. Cette dangerosité est limitée par le confinement des unités de sciage et la récupération des poudres.

La fabrication, le dopage et le nettoyage des cellules photovoltaïques font appel à des produits chimiques dangereux. Dans les fours à diffusion circulent des gaz à températures élevées (180 à 300 °C). Pour les techniques cristallines, on utilise ainsi l'oxychlorure de phosphore ($POCl_3$). Pour les couches minces, on utilise le silane (SiH_4), le diborane (B_2H_6) et la phosphine (PH_3). En fin de process, les gaz en excès, presque tous toxiques, sont extraits et confinés ou détruits. Les chambres à diffusion sont ensuite nettoyées à l'aide de trifluorure d'azote (NF_3), gaz à effet de serre 17 000 fois plus actif que le gaz carbonique. Le seul produit toxique véritablement dangereux est le tellure de cadmium, utilisé dans les couches minces en très faible quantité. Cependant un risque subsiste en cas d'incendie : la dissémination sous forme de fumées toxiques du tellure de cadmium.

Notons ici un point essentiel : les industriels se sont engagés à reprendre les modules en fin de vie et à les recycler.

5.5.11. Photovoltaïque, perspectives d'avenir

Situation actuelle

Au cours de la dernière décennie, l'installation des centrales photovoltaïques a progressé de façon impressionnante en Europe (*figure 5.38*) et atteindra en 2010 environ 23 GWc. C'est presque dix fois plus que ce qui était prévu dans le livre blanc, ce qui représente 78 % de la puissance installée mondiale. Notons que cette progression est principalement le fait de l'Allemagne (avec une puissance cumulée de 9,8 GWc), de l'Espagne (4,5 GWc) et de l'Italie. En 2010, on peut espérer pour l'UE une production électrique de 20 TWh.

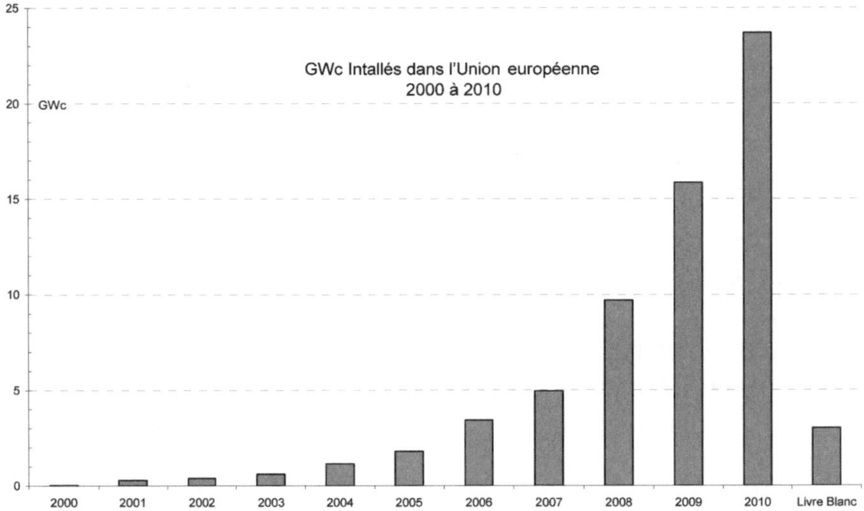

Figure 5.38 *Puissance photovoltaïque installée, cumulée dans l'Union européenne*

En France, le lancement de la filière a été un peu plus lent, mais il est maintenant bien soutenu, et fin 2009, la puissance cumulée installée était de 272 MW (*figure 5.39*).

Ce réveil du photovoltaïque en France repose essentiellement sur les incitations financières proposées ces dernières années par le gouvernement (incitation fiscale de 50 % du prix du matériel, qui vient d'être ramenée à 25 %, et rachat de l'électricité à 0,58 €/kWh pour une intégration au bâti). Notons que la marge de progression est encore très importante car, en France, la puissance crête installée par habitant est 25 fois moins importante qu'en Allemagne.

Saluons la performance de l'île de la Réunion, confrontée à un isolement énergétique insulaire. Ce département est actuellement, avec 44 MWc installés pour une population de 800 000 habitants, le leader par habitant du marché photovoltaïque français. La population insulaire a toujours eu un engagement écologique exemplaire, aidé, il faut le souligner, par des aides fiscales avantageuses. En métropole, la région PACA, celle qui a le plus développé le photovoltaïque, n'a qu'une puissance installée de 70 MW pour une population sept fois plus importante que celle de la Réunion.

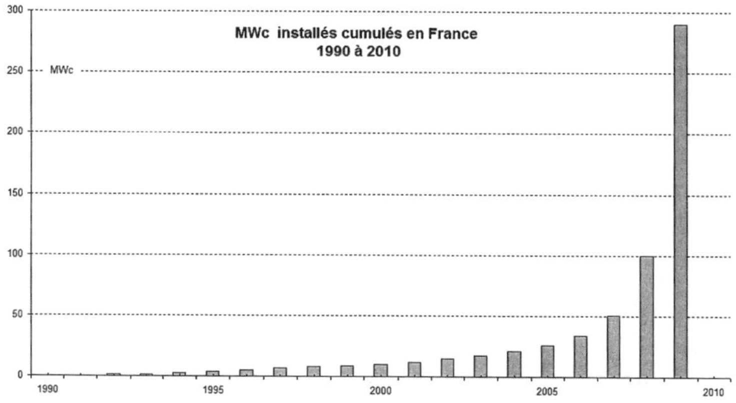

Figure 5.39 *Le photovoltaïque en France, puissance installée cumulée*

On peut penser que la mise en place de parcs photovoltaïques à bon rendement financier dans les zones favorables du Sud de la France va encourager décideurs et investisseurs. La puissance de ces parcs venant s'ajouter à celle des toits photovoltaïques va-t-elle permettre d'atteindre les 5 GWc prévus par le Grenelle pour l'année 2020 ? À l'énergie produite de 6 TWh par an correspondrait un surcoût annuel de 2,5 milliards d'euros (coût de rachat de l'électricité compris entre 367 et 580 €/MWh). Pourra-t-on se permettre de telles dépenses, qui viendraient s'ajouter aux 2,9 à 4,5 milliards par an pour les 60 TWh de l'éolien (*voir § 8.8*) ? Il s'agit ici de choix politiques.

Photovoltaïque, perspectives d'avenir

L'avenir sera essentiellement fonction de l'évolution des coûts. Le prix global du watt/crête installé a baissé en raison des prix pratiqués par les industriels chinois (3 à 5 €/Wc). L'entreprise américaine First Solar annonce un coût de production de moins d'1 €/ Wc pour des cellules à couches minces au tellure de cadmium. Cependant, les prix des modules mono et polycristallins risquent de subir une hausse en 2010 du fait d'une éventuelle pénurie du silicium solaire et du silicium photovoltaïque.

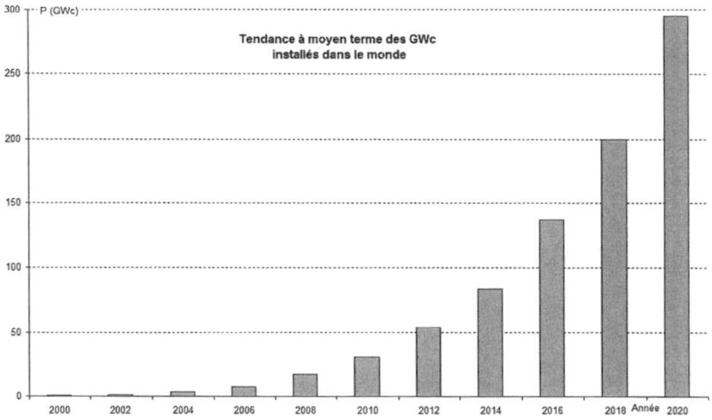

Figure 5.40 *Perspectives de croissance du parc mondial de PV*

Cette perspective de croissance du parc mondial PV est présentée par l'Ademe dans le numéro 3 de *Stratégie & Études* (2007). Cette étude a été réalisée en considérant dans la continuité un taux annuel de croissance de 15 % du parc mondial.

On arriverait donc en 2020 à environ 300 GWc installés, pour une production mondiale d'électricité photovoltaïque d'environ 300 TWh. L'hypothèse est que la densité photovoltaïque par habitant obtenue actuellement en Allemagne soit atteinte également dans les 27 pays de l'UE. Pour la France, ceci signifierait un dépassement très large des objectifs du Grenelle, qui avec 5 GWc et 6 TWh pour 2020 ne feraient que la moitié du chemin, avec un surcoût déjà de 2,5 milliards d'euros.

5.6. Comparaison d'une centrale photovoltaïque et d'une centrale thermodynamique

Pour les petites installations, quelques mètres carrés, de panneaux posés sur un toit, la question du choix du photovoltaïque pour tirer parti de l'énergie solaire ne se pose pas. Le choix est évident. Il n'en est pas de même pour les grandes installations, où photovoltaïque et thermodynamique sont en concurrence directe pour la production d'électricité solaire. Il faut noter que cette concurrence semble déjà ouverte pour le projet Adrar-Aachen présenté dans le *§ 5.7*, alors que pour un autre projet encore plus ambitieux, le projet Desertec, qui concerne tout le pourtour méditerranéen, les présentations faites par les promoteurs (essentiellement allemands) semblent déjà basées uniquement sur des centrales thermodynamiques.

Les deux technologies évoluent. Nous avons dans le monde des exemples de l'une et de l'autre. Ainsi, dans le *§ 5.4.2*, nous avons parlé des tranches de 50 MW thermodynamiques d'Andasol, et ci-dessus, de l'ensemble photovoltaïque d'Amareleja de 46 MW. Le *tableau 5.2* rassemble les éléments permettant une comparaison.

	Technologie	**Surface capteurs m²**	**Surface sol ha**	**Puissance MW**	**Production GWh**	**Coût M€**
Portugal	Photovoltaïque	355 000	130	46	93	237
Espagne	Thermodynamique	510 000	125	50	190	260

Tableau 5.2 *Comparaison photovoltaïque/thermodynamique*

Trois avantages importants sont à prendre en compte en faveur de la solution thermodynamique.

– Les coûts d'investissements par MW installé étant sensiblement les mêmes, le meilleur facteur de charge de la solution thermodynamique (un gain de l'ordre de 2) aura un effet direct en divisant de ce même facteur 2 la part de l'investissement qui entre dans le coût du MWh produit.
– Le stockage de chaleur permet d'allonger le nombre d'heures de production d'électricité dans la soirée, aux heures où les besoins sont en général maximum alors qu'il n'y a plus de soleil. Le stockage permet aussi d'adapter la production à la demande.
– Enfin, la possibilité d'hybridation avec une autre source d'énergie comme le gaz ou la biomasse rentabilise l'investissement de la partie production d'électricité classique. Cet investissement devrait de toute façon être réalisé à l'extérieur de la centrale photovoltaïque.

La centrale photovoltaïque, quant à elle, a comme avantage une facilité de mise en œuvre sur le terrain et une moindre maintenance à assurer. Ceci réduit le coût de la part maintenance qui entre dans le coût total du mégawattheure produit. Ce terme prépondérant pour les puissances faibles et moyennes devient négligeable pour les fortes puissances. Il est difficile, au vu des données publiées à ce jour, de définir le seuil de puissance du basculement de l'une solution en faveur de l'autre.

5.7. Problème de l'intermittence de l'électricité solaire

Comme l'électricité éolienne (*voir § 8.7*), l'électricité solaire photovoltaïque est une énergie fatale. La spécificité de l'électricité photovoltaïque est son caractère cyclique (*figure 5.41* pour une installation fixe). Toutefois, les variations sont relativement bien prévisibles. L'intermittence jour-nuit et le différentiel d'ensoleillement hiver-été sont, comme le soleil, immuable. Ce caractère intermittent peut être en partie atténué avec le solaire thermodynamique, du fait du stockage de chaleur. Cette meilleure prévisibilité confère au solaire photovoltaïque, et davantage encore au solaire thermodynamique, un avantage par rapport à l'éolien.

Les solutions proposées pour faire face à l'intermittence passent par les barrages hydrauliques. Mais, dans l'état actuel, ces barrages sont déjà utilisés pour le seul suivi réseau (*voir § 4.7*), et donc la marge de capacité pour ces renouvelables intermittentes est limitée.

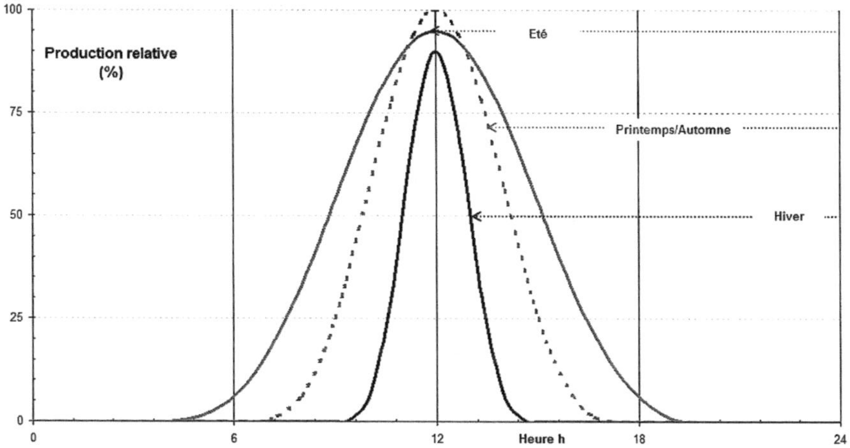

Figure 5.41 *Intermittences journalière et annuelle de l'énergie photovoltaïque*
24 h alternance jour-nuit et 365 jours alternance hiver-été

Il pourrait se dessiner dans l'avenir des solutions internationales : les pays de l'Est fournissant de l'électricité aux pays de l'Ouest ; les pays du Sud fournissant de l'électricité aux pays du Nord. Tout cela demanderait bien sûr des réseaux de transport de l'électricité adaptés aux puissances considérées. S'agit-il là d'utopie ? Certains projets semblent pourtant sérieux. L'Allemagne notamment travaille déjà sur un projet.

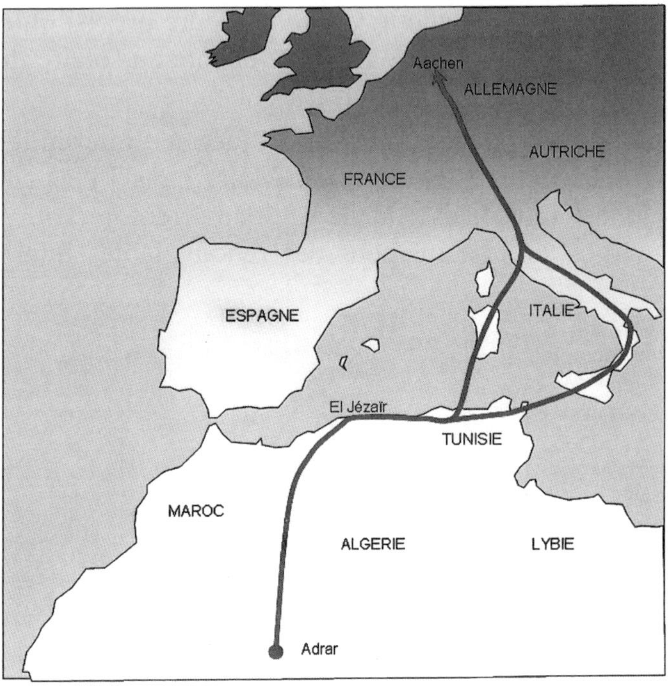

Figure 5.42 *Projet Adrar-Aachen*

Le projet Adrar-Aachen

Ce projet, dont le but initial est la limitation de l'électricité d'origine carbonée, n'apportera qu'une solution très partielle à l'intermittence, mais l'idée est intéressante. Il s'agit de réaliser une liaison Algérie-Allemagne (Adrar-Aachen) pour transporter vers le centre de l'Europe de l'électricité solaire produite au Sahara. Elle nécessite l'installation d'un câble de 3 000 km de longueur qui, partant de la ville d'Adrar, traversera la Sardaigne, l'Italie du Nord et la Suisse, pour atteindre Aachen (Aix-la-Chapelle).

L'exportation sera prise en charge par la société New Energy Algeria (NEAL). Le projet attend l'accord des responsables politiques des deux parties, ainsi que celui du consortium d'investisseurs. Le coût de la liaison est estimé à 2 milliards d'euros. Celui des centrales solaires varie de 12 à 18 milliards d'euros, pour une puissance de 6 GW. Ceci donne un repère coût de 2 000 à 3 000 €/kWc, valeurs beaucoup plus basses que celles connues à ce jour.

Mais ce projet soulève une contradiction : ces énergies présentées comme répondant à des besoins décentralisés (produire localement pour consommer localement) font appel à un renforcement des réseaux à l'échelle internationale.

5.8. Récapitulatif sur le solaire

Le solaire couvre deux domaines très distincts : celui de la chaleur directe et celui de la production d'électricité.

Pour la chaleur directe, utilisée pour l'habitat (chauffage, Eau Chaude Sanitaire), le marché est en pleine expansion en France comme dans le monde. En France, la production pourrait atteindre 2,7 Mtep et couvrir ainsi environ 3 % de nos besoins actuels de chaleur. Ce n'est certes pas négligeable, mais reste très modeste.

Pour l'électricité, le marché photovoltaïque est au bord de l'implosion, étant donné l'importance des aides directes en crédits d'impôts et surtout indirectes, avec des coûts de rachat de l'électricité pouvant atteindre dix fois le prix de base de l'électricité du marché. À long terme, cet engouement spéculatif devrait être corrigé, car les aides ne pourront être maintenues à de tels niveaux. **Il restera les obstacles majeurs que représentent l'intermittence et le coût, même si des baisses de ce dernier peuvent être espérées. Ces obstacles seront amenés à freiner l'expansion du photovoltaïque, dont la production d'électricité ne devrait contribuer que pour une faible part aux besoins aussi bien en France que dans le monde.** Notons que, pour les installations de forte puissance dans des régions très ensoleillées, le solaire thermodynamique, qui répond partiellement à l'obstacle de l'intermittence, est en concurrence directe avec photovoltaïque.

6. Chaleur du sous-sol et du sol : géothermie et pompes à chaleur (PAC)

Geysers, sources d'eau chaude, éruptions volcaniques sont des témoins permanents du fait que la chaleur est là, sous nos pieds. Peut-on domestiquer cette énergie ? Pour répondre à cette question, sans aller au centre de la Terre avec les milliers de degrés qui le baignent, nous regarderons ce qui se fait et peut se faire sous la désignation de géothermie en nous enfonçant de quelques kilomètres, tout en restant dans la croûte terrestre. Puis nous verrons ce qui se passe plus près du sol. Et, enfin, nous examinerons ce qui est appelé à tort la « géothermie de surface » et l'usage généralisé des pompes à chaleur.

6.1. La géothermie

6.1.1. La chaleur de la Terre

La terre, née il y a 4,5 milliards d'années, est une immense bouteille Thermos. À la chaleur primitive issue de l'accrétion des matières de la nébuleuse d'origine et à l'énergie gravitationnelle, s'est ajoutée celle de la radioactivité, qui est devenue prépondérante.

Nota : Cette radioactivité est produite notamment par la désintégration de l'uranium, du thorium et du potassium au sein du manteau et de la croûte terrestre. Elle nous arrive directement sous forme de rayonnements gamma ou indirectement via *le radon, pour lequel prédominent les rayonnements alpha. Cette radioactivité, dite tellurique, s'ajoute à la radioactivité cosmique due aux rayonnements solaires, pour constituer la base des rayonnements naturels auxquels chaque homme est soumis.*

Remontons à partir du centre de la Terre, à 6 370 km de profondeur, et de son noyau solide constitué essentiellement de fer, où la température est d'environ 6 000 °C. Après avoir traversé tour à tour le noyau liquide constitué de fer et de nickel, puis les manteaux, nous atteignons des températures d'environ 1 000 °C vers 100 km de profondeur : nous sommes à la limite de la lithosphère. Poursuivant notre parcours, nous trouvons finalement notre base de vie : la croûte terrestre.

Les écarts de températures sont gigantesques, mais les distances aussi. Du fait de la basse conductivité thermique des roches, les flux de chaleur restent en moyenne très faibles : 0,06 W/m^2 (à titre de comparaison, 170 W/m^2 nous parviennent du Soleil en moyenne journalière). Pour autant, des réserves gigantesques d'énergie sont là.

En faisant le chemin inverse, c'est-à-dire en plongeant sous Terre à partir de la surface, la température augmente progressivement avec la profondeur. L'élévation est en moyenne de 3 °C par 100 m en région sédimentaire, ce qui est le cas des plaines en France. Ce gradient thermique dépend beaucoup de la région du globe considérée. Il peut atteindre 10 °C par 100 m dans le nord de l'Alsace et aller jusqu'à 100 °C par 100 m sur certains sites italiens. Dans des zones particulières comme les régions volcaniques (Islande) ou les zones de rift, des anomalies sont observées et, en ces points du globe, peuvent exister des gradients allant jusqu'à 1 000 °C par 100 m. Ainsi, localement, à de faibles profondeurs, les températures peuvent atteindre plusieurs centaines de degrés.

Parfois cette chaleur est même spontanément à notre disposition. Elle peut sortir directement de terre sous forme de vapeur comme en Islande ou sous forme d'eau chaude comme à Chaudes-Aigues dans le Cantal, où se trouve la source d'eau la plus chaude d'Europe à 82 °C. Mais il faut le plus souvent aller chercher cette chaleur et là, parfois, il y a loin du rêve à la réalité. Si les bains à partir de sources d'eau chaude étaient pratiqués dans l'Antiquité et appréciés des Romains, il faudra attendre le début du XXe siècle pour voir la première production d'électricité géothermique en Italie, à Larderello.

Globalement, au niveau mondial, l'utilisation de la géothermie en chaleur directe ne représente que 0,04 % de la production énergétique primaire totale (4 Mtep pour un total de 12 Gtep). En France, ce pourcentage est de 0,06 % (0,17 Mtep pour 277 Mtep) et ne concerne en métropole que l'eau chaude destinée au chauffage collectif.

La production d'électricité géothermique mondiale représente environ 70 TWh (0,3 % de la production mondiale d'électricité, qui est d'environ 20 000 TWh). Les États-Unis, premier producteur mondial, affichent une production de 17 TWh. En Europe, l'Italie affiche 5,6 TWh, mais il faut, pour la France, aller outre-mer (en Guadeloupe) pour trouver la seule installation géothermique électrique. Avec une puissance de 15 MWe, cette centrale couvre 10 % des besoins en électricité de l'île, le reste étant assuré par la bagasse (résidu ligneux de la canne après extraction du jus), par le charbon (hors périodes de récolte de la canne) et, enfin, par des turbines à combustion utilisant du fuel.

6.1.2. La géothermie haute énergie, l'électricité

Conventionnellement, nous classons dans la géothermie haute énergie celle qui fait appel à des fluides dont la gamme de températures se situe entre 150 à 320 °C. Elle permet la production d'électricité grâce à une source de vapeur à pression suffisante pour faire tourner une turbine.

Réservoirs de vapeur ou d'eau chaude

En général, la vapeur n'existe pas à l'état naturel dans le sous-sol. Quelques données chiffrées simples permettent de s'en rendre compte. Au fur et à mesure que nous nous enfonçons sous terre, la pression monte par le simple effet du poids des roches. En moyenne, la densité des roches étant un peu supérieure à 3, nous obtenons à 300 m de profondeur une pression supérieure à 90 bar (90 fois la pression atmosphérique). À cette pression, la température du palier de vaporisation de l'eau se situe à environ 310 °C. En dessous de cette température et à cette pression, il n'y a pas de vapeur, le fluide est de l'eau chaude pressurisée. Pour dépasser cette température et avoir directement de la vapeur dans le sous-sol aux environs de 300 m, il faut que le gradient soit supérieur à 100 °C par 100 m. Ceci est possible dans des zones particulières dans lesquelles des phénomènes de convection magmatique produisent des anomalies de flux.

Nota : La température de saturation de l'eau s'exprime de façon approchée par la relation : $Ps = (\theta/100)^4$ *(Ps : pression de saturation en bar ;* θ *: température en °C)*

Exemple pour la température de 300 °C : $\theta/100 = 3{,}3$; $3{,}3^4 = 81$. *La pression de saturation est de 81 bar pour 300 °C.*

La production d'électricité

La *figure 6.1* donne le schéma de principe d'une installation géothermique dédiée à la production d'électricité.

- L'eau (ou le mélange eau vapeur) pompée dans le réservoir naturel se dépressurise et « éclate » dans le séparateur, dans lequel se réalise la séparation eau-vapeur.
- La vapeur saturée (car à la limite du palier de vaporisation) est envoyée à la turbine.

Dans la turbine, la vapeur suit le chemin classique de détente et de transfert d'énergie thermique en énergie cinétique, puis mécanique, pour aboutir au condenseur, qui est la source froide du classique cycle de Carnot (*voir § 5.4.1* : η de Carnot = 1 – Tf/Tc avec

Tf température source froide et TC température source chaude ; Tf et Tc en degré Kelvin : K= θ °C + 273.)

– En retour du condenseur, l'eau froide se mélange avec l'eau encore chaude issue du séparateur, l'ensemble étant alors renvoyé dans le sous-sol. Le forage de retour ne doit pas être trop près du forage de production pour éviter un contournement direct (by-pass). Cette eau de retour vient réalimenter le réservoir, en conjonction avec diverses eaux d'infiltration. Si ces infiltrations sont en permanence importantes, le retour pourra se faire en dehors du réservoir si le rejet ne présente pas de risque de pollution.

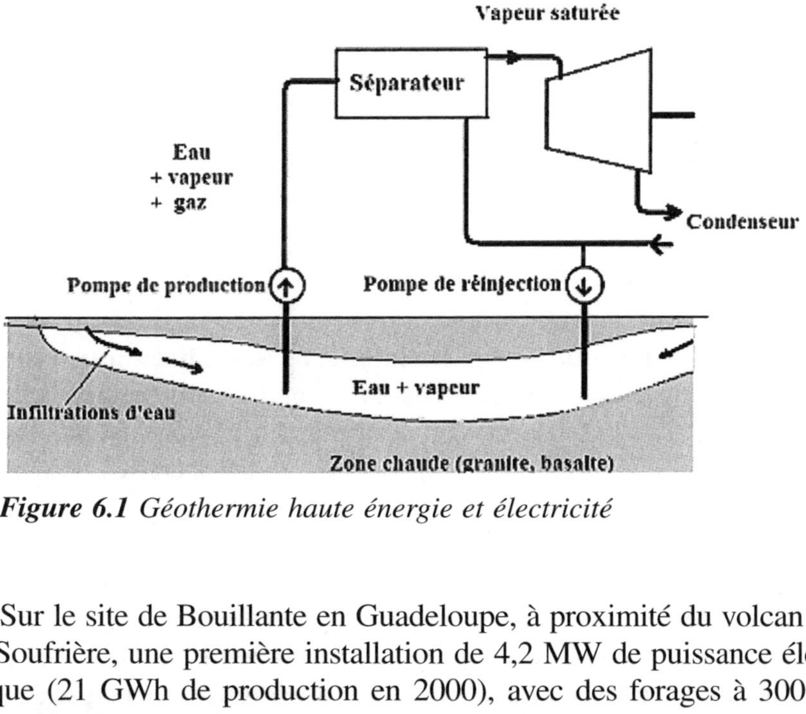

Figure 6.1 *Géothermie haute énergie et électricité*

Sur le site de Bouillante en Guadeloupe, à proximité du volcan de la Soufrière, une première installation de 4,2 MW de puissance électrique (21 GWh de production en 2000), avec des forages à 300 m de profondeur, a été mise en service en 1984. Récemment, en 2004, a été réalisée une extension de 11 MWe sur la base de forages plus profonds à 1000 m. En suivant la *figure 6.1*, nous pouvons donner pour l'ensemble de Bouillante de 15 MWe (4 + 11) quelques valeurs chiffrées (valeurs moyennes estimées pour l'ensemble des deux installations). Pour un débit d'extraction à la pompe dite « de production » d'environ 450 t/h, nous trouvons à la sortie du séparateur un débit vapeur de 90 t/h à 6 bar et un débit d'eau de 360 t/h. Dans la turbine, la vapeur est détendue de 6 bar à 75 mbar (0,075 bar, mesure en pression absolue, la pression atmosphérique étant de 1 bar) et à la température de 45 °C. La condensation se fait par mélange avec de l'eau de mer. Ceci donne un débit total d'eau de retour, rejetée à la mer, d'environ 6 000 t/h à 45 °C. Il n'y a pas ici de retour par un forage vers la zone chaude, car les infiltrations naturelles d'eau sont suffisantes, étant donné la géographie et la climatologie locales, pour assurer en toutes périodes l'alimentation en eau du « réservoir ».

La vapeur peut remplacer l'eau chaude pressurisée dans le sous-sol au sein de réservoirs. Ces gisements sont rares. C'est le cas des geysers en Californie, où 21 centrales électriques, à partir de 350 puits, ont une capacité de 2 000 MWe (ici se retrouve l'essentiel de la capacité en géothermie des États-Unis, qui est de 3 000 MWe). C'est aussi le cas de Larderello en Italie, avec une puissance de 400 MWe.

Géothermie haute énergie, perspectives d'avenir

Les **difficultés techniques majeures pour le développement et surtout la pérennité des installations sont liées aux risques de corrosion**. Les eaux du sous-sol sont particulièrement corrosives (présence de sel, avec des concentrations qui peuvent dépasser 3 fois celle de l'eau de mer, mais aussi de bactéries). En zone d'ébullition, la concentration locale des produits agressifs accentue le phénomène. De nombreuses installations ont ainsi été abandonnées par suite de problèmes de maintenance. Toutefois, dans la lignée des avancées concernant toutes les technologies dans le domaine des matériaux, des progrès ont été réalisés. De même, les techniques de prospection et de forage ont tout autant progressé, profitant des avancées des technologies pétrolières et gazières.

Des développements mondiaux sont encore possibles dans des sites privilégiés. L'avenir reste conditionné par l'aspect financier et par l'importance plus ou moins grande que l'on accordera aux sources d'énergie qui n'émettent pas de gaz carbonique.

L'économie est fonction des conditions locales et de la concurrence des autres sources d'énergie. Cette concurrence se présente avec la balance classique, qui met d'un côté les investissements initiaux à amortir sur la vie de l'installation et, de l'autre, le coût continu d'achat de combustible. Pour la géothermie, les investissements sont élevés du fait des forages et du faible rendement de la transformation de la chaleur en énergie mécanique (rendement dit de Carnot), étant donné les valeurs basses des températures de la vapeur. Le bilan économique doit faire l'objet d'une étude au cas par cas, en tenant compte du fait que la production d'électricité par géothermie a un avantage : la continuité. Cette continuité est un atout non négligeable lorsqu'on fait la comparaison avec d'autres sources d'électricité renouvelables comme le vent ou le soleil, soumises, elles, aux variations et aléas des conditions atmosphériques.

La prise en compte de l'absence de rejet de gaz carbonique sera plus ou moins significative selon la structure énergétique du réseau électrique préexistant ou à venir. Si celui-ci émet peu de gaz carbonique, comme c'est le cas pour la France métropolitaine, avec environ 80 g de gaz carbonique par kilowattheure efficace (*voir § 1.2.5*), l'incitation est faible. En revanche, dans le cas où, comme en Guadeloupe, la géothermie remplace le fuel, qui émettrait 1 kg de gaz carbonique par kilowattheure efficace, cette incitation est forte.

Étant donné les fluctuations dans le temps des prix des énergies et en premier lieu celles du prix du baril de pétrole, nous ne ferons que quelques considérations générales, en nous basant sur l'exemple de la Guadeloupe et de son site privilégié pour la géothermie. Un chiffre actualisé de 4 500 €/kW est annoncé pour la première installation de 1984. En Guadeloupe, le premier concurrent de la géothermie est le fuel, brûlé dans les turbines à combustion. Notons que le charbon intervient aussi dans la production d'électricité, en complément de la bagasse. Il a fallu l'envolée du prix du baril de pétrole à la fin des années 1970 pour pousser à l'investissement géothermique. Depuis, le prix du pétrole, après être tombé à un niveau très bas (20 $ le baril), est fortement remonté, avec des poussées au-delà de 100 $ le baril et un semblant de stabilisation autour de 70-80 $ le baril. Sur ces bases, nous pouvons penser que le choix de l'extension faite en 2004 se justifie économiquement, compte tenu du coût du combustible fuel et ceci en dépit de l'importance des investissements. Mais de tels sites sont rares. La géothermie comme source d'électricité devrait poursuivre son essor mondial et globalement, la production mondiale d'électricité géothermique haute énergie pourrait au moins doubler au cours de ce siècle.

Quelques exemples dans le monde

En **Indonésie**, la puissance actuelle de 1 200 MWe pourrait être portée à 6 000, donnant une production de 30 TWh.

Aux **États Unis**, la puissance actuelle de 3 000 MWe pourrait doubler, voire tripler, portant la production à 40 TWh. En valeur absolue, ce serait beaucoup, mais en valeur relative ce serait encore négligeable à l'échelle du pays (environ 1,5 % de la puissance actuelle).

C'est en **Islande** que la part par habitant de l'électricité d'origine géothermique est la plus importante au monde. Toutefois, en valeur absolue et vu le nombre d'habitants, qui n'est que de 300 000, l'apport reste faible. Actuellement, à hauteur de 2,6 TWhe par an, le potentiel est loin d'être épuisé : il pourrait doubler, permettant à cette île où la vapeur ne manque pas de produire suffisamment d'électricité pour, au-delà des besoins classiques, lancer à grande échelle la séparation de l'hydrogène de l'eau par électrolyse afin d'alimenter les piles à combustible de ses voitures. Cette filière hydrogène est très consommatrice d'énergie (*voir § 8.7.3*). Mais si, comme c'est le cas en Islande, la vapeur est accessible presque sans limites (à l'échelle des besoins du pays), ceci mérite d'être essayé, et ainsi l'autosuffisance énergétique pourrait-elle être assurée, l'excédent de production pourrait même, sous la forme de cet hydrogène, être exporté. Ceci a un coût et il faudra en tenir compte : indépendance énergétique, oui, mais à quel prix ?

6.1.3. Géothermie moyenne énergie

Pour des températures inférieures à 150 °C et jusqu'à 100 °C, la production d'électricité est encore possible, mais en passant par un fluide intermédiaire. Nous parlons alors de géothermie moyenne énergie. Elle peut se retrouver dans les mêmes zones géographiques que la haute énergie, en général à des profondeurs de moins de 1 000 m, mais qui, dans des bassins sédimentaires, peuvent aller jusqu'à 2 000 à 4 000 m. L'exploitation nécessite l'utilisation d'une centrale à cycle binaire et fluide volatil, comme le montre la *figure 6.2.*

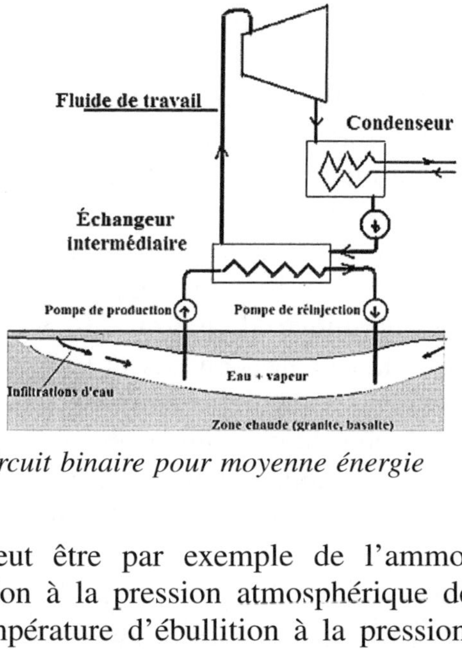

Figure 6.2 *Circuit binaire pour moyenne énergie*

Le fluide peut être par exemple de l'ammoniaque (température d'ébullition à la pression atmosphérique de 38 °C) ou de l'isobutane (température d'ébullition à la pression atmosphérique de – 11 °C) ou même de l'eau sous très basse pression (inférieure à la pression atmosphérique). L'eau géothermale traverse un échangeur intermédiaire et retourne directement dans l'aquifère, sans changement de phase. La chaleur est ainsi transférée à un fluide de travail qui tourne en circuit clos. Un certain nombre de prototypes fonctionnent, notamment aux États-Unis.

6.1.4. Géothermie en roches sèches

Une autre possibilité technique existe, que l'on désigne par le vocable roches sèches. La chaleur est là, mais l'eau est absente : il ne reste que des roches très chaudes. À un moment donné, l'eau géothermale a été présente, avec ses chemins de circulation dans le sous-sol fracturé. Mais ces chemins ont été colmatés par des particules sédimentaires. En injectant de l'eau, on espère retrouver des chemins de circulation à travers les roches chaudes et en créer par fracturations.

Pour développer et étudier cette technique, et notamment les conséquences sur le sous-sol, parmi lesquelles les risques pour l'environnement proche de séismes associés à l'injection, un projet européen de géothermie profonde fait l'objet de recherches à Soultz en Alsace. Un forage à 5 000 m vise l'injection de 100 l/s dans une zone granitique à 200 °C. Deux forages d'extraction, distants l'un de l'autre et du point d'injection, devraient récupérer chacun 50 litres d'eau chaude par seconde arrivant à 180 °C en surface. Un calcul simplifié ($Q \times Cp \times \Delta T$) permet de voir qu'une puissance thermique d'environ 50 MW pourrait ainsi être extraite. Cette chaleur ne sera pas utilisée directement mais transférée à un fluide intermédiaire *via* un échangeur de chaleur, comme vu ci-dessus pour la moyenne énergie. Ici, le fluide choisi est l'isobutane. Le programme prévoit un objectif de 6 MW de puissance électrique (le rendement est très faible : 12 %, compte tenu des basses températures). Les premiers résultats, fin 2009, ont déjà donné une puissance électrique de 1,5 MWe. Les essais se poursuivent pour décider de la suite à donner à ce programme et l'éventuelle application à d'autres régions aux roches naturellement fracturées. Les premières estimations de coût sont de l'ordre de 20 c€/kWh. Ce coût s'avère très élevé par rapport au coût moyen actuel de production d'électricité, qui est compris entre 4 et 5 c€/kWh. Il est à comparer, dans le cadre des énergies renouvelables, à celui de rachat de l'éolien (*voir § 2.4*), qui est de 8,3 c€/kWh sur terre et de 13,2 en mer, ainsi qu'à celui de rachat du photovoltaïque, qui est de 36,7 c€/kWh (porté à 58 si intégré à la toiture).

6.1.5. La géothermie basse énergie

En dessous de 100 °C et pratiquement jusqu'à 50 °C, nous entrons dans le domaine de la géothermie de basse énergie. Il n'est plus question de produire de l'électricité mais de participer directement au chauffage (*via* les installations collectives urbaines par réseau de chaleur), ainsi qu'à certaines applications industrielles basses températures.

Comme dans le monde le chauffage est le premier poste de consommation énergétique (en France, il représente presque 40 % de la consommation énergétique finale), il est clair que tout nouvel apport en renouvelables dans le domaine du chauffage mérite d'être examiné. Mais pour le moment ces apports géothermiques sont faibles : 4 Mtep au niveau mondial. Et pourtant cette géothermie, dite aussi « de nappes d'eau chaude profondes », est d'autant plus intéressante qu'elle peut s'appliquer dans des zones à gradient géothermique moyen. Elle ne nécessite pas de formations géologiques spécifiques et, ainsi, à 1 800 m, dans les zones sédimentaires, les 70 °C sont atteints.

Le principe de la géothermie basse énergie est simple, comme nous pouvons le voir sur la *figure 6.3*. L'eau chaude pompée dans la nappe ne sera pas utilisée directement pour le chauffage, car trop corrosive et trop porteuse d'impuretés pour circuler dans un vaste réseau. La chaleur sera transmise à un fluide de travail, qui pourra être simplement de l'eau aux caractéristiques physico-chimiques ajustées (pH, conductivité, etc.) ou de l'eau additionnée d'un glycol. L'eau de nappe sera réinjectée, ce qui assure la pérennité du gisement, en y maintenant notamment la pression. Cette réinjection dans la nappe supprime aussi tous les problèmes que poserait un rejet dans l'environnement d'une eau aux caractéristiques chimiques en général néfastes, à cause notamment de la présence de sels.

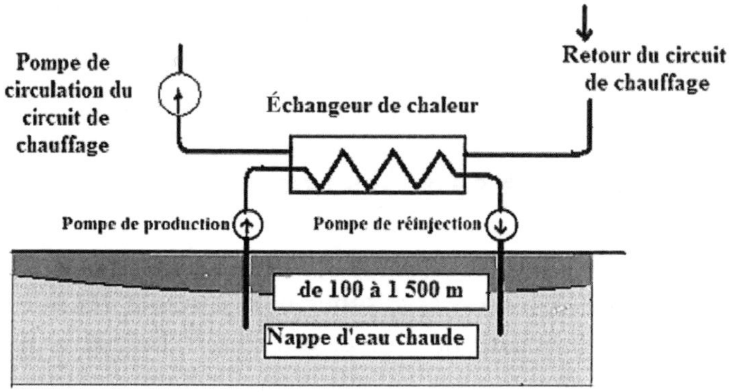

Figure 6.3 *Géothermie basse énergie, chauffage urbain*

En France, la géothermie de chauffage a connu un fort développement du fait des crises pétrolières des années 1970 et de l'explosion du prix du fuel. Il faut rappeler qu'à la fin des années 1960, le fuel très bon marché avait remplacé le charbon comme combustible de base du chauffage. De nombreuses opérations géothermiques (plus d'une centaine) ont été lancées, notamment en région parisienne. Le bassin parisien offre la particularité de combiner la présence simultanée de la ressource et des utilisateurs. La ressource est notamment constituée par le bassin Dogger, qui s'étend sur plus de 15 000 km^2, avec des températures variant de 55 à 85 °C. La baisse, dans les années 1980, du prix du pétrole et des énergies en général ainsi que des difficultés techniques essentiellement liées à la corrosion ont conduit à l'arrêt de l'exploitation de nombreux sites. À ce jour, ne restent en service que 34 postes. Mais c'est encore en région parisienne qu'environ 70 % des besoins en chaleur de l'équivalent de 140 000 logements sont couverts par la géothermie. Par exemple, l'un des postes les plus importants, celui de Chevilly-Larue/L'Haÿ-les-Roses, apporte par an 73 000 MWh, soit 58 % du chauffage de 9 800 équivalents logements, ce qui est fait en pompant 560 m^3/h d'eau à 73 °C.

Le contexte est redevenu favorable grâce à une meilleure résolution des problèmes techniques et en prenant en compte la nouvelle remontée du prix du pétrole. Ceci devrait permettre une extension en région parisienne ainsi qu'en Aquitaine.

6.1.6. Bilan global de la géothermie (hors pompes à chaleur)

Globalement, pour l'ensemble de la géothermie, aller un peu au-delà d'un doublement en France comme dans le monde apparaît plausible, aussi bien sous la forme de production de chaleur directe que de production d'électricité. Mais la géothermie, sauf dans des pays spécifiques comme l'Islande, restera assez marginale.

6.2. Pompes à chaleur (PAC)

6.2.1. Un peu de physique

Le cycle thermodynamique

Si, de façon naturelle et selon les lois de la physique, la chaleur va du chaud vers le froid, l'utilisation d'une pompe à chaleur permet d'inverser le « courant » et de transférer l'énergie thermique d'une zone dite froide en la refroidissant davantage, vers une zone dite chaude en la chauffant davantage : une façon de vaincre « les forces de la nature ».

Ceci fait appel à une machine que l'on peut, de façon simplifiée, comparer à un réfrigérateur inversé, jouant sur les phénomènes d'évaporation et de condensation d'un fluide dit frigorigène. Ce fluide est soumis au cycle de détente-compression, comme le montre la *figure 6.4*, qui illustre le cas d'une installation à détente directe. Dans cette installation simple, nous trouvons, pour créer les deux étages de pression, un compresseur et un détendeur ; nous trouvons de même, pour créer les deux étages d'échanges de chaleur, un évaporateur et un condenseur. Nous constatons que, dans chacun de ces étages d'échange, la chaleur passe bien du chaud vers le froid, selon les lois de la nature. C'est le changement d'état liquide/gaz qui permet le transfert global du froid vers le chaud, processus plus lisible sur le diagramme classique dit de Mollier (pression ou température en fonction de l'enthalpie).

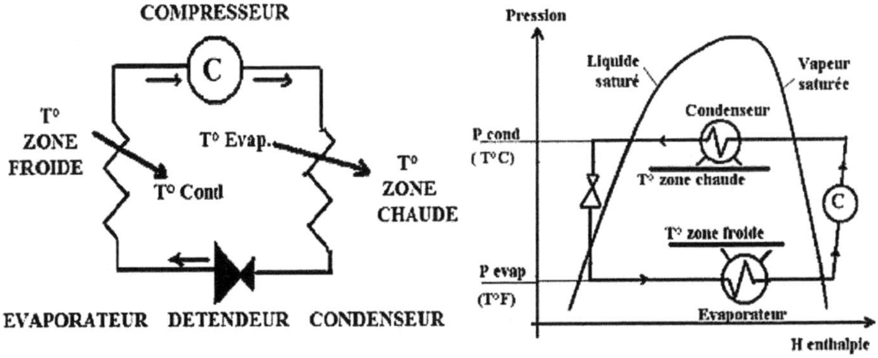

Figure 6.4 *Les bases de la pompe à chaleur, schéma simplifié et diagramme de Mollier*
H (enthalpie) = U + pv (U : énergie interne traduisant par ses variations les échanges de chaleur ΔQ et de travail ΔW)

- Dans le compresseur, l'énergie mécanique, elle-même issue de l'énergie électrique du moteur, est transmise au gaz en le comprimant (par exemple à pression > 10 bar), ce qui entraîne une forte élévation de température.
- Dans le condenseur, après dé-surchauffe, le fluide se liquéfie à la température de saturation correspondant à la pression. Il transfère de la chaleur vers la zone à chauffer, plus froide que lui (enthalpie de liquéfaction). À la sortie du condenseur, puis à l'entrée du détendeur, le fluide est à l'état liquide : on dit qu'il est sous-refroidi.
- Dans le détendeur, le fluide passe de l'état liquide à haute pression à l'état mixte liquide/gaz à une pression basse. Ceci s'effectue à énergie (enthalpie) constante.

- Dans l'évaporateur, le fluide passe de l'état mixte (liquide et un peu de gaz) à l'état de vapeur dite sèche, en prenant de l'énergie (à pression constante) au milieu avec lequel il échange.
- À la sortie de l'évaporateur et à l'entrée du compresseur, le fluide frigorifique est dit surchauffé : il est à la même pression que dans l'évaporateur, mais à une température de l'ordre de quelques degrés de plus.

Le fluide frigorigène

Comme pour les réfrigérateurs et les anciens climatiseurs, les fluides du type CFC (chlorofluorocarbure), interdits pour leurs effets très nocifs sur la couche d'ozone, ont été dans une première étape remplacés par des hydrochlorofluorocarbures (HCFC), beaucoup moins nocifs pour l'ozone. Ces derniers, bien que non interdits, sont de plus en plus remplacés par des hydrofluorocarbures (HFC), considérés comme totalement inoffensifs vis-à-vis de l'ozone. Il en existe plusieurs variétés (R407C, R410A, etc.), qui seront adoptées selon les températures de fonctionnement et la compatibilité avec l'huile de graissage du compresseur. Le simple gaz propane présente des caractéristiques physiques très intéressantes, mais son inflammabilité limite son utilisation.

Rendement : le COP (Coefficient de Performance)

L'efficacité d'une PAC (pompe à chaleur) se définit par le rapport de l'énergie « utile » (chaleur restituée) sur l'énergie fournie au compresseur et s'exprime par le COP :

- COP = Pth/Pe (Pth : puissance thermique délivrée à la zone chaude ; Pe : puissance électrique délivrée par le moteur).

Les lois de la thermodynamique donnent un coefficient de performance théorique maximum, dit de Carnot, qui s'exprime ainsi : COP Carnot = $(\theta_C + 273) / (\theta_C - \theta_F)$.

Les températures θ_C (de condensation) et θ_F (d'évaporation) sont exprimées en degrés Celsius. Elles diffèrent des températures des zones chaude et froide, car il faut prendre en compte les écarts de températures entre fluides au sein des deux échangeurs.

Un exemple de calcul de COP théorique

Prenons une PAC alimentant un chauffage au sol par un circuit d'eau chaude à 35 °C et utilisant comme source froide une nappe phréatique à 10 °C.

- Nous retenons des écarts de températures internes de 15 °C entre cycle et sources, et donc les températures à prendre en compte dans la formule de Carnot sont de 50 °C pour θc et – 5 °C pour θf (et non pas 35 et 10, erreur courante).
- Nous obtenons un COP de Carnot de 5,8.
- Toutes choses égales par ailleurs, mais en alimentant des radiateurs avec de l'eau à 60 °C, le COP s'abaisse à 4,3 (diminution de 26 % du COP). En revanche, si nous alimentons le même chauffage au sol à 35 °C, mais à partir d'une source froide à 0 °C (cas du sol à faible profondeur), le COP passe à 4,9 (baisse de 15 % du COP).

Pour obtenir le COP réel, il faut également prendre en compte les rendements des machines tournantes (moteur et compresseur) et le fait que le cycle idéal de Carnot n'est jamais suivi. Un COP fabricant contractuel, issu d'essais, sera donné pour des conditions spécifiques de températures des zones chaude et froide, comme le couple 7-35 (7 °C de température extérieure et 35 °C de température d'eau chaude), mais aussi d'autres couples de températures, comme 0-35 °C, 0-60 °C, 7-35 °C. Des abaques ou des tableaux fournis par le fabriquant permettent d'estimer la variation du COP lorsqu'on s'écarte des conditions contractuelles.

Le COP réel sera donc toujours inférieur au COP théorique de Carnot. Néanmoins, il est intéressant de raisonner sur ce dernier pour apprécier la sensibilité des paramètres. La température chaude intervient au numérateur pour augmenter le COP Carnot, mais aussi au dénominateur pour le réduire. Ce dernier facteur est prédominant, comme le montre l'exemple de l'exercice précédent (démonstration, un peu académique, pour comprendre la sensibilité).

Le facteur essentiel agissant sur le COP est la valeur de la température chaude : plus elle sera basse, meilleur sera le COP. D'où l'intérêt évident des planchers chauffants modernes, qui permettent des températures plus basses que les radiateurs. Toutefois, ce choix n'est guère possible pour la majorité des rénovations. À un degré moindre mais cependant significatif, la possibilité de disposer d'une source froide à la température la plus élevée possible est avantageuse : le mieux étant la nappe phréatique ou les possibilités offertes par des puits verticaux profonds de plus de 50 m.

S'il faut, de toute façon, se baser sur le COP contractuel donné pour un régime de référence, il faut aussi tenir compte des besoins réels moyens dans le temps pour décider de l'intérêt d'une installation, en évaluer les performances et comparer les solutions préconisées. Ces besoins moyens intègrent dans le temps des conditions de températures réelles qui peuvent être très différentes de celles prévues dans le COP contractuel.

Les PAC peuvent également être utilisées pour la production d'Eau Chaude Sanitaire, soit comme système indépendant, soit comme fonctionnalité additionnelle au chauffage de base de la maison par PAC.

Les PAC sont pour la plupart réversibles, c'est-à-dire qu'elles peuvent aussi prélever de la chaleur dans un bâtiment, le rafraîchir et rejeter cette chaleur à l'extérieur. Ceci constitue un avantage, mais cette réversibilité doit être utilisée avec discernement.

6.2.2. PAC, les facteurs de choix

Pour notre approche simplifiée (*voir § 6.2.1*), nous avons présenté une installation simple à cycle direct. Les installations réelles sont en général plus complexes et il faut prendre en compte de nombreux facteurs.

Où puiser la chaleur ?

• *Dans l'air (aérothermie)*

L'air ambiant est toujours disponible, en abondance et sans problème de rejet. L'installation est très simple et les investissements relativement faibles, d'où un moindre coût au départ. Mais les gains à long terme seront moins élevés, car les COP sont plus faibles. La température de l'air est très variable et cette variabilité n'est pas en faveur du COP. C'est en effet lorsque la température extérieure est très basse que les besoins de chauffage sont les plus grands et qu'en même temps les rendements sont les moins bons, puisque l'écart $T_C - T_F$ du dénominateur du COP Carnot augmente. Il faut aussi prendre en compte le givrage, soit en limitant l'utilisation lors des très basses températures extérieures, soit en prévoyant un dégivrage systématique. L'aspect bruit doit être pris en considération, surtout dans le cas d'une installation individuelle dans un immeuble collectif, qui présente la même problématique que la mise en place de climatiseurs individuels.

• ***Dans l'eau (puits, lac, rivière, mer ou nappe phréatique)***

Si l'accès à l'eau n'est pas trop éloigné (pour limiter les coûts d'installation et les pertes d'énergie en pompage), c'est la solution presque idéale. Il faut vérifier que cette source est disponible en quantité suffisante, que son utilisation est autorisée (administration des eaux et services sanitaires) et que le rejet ou le retour d'eau refroidie s'effectue dans des conditions acceptables pour l'environnement.

• ***Dans le sol, à l'horizontal, à proximité de la surface***

Il faut disposer d'une surface de terrain importante (1,5 à 2 fois la surface à chauffer) pour implanter la nappe de tubes. Ces tubes sont enterrés en moyenne à 70 cm sous la surface. Il est aussi possible, pour une moindre surface disponible de terrain, de prévoir deux couches de tubes à 60 et 120 cm sous la surface. Même si la température du sol de surface varie peu comparativement à celle de l'air, le rendement baisse un peu lorsque les besoins de chauffage sont au maximum (cas d'un hiver froid et/ou prolongé).

• ***Dans le sol,* via *un ou des puits verticaux (sondes géothermales)***

En hiver, la température à des profondeurs de quelques dizaines de mètres est nettement plus élevée qu'en surface (en moyenne 13 °C à une profondeur de - 10 m et 15 °C à - 70 m). La température varie peu : de 2 à 3 °C au cours de l'année, et le rendement de Carnot reste optimal pendant toute la période de chauffe. Cette formule de sonde géothermale n'impose aucune spécificité particulière du terrain, il faut simplement s'assurer de l'absence de racines d'arbres à proximité des sondes et vérifier que la machine de forage du puits puisse accéder. Les nombreux avantages de cette solution sont contrebalancés par son coût plus élevé. Du fait du forage, une prévision de retour sur investissement mérite d'être faite. Une autorisation administrative est aussi imposée.

Présence de circuits intermédiaires ?

Le schéma simplifié du cycle direct présenté en introduction (*voir § 6.2.1*) montre le circuit du fluide frigorigène allant chercher directement la chaleur et la restituant aussi directement. Cette solution est rarement utilisée, sauf pour des usages très localisés et limités. En général, des circuits intermédiaires sont prévus au niveau des liaisons soit avec la zone froide, soit avec la zone chaude, soit assez souvent avec les deux. L'objectif est de limiter le volume du circuit frigorigène de base, d'où la présence de ces circuits intermédiaires où circulent des fluides classiques comme l'eau ou l'air.

Nous trouverons pour ces circuits intermédiaires de nombreuses variantes, selon que l'on utilise des circuits d'air (air/air), des circuits d'eau (eau/eau), des circuits mixtes (air/eau) et aussi des variantes avec de l'eau glycolée, limitant les risques de gel (eau glycolée/eau).

Les besoins en température

Les besoins en températures sont très divers.

- Lorsqu'il s'agit d'assurer un transfert de chaleur à travers une dalle chauffante de conception récente, ils peuvent se limiter à 35 °C (*voir § 5.2.5*).
- S'il s'agit d'un chauffage par radiateurs, par exemple dans le cas d'une rénovation, il faudra, selon la surface des radiateurs, une eau à 60 °C, voire 75 °C (en fonction de l'isolation du logement et des conditions climatiques de la région).
- Dans le cas de la fourniture simultanée d'eau de chauffage et d'Eau Chaude Sanitaire (ECS), deux niveaux de températures seront nécessaires.

– D'autres combinaisons sont aussi possibles, comme le plancher chauffant pour une partie du logement (avec de l'eau à 35 °C), associé à des radiateurs pour quelques pièces comme par exemple des chambres (et donc de l'eau à 60 °C ou plus).

Pour couvrir tous ces cas, nous allons dans le paragraphe suivant décrire les solutions les plus couramment utilisées, en indiquant quelques variantes. Des développements sont en cours pour améliorer les COP réels. Ils visent surtout les utilisations haute température comme la PAC cascade ou la PAC à deux étages de compression, avec injection partielle et économiseur.

6.2.3. Différents types de pompes à chaleur

Nota : Nous ne traiterons pas des PAC à absorption. Dans ces dernières, la compression par moteur est remplacée par un système à absorption, couplé à un générateur de chaleur (brûleur gaz). Le fluide véhiculé par le cycle thermodynamique est un couple frigorigène/absorbant.

PAC eau/eau

Ces PAC présentent les performances les plus spectaculaires, la seule restriction étant la difficulté ou l'impossibilité d'accès à des sources d'eau (puits, nappe phréatique, eau de mer, etc.). Ces PAC se développent surtout dans le secteur tertiaire, pour des installations de forte puissance.

Nota : Un ensemble tertiaire (magasins, bureaux, etc.) est souvent implanté de façon compacte et concentrée. Lorsqu'il existe une nappe phréatique, si chacun veut y puiser son eau pour alimenter ses PAC, une limite peut très vite être atteinte, et les derniers arrivants ne seront pas autorisés à puiser.

Le schéma type d'une PAC eau/eau est présenté sur la *figure 6.5*. Partant de l'unité frigorigène classique déjà présentée dans le *§ 6.2.1*, nous adjoignons deux circuits d'eau.

– Le premier circuit va pomper l'eau disponible et la rejeter plus froide. Dans le cas d'une nappe phréatique, il faut une pompe immergée dans un forage profond (généralement de 8 à 50 m suivant la nature des terrains). Le rejet se fera soit par un autre forage, soit par un puits perdu en aval de l'écoulement naturel.

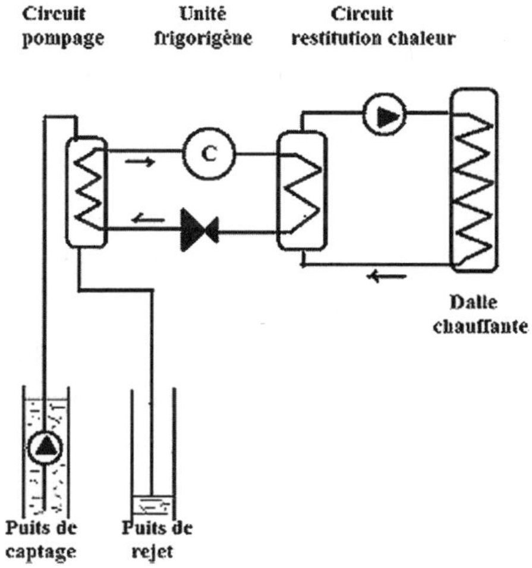

Figure 6.5 *Les circuits d'une PAC eau/eau*

– Le second circuit, de type chauffage central classique, alimente les tuyauteries de la ou des dalles chauffantes du local ou de la maison avec de l'eau à 35 °C environ (température variable selon les besoins de chauffe), ou bien des radiateurs, avec des températures d'eau plus élevées, par exemple à 65 °C au plus froid de l'hiver. Dans le cas de la dalle chauffante et d'une température d'eau zone froide entre 7 et 10 °C, le COP, qui est pratiquement constant toute l'année, peut atteindre ou dépasser 5. Dans le cas des radiateurs, le coefficient de Carnot varie, et le COP est affecté et peut tomber à 2,9, en notant qu'un surdimensionnement des radiateurs permet de réduire cette baisse.

Nota : Tous les chiffres de COP donnés sont des ordres de grandeur, les fabricants sont nombreux, et un même fabricant peut également avoir des modèles différents.

PAC capteurs de surface géosolaire (eau glycolée/eau)

C'est ce type de PAC qui s'est le plus développé ces dernières années pour les constructions neuves. Il diffère du précédent par l'utilisation de la terre en surface comme zone dite froide d'où la chaleur sera extraite. Le terme géosolaire est souvent employé pour ce type d'installation. Cette appellation, bien qu'il s'agisse d'un barbarisme, est préférable à géothermie de surface. Ce système repose sur l'inertie thermique du sol, réchauffé par les rayonnements solaires toute l'année et non pas par la chaleur venant des profondeurs de la Terre (*voir § 6.1.1 :* le flux de chaleur moyen de 0,6 W/m^2 est très faible par rapport à celui qui est issu du soleil, ce dernier étant de 170 W/m^2 en moyenne journalière).

Le circuit de pompage chaleur est constitué d'un réseau de tubes enterrés, en général de polyéthylène et de diamètre de 20 à 32 mm, dans lesquels circule un mélange d'eau et d'antigel (eau glycolée). Le réseau est installé sur un plan horizontal à une profondeur d'environ 70 cm de la surface. Une telle profondeur permet à la Terre d'agir comme un accumulateur de chaleur qui se rechargera par l'énergie solaire directe, par la conduction des terres et par les écoulements d'eau une fois l'hiver passé ou même en plein hiver pendant les périodes de redoux. Un peu plus profondément, la température de la Terre serait un peu plus élevée et encore plus stable durant l'hiver. Ceci donnerait un COP plus important. Mais dans ce cas, la terre plus profonde étant plus isolée de la chaleur des rayons du soleil se réchaufferait moins en été et, avec les années, se refroidirait sans se « recharger » en chaleur.

La surface occupée par les capteurs dépend de la nature du sol (puissance extraite de 10 à 15 W par mètre linéaire de tube, l'espacement des tubes étant de 30 à 60 cm). Il faut occuper environ 1,5 à 2 fois la surface à chauffer, soit par exemple 250 à 300 m^2 pour une surface à chauffer de 150 m^2 de maison bien isolée (selon la réglementation thermique RT 2000, qui notamment fixe une déperdition annuelle maximale de 100 kWh/m^2). Cet espace doit être le plus ensoleillé possible. Il peut être planté de gazon ou de petits arbustes, de légumes, de fleurs, mais ne peut accepter d'arbres aux longues racines ni les zones trop ombragées.

Le COP sera inférieur à celui de la PAC eau/eau du fait d'une température de sol moyenne inférieure à celle de l'eau de la nappe phréatique. Pour un sol à 0 °C, le COP peut valoir 4,2 dans le cas du chauffage d'une dalle à 35 °C, et il peut être de 2,5 pour une utilisation de radiateurs à 65 °C. La température du sol n'étant pas rigoureusement constante, les performances varieront un peu en cours de saison. En région tempérée, le vrai COP moyen sera ainsi, en général, supérieur à la valeur repère contractuelle d'un sol à 0 °C.

Sondes verticales (PAC/SGV)

Ce nouveau type de pompe à chaleur est très proche du précédent. La seule différence consiste en la mise en place de sondes verticales, qui se substituent au réseau de tubes horizontaux.

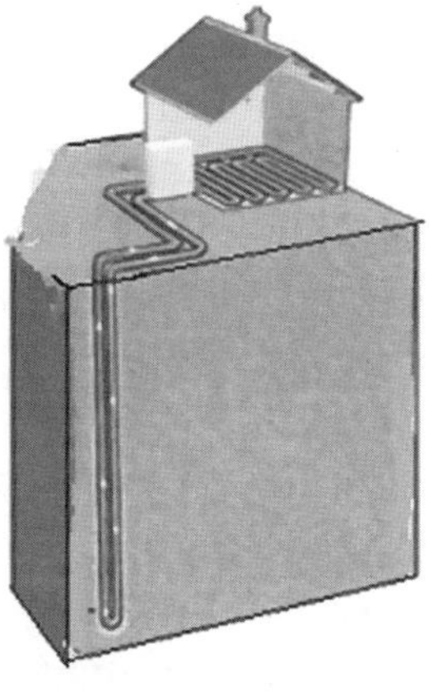

Figure 6.6 *PAC sondes verticales*

La sonde est constituée de deux tubes d'échange en U montés en parallèle, chacun formant une seule boucle verticale dans laquelle circule l'eau glycolée (solution hors gel). Le diamètre des tubes est compris entre 25 et 40 mm. La sonde est implantée dans un forage d'environ 100 mm de diamètre, d'une profondeur variant de 50 à plus de 200 m. La longueur d'échange porte donc sur quatre fois la hauteur du forage. La puissance extraite varie de 30 à 60 W par mètre de sonde (selon les terrains). Le vide entre les tubes d'échange et le sol foré est comblé avec un mélange de ciment et d'argile. Un tube spécifique, positionné en même temps que les tubes en U, sert à cette injection en fin de mise en place. Si plusieurs puits sont nécessaires, ils doivent être espacés de plusieurs mètres (5 à 10 m).

Plus coûteuses que les capteurs horizontaux de surface, les sondes verticales présentent l'avantage d'occuper moins de surface au sol. Elles s'adaptent ainsi plus aisément en rénovation, n'exigeant aucun bouleversement du terrain déjà planté, la seule contrainte étant que la machine de forage puisse accéder. Elles ont un COP identique à ceux des systèmes eau/eau sur nappe phréatique. Le COP est de 15 à 25 % plus élevé que celui d'une installation à capteurs de surface.

PAC aérothermiques

Oublions totalement la terre, il n'y a plus aucun lien, même indirect, entre ces PAC aérothermiques et la géothermie. Le seul rapport avec la géothermie qui justifie que nous en parlions ici est l'utilisation de la même technologie de base : la pompe à chaleur.

Le circuit intermédiaire de la zone froide sera réalisé par un important brassage forcé d'air ; celui-ci viendra lécher les tubes (à ailettes), semblables à ceux d'un radiateur d'automobile. Dans ces tubes circule directement le fluide frigorigène. Le circuit intermédiaire de la zone chaude peut être un circuit d'eau (dalle ou radiateurs), donnant la combinaison air/eau. Ce peut aussi être de l'air (air/air), le chauffage de la maison étant assuré par de l'air chaud pulsé. Ce dernier est le système le plus simple à mettre en place en rénovation. Ainsi, ce sont 50 000 PAC air/air qui ont été installées en 2006 et 80 000 en 2007.

Contrairement aux systèmes précédents, qui reposent sur une zone froide à forte inertie et de température peu variable, l'air voit sa température grandement varier, y compris entre jour et nuit, et atteindre les valeurs les plus basses, très en dessous de zéro, lorsque les besoins de chauffage sont au maximum (en hiver, le soir). Le COP varie constamment et défavorablement. À ceci s'ajoutent les conséquences du givre potentiel. Ce dernier peut conduire à ne pas utiliser la PAC air en dessous d'une certaine température (par exemple au voisinage de zéro) ou à adopter des systèmes avec dégivrage intégré (par l'inversion momentanée et périodique du cycle ou par la présence de résistances chauffantes, d'où une perte de rendement). Ainsi, si nous voulons avec une température d'air extérieur à 7 °C produire de l'eau à 35 °C pour alimenter une dalle, un COP de 4,1 peut être obtenu. Mais ce COP tombe à 2,8 avec une température d'air extérieur de – 7 °C. Cette variabilité, y compris entre le jour et la nuit, doit être prise en compte dans la spécification initiale du système. Elle peut conduire à un surdimensionnement ou à choisir un appoint externe de chauffe (maintien de l'ancienne chaudière en rénovation, résistances chauffantes supplémentaires, poêle à bois, etc.). Cette baisse du COP s'accentue si l'objectif est de produire de l'eau à 65 °C pour alimenter des radiateurs, ce qui est un cas courant en rénovation. Dans ce cas, avec une température d'air de – 7 °C, le COP tombe à 1,8.

En dépit de toutes ces restrictions, dans une région tempérée dont la température descendra peu en dessous de zéro et où le système de dégivrage ne fonctionnera pratiquement jamais, le COP moyen (pondéré sur la période d'utilisation) peut atteindre 3,5 pour un chauffage de dalle à 35 °C, et 2,2 pour un chauffage de radiateurs à 65 °C.

En rénovation, ce type de PAC peut donc être adopté en France dans de nombreuses régions et couvrir plus de la moitié du pays, sous réserve d'avoir un moyen complémentaire de chauffage pour les rares périodes de grand froid (un poêle à bois, par exemple). Dans le Sud de la France, la possibilité de réversibilité est mise en avant, avec le passage en climatisation l'été. Cette dernière peut toutefois conduire à un accroissement très important des dépenses énergétiques en été si elle n'est pas maîtrisée par l'utilisateur.

6.2.4. PAC, aspects économiques

Chaque cas mérite une étude particulière : aussi ne donnerons-nous que des ordres de grandeur, à titre d'indication. Pour les investissements, nous affichons les chiffres couramment avancés par la profession et nous nous basons aussi sur quelques cas vécus, documentés, de particuliers. Certaines estimations des durées de retour sur investissement sont faites de façon simplifiée, hors actualisation. Ce premier ordre de grandeur s'avère toujours sous-estimé et il l'est d'autant plus que la durée est longue.

Les investissements

Globalement, la profession annonce pour les PAC air des coûts compris entre 60 et 90 € TTC par mètre carré à chauffer, et pour les PAC eau/eau, entre 80 et 185 € TTC par mètre carré à chauffer. Nous donnons en plus ci-dessous quelques exemples particuliers représentatifs de différents types de PAC que nous avons recensés :

- PAC air/air, maison de 165 m^2 ; investissement (année 2004) : 8 000 € TTC, soit environ 55 €/m^2 (actualisé 2008).
- PAC air/eau, maison de 160 m^2 ; investissement (année 2008) : 10 000 € TTC, soit environ 65 €/m^2.
- PAC surface/eau, maison de 184 m^2 ; investissement (année 2003) : 12 000 € TTC, soit environ 75 €/m^2 (actualisé 2008).
- PAC sonde/eau, maison de 195 m^2 ; investissement (année 2003) : 22 000 € TTC, soit environ 130 €/m^2 (actualisé 2008).

Les aides

Dans la stratégie mise en place pour réduire d'un facteur 4 nos émissions de gaz à effet de serre d'ici à 2050, la loi de finances pour 2005 a créé un crédit d'impôts dédié au développement durable et aux économies d'énergie. Pour les PAC, le taux du crédit d'impôts a été fixé à 50 % pour les dépenses (hors main-d'œuvre) effectuées entre le 1er janvier 2006 et le 31 décembre 2009 dans des habitations principales neuves ou anciennes. À partir de 2010, le crédit d'impôt a été supprimé par les PAC air/air et les PAC réversibles, et il a été réduit à 40 % pour les autres PAC, sauf pour les PAC air/eau où il n'est que de 25 %. La loi précise que le COP doit être > 3,3.

Bilan financier, le retour sur investissement

Chaque cas mérite un bilan spécifique, et il ne faudrait pas tirer de ce qui suit des règles générales. Toutefois, pour fixer des ordres de grandeur et à titre purement indicatif et didactique, examinons le cas d'une maison de 150 m^2 bien isolée, avec des déperditions thermiques annuelles de 100 kWh/m^2, soit une consommation chauffage de 15 000 kWh/an, ce qui reviendrait, pour un chauffage tout électrique, à des dépenses annuelles de 1 365 €.

• ***Comparaison entre PAC de surface et chauffage tout électrique***

– Écart d'investissements : 12 750 €, COP 4,2.
– Dépenses annuelles d'électricité : 325 €, soit 1 040 € de moins par an que pour le chauffage électrique.

Sans les aides, l'écart de dépenses d'investissement est récupéré hors actualisation en 12 ans environ. Avec les aides (3 000 €), ce temps est ramené à environ 9 ans. Avec un taux d'actualisation de 4 %, l'amortissement hors aides s'effectue en moins de 20 ans.

• ***Comparaison entre PAC sondes verticales et chauffage tout électrique***

– Écart d'investissements : 20 000 €, COP 5,2.
– Dépenses d'électricité annuelles : 263 €, soit 1 102 € de moins par an que pour le chauffage électrique.

Sans les aides, l'écart de dépenses d'investissement est récupéré hors actualisation en 18 ans. Avec les aides (5 500 €), ce temps est ramené à 13 ans. Avec un taux d'actualisation de 4 %, les aides sont nécessaires pour arriver à équilibrer en 20 ans.

• ***Comparaison entre PAC air/eau et chauffage tout électrique***

– Écart d'investissements : 10 000 €, COP 3,5.
– Dépenses d'électricité annuelles : 390 €, soit 975 € de moins par an que pour le chauffage électrique.

Sans les aides, l'écart de dépenses d'investissement hors actualisation est récupéré en 10 ans. Avec les aides (1 000 €), ce temps est ramené à 9 ans. Sans les aides et en prenant en compte une actualisation de 4 %, le surcoût d'investissement est récupéré en moins de 20 ans.

• ***Comparaison entre une PAC de surface et un chauffage gaz***

Les dépenses annuelles de gaz seraient de 761 €, soit 436 € de plus que celles de la PAC de surface. Si on choisit la PAC, le gain sur la dépense annuelle combustible est donc beaucoup plus faible que dans les cas précédents et les durées de retour sur investissement sont allongées d'autant. Au moins deux situations sont à considérer selon le besoin ou non d'acheter une chaudière gaz.

– Dans le cas d'une maison neuve, l'achat obligatoire d'une chaudière gaz réduit un peu le surinvestissement associé à l'installation d'une PAC. Le retour sur investissement hors actualisation est alors d'environ 20 ans, ramenés à 13 ans avec les aides (en notant que la prise en compte d'une actualisation à 4 % ferait passer ces durées respectivement à 40 et à 20 ans).
– Dans le cas d'une rénovation, si la chaudière gaz, encore en état de fonctionner, ne doit pas être changée, son coût ne vient pas en déduction du surinvestissement de la solution PAC. Dans ces conditions, les durées de retour sur investissement hors actualisation seront beaucoup plus longues et, approchant les 30 ans sans aides et 23 ans avec les aides, deviennent dissuasives. Il est clair que la prise en compte de l'actualisation accentue ce caractère dissuasif pour l'investissement PAC dans les conditions actuelles du prix du gaz.

• ***Comparaison entre une PAC de surface et un chauffage au fuel***

Avec un chauffage au fuel, les dépenses annuelles seraient de 1 125 €, soit 800 € de plus qu'avec une PAC de surface. Dans le cas d'une rénovation, si la chaudière au fuel est encore en état et ne doit pas être remplacée, il faut, sans aides, 16 ans pour revenir sur l'investissement de l'installation d'une PAC de surface, et, avec les aides, ce temps est ramené à 12 ans. Si, en revanche, il faut remplacer la chaudière au fuel, le coût d'une chaudière fuel étant assez élevé (plus que celui d'une chaudière gaz), cela réduit d'autant, dans la comparaison, le surinvestissement PAC, et il ne faut plus, sans aides, que 6 ans pour revenir sur le surinvestissement de cette dernière. Avec les aides, ce temps n'est plus que de 3 ans. Pour ces durées, la correction d'actualisation est faible, donc les temps de retour sur investissement sont favorables aux PAC.

Sur la base de ces exemples, nous pouvons conclure que le succès récent des installations PAC, aussi bien pour les maisons neuves qu'en rénovation, s'explique aisément par les prix actuels des combustibles fossiles, gaz et surtout fuel. Ce n'est pas un pari risqué que de penser que ces prix devraient à l'avenir s'accroître beaucoup plus que ceux de l'électricité en France.

Il reste beaucoup d'inconnues et d'incertitudes sur l'aspect financier, chaque cas mérite d'être étudié selon différentes hypothèses pour l'avenir et en gardant à l'esprit les incertitudes et les risques économiques associés à ce choix.

6.2.5. PAC et gains sur les rejets de gaz carbonique

Poursuivons l'examen de l'exemple cité ci-dessus d'une maison de 150 m^2 bien isolée et consommant 15 000 kWh/an pour le chauffage, en examinant les rejets de gaz carbonique annuels :

- chaudière au fuel : 5,3 tonnes ;
- chaudière au gaz : 3,9 tonnes ;
- PAC de surface : 0,23 tonne ;
- PAC sondes verticales : 0,19 tonne.

L'écart en faveur des PAC est d'environ 4 tonnes de gaz carbonique par an pour cette seule maison. C'est un facteur 20 sur les émissions de gaz carbonique qui peut être retenu. **Les chauffages individuel et tertiaire étant source de l'émission de 121 millions de tonnes de gaz carbonique par an, le gain apporté par une forte expansion des PAC est évident.**

Sur le plan financier, ce gain en émission de gaz carbonique se ferait directement sentir si une taxe carbone était mise en place. Celle-ci pénaliserait le gaz comme le fuel, de façon limitée au départ, sur la base de 17 €/t de gaz carbonique. Mais avec une montée à 100 €/t de gaz carbonique, hypothèse évoquée comme objectif pour 2030, les conséquences financières deviendraient plus significatives. Par exemple, la taxation gaz carbonique atteindrait environ 400 €/an dans l'exemple de la maison chauffée au gaz. Le retour sur investissement avec la mise en place d'une PAC eau/eau serait ramené à 10 ans sans aides et 6 ans avec aides. Mais la taxe carbone verra-t-elle le jour ?

6.2.6. Perspectives de développement des PAC

Aujourd'hui, l'ensemble du chauffage de l'habitat individuel et du tertiaire fait appel, en France, à environ 60 Mtep d'énergie finale chaleur.

Selon les perspectives de croissance, le parc des PAC pourrait à moyen terme (en 2015) couvrir entre 1 et 2 millions d'équivalents logements, ce qui correspondrait à une part d'énergie renouvelable PAC de 1 à 2 Mtep. À plus long terme, les pompes à chaleur devraient se généraliser dans le tertiaire et s'étendre aussi pour partie aux maisons individuelles. **Pour 2050, la contribution des pompes à chaleur pourrait être estimée à 9 Mtep : 7 tirés du sol (c'est l'apport renouvelable) et 2 apportés indirectement par l'énergie électrique.**

6.3. Récapitulatif : chaleur du sol et du sous-sol

Globalement, la production d'électricité géothermique peut doubler au niveau mondial, ne répondant ainsi toutefois qu'à 1 % des besoins totaux d'électricité. Cet accroissement ne concerne que quelques sites bien particuliers, quasiment inexistants en France métropolitaine. Néanmoins, on peut attendre davantage de la géothermie basse énergie, soit en chaleur directe, soit en passant par l'usage des pompes à chaleur, qui devrait se généraliser.

7. Les agrocarburants

7.1. La mobilité

La mobilité occupe une place essentielle dans nos sociétés. À la mobilité peuvent être associés la liberté, la qualité de la vie et le développement industriel, ce dernier étant accentué par l'ouverture des marchés et la mondialisation. Cette mobilité, que ce soit pour le transport individuel ou collectif des personnes ou des marchandises, repose essentiellement sur le moteur thermique et le pétrole.

Le seul chiffre de l'énergie utilisée pour la mobilité en mesure bien l'importance. En France, les transports font appel à 51 Mtep, dont 50 Mtep provenant des seuls produits pétroliers. Ceci représente 29 % du total de l'énergie finale à la consommation et 18 % de l'énergie primaire à la production. C'est le poste de consommation en plus forte expansion depuis de nombreuses années (+ 2,4 %/an) et c'est aussi le premier poste pour les rejets de gaz carbonique (40 % du total en France). Ces 50 Mtep de produits pétroliers se répartissent ainsi : 25 Mtep pour les voitures personnelles, 19 Mtep pour les camions et utilitaires et 6 Mtep pour l'aérien.

Se pose d'ores et déjà la question de l'impact de la baisse quasi certaine des ressources pétrolières au cours du XXIe siècle, baisse qui se traduira, en attendant une véritable pénurie, par un fort accroissement des coûts (*voir § 1.2.2*). Des changements importants sont attendus dans les motorisations et les sources d'énergie. Des améliorations des techniques existantes sont en cours pour permette de réduire la consommation d'énergie pétrolière : passage de 7 à 5 litres aux 100 km pour la voiture moyenne, accroissement de la diésélisation, basculement vers d'autres motorisations comme la voiture hybride, la voiture électrique (batterie ou pile à combustible hydrogène), etc.

*Nota : Ces possibilités nouvelles ne signifient pas nécessairement des économies d'énergie si l'on prend en compte la totalité du cycle de production. L'exemple de l'hydrogène, tant prôné par certains, est assez révélateur. Avec un rendement de cycle de moins de 30 %, le passage à l'hydrogène ne conduit pas nécessairement à une baisse de consommation d'énergie totale (*voir § 8.7.3*).*

Dans la lignée du moteur thermique peuvent arriver sur le marché de nouveaux carburants comme ceux qui, synthétisés à partir du gaz ou du charbon (filière GTL : Gas to Liquid ; filière CTL : Coal to Liquid), utiliseront les structures actuelles de distribution. Mais si l'origine gaz méthane ou charbon de ces carburants de synthèse écarte l'astreinte pétrole, elle ne supprime pas la dépendance vis-à-vis des combustibles fossiles ni ne réduit les rejets de gaz carbonique. C'est dans ce cadre que les agrocarburants, objets de ce chapitre, peuvent avoir leur place.

7.2. L'histoire des agrocarburants

Deux termes, agrocarburants et biocarburants, désignent la même chose. L'expression biocarburants, seule utilisée jusqu'à il y a quelques années, indique clairement que ce carburant est obtenu à partir de matières organiques (biomasse), par opposition aux carburants issus de ressources fossiles. Mais l'utilisation du terme « bio » a été contestée, car il est considéré comme devant être réservé à ce qui touche à la seule agriculture biologique. **L'expression agrocarburant a ainsi été proposée pour marquer l'origine agricole du produit.** Cette expression conserve sa signification si nous incluons la forêt dans le cadre de l'agriculture, ainsi que les algues marines plus ou moins cultivées. En fait, par commodité, nous utiliserons aussi bien l'une que l'autre des expressions, ainsi que les termes spécifiques comme bioéthanol ou biodiesel.

À la naissance de l'automobile, les premiers moteurs thermiques fonctionnaient à partir d'éthanol ou d'alcools issus de l'agriculture. **Jusque dans les années 1950, les carburants d'origine végétale ont représenté une part significative de la consommation d'énergie dans les transports**. Mais cette part devint vite négligeable en raison de la concurrence du pétrole et des besoins croissants. Les crises pétrolières des années 1970, vite effacées par le contre-choc pétrolier de 1986, n'ont pas modifié la situation ; et les biocarburants restèrent oubliés. Il faudra attendre les années 1990 et les conséquences de la Politique agricole commune pour voir une relance des biocarburants. Il s'agissait, sans trop le dire, d'une aide indirecte à l'agriculture, avec notamment l'utilisation des terres en jachère. La Communauté européenne a ainsi, en 2003, proposé pour 2010 l'objectif d'une contribution de 5,75 % de biocarburants dans l'approvisionnement des transports terrestres.

Depuis, la nouvelle hausse du prix du pétrole (s'il est retombé en milieu 2009 à environ 70 $ le baril, rappelons le pic à 147 $ en juillet 2008), les considérations sur la sécurité de l'approvisionnement et les sensibilisations sur l'effet de serre ont conduit, dans le monde entier, à une forte relance en faveur des biocarburants. Ce développement des biocarburants nécessite, dans la grande majorité des cas, un soutien adapté de la part des pouvoirs publics. De nombreux États mettent ainsi en place une détaxation des biocarburants en allégeant ou en supprimant la taxe sur les hydrocarbures. Ainsi, aux États-Unis, l'aide directe fut de 28 cents de dollar par litre pour le biodiesel en 2009.

Si les biocarburants demeurent encore pénalisés par un coût de production élevé, une stabilisation probable du prix du baril de pétrole au-delà de 70 $ (situation fin 2009) permet d'envisager un avenir plus prometteur, en substitution partielle au pétrole, ce qui diminuerait la dépendance vis-à-vis de l'or noir et limiterait les rejets de gaz à effet de serre. Ce développement forcé fut assez bien accueilli par la majorité de la population, qui voyait là un début de réponse à ses inquiétudes, avec l'espoir que, grâce aux biocarburants, on allait pouvoir continuer à se déplacer librement, sans toucher à la sacro-sainte « auto », outil et symbole de l'individualité !

Toutefois, des critiques se font jour pour dénoncer l'accroissement des prix des denrées alimentaires qu'entraînerait le développement des agrocarburants. L'exemple du maïs, nourriture de base des populations en Amérique centrale et latine, « détourné » pour produire des biocarburants aux États-Unis, n'en serait-il pas la preuve ? En 2008, près de 10 % de la production céréalière américaine, correspondant à la totalité des excédents exportables de maïs américain, aurait servi à la production d'éthanol. Le public ne peut être que frappé lorsqu'il lit, comme cela a été écrit récemment dans le *New York Times*, que chaque plein de réservoir de 4 x 4 nécessite 200 kg de maïs, c'est-à-dire la quantité nécessaire pour nourrir un homme pendant 1 an.

En fait, au niveau mondial, la proportion des terres affectée aux biocarburants est très variable selon les espèces de culture. Négligeable pour le blé comme pour le soja (moins de 1 %), elle devient significative pour le maïs (13 %), la canne à sucre (15 %, notamment au Brésil) et la betterave sucrière (4 %). Quelques pour cents peuvent paraître bien peu, mais dans un marché spéculatif, ils peuvent faire basculer les prix. Il faut toutefois souligner que bien avant l'an 2000, alors que la part des biocarburants était négligeable, les coûts des produits agricoles avaient déjà atteint des niveaux supérieurs à ceux de ces dernières années. L'envolée des coûts est également due à l'accroissement des besoins de l'humanité pour se nourrir et aux accidents climatiques (sécheresses, typhons, hiver plus froid dans une partie de continent, etc.). Mais l'arrivée des biocarburants sur le marché apporte un élément supplémentaire de déséquilibre, que la spéculation peut accentuer. Avec l'accroissement des besoins en biocarburants, la question de l'affectation des terres agricoles pourrait donc se poser. Que choisir ? Se nourrir ou se déplacer ?

D'autres critiques sont émises, cette fois-ci pour contester le caractère bénéfique des biocarburants vis-à-vis de l'effet de serre.

Cette contestation vise la forte présence de combustibles fossiles dans le cycle de vie des biocarburants (du champ à la roue) et les conséquences écologiques de la culture industrielle. D'un côté, la filière des biocarburants ferait appel à un grand nombre de composés issus du pétrole, réduisant fortement les gains de rejets de gaz carbonique annoncés. De l'autre, l'extension en cours des surfaces de culture dédiées aux biocarburants conduit, notamment en Asie, à la déforestation de la forêt primaire pour la culture du palmier à huile et, au Brésil, à la déforestation et au retournement de prairies naturelles pour la culture de la canne à sucre. N'a-t-on pas exagéré le gain écologique ? L'enthousiasme du début s'est un peu refroidi.

7.3. Situation actuelle des biocarburants

À ce jour, dans le monde, **les biocarburants produisent 49 millions de tep**. Ils fournissent ainsi 2,7 % des besoins des déplacements routiers mondiaux, qui sont de 1,7 Milliard de tep.

L'essentiel de la production en 2007 venait des États-Unis (21 Mtep) et du Brésil (16 Mtep). L'Union européenne couvrait, quant à elle, en 2008, 3,3 % de ses besoins transports avec 10 Mtep (+ 2 Mtep en 1 an). Ces 10 Mtep comprennent 1,8 Mtep de bioéthanol et 7,9 Mtep de biodiesel. La production française en 2008 était de 2 Mtep (+ 0,6 en 1 an).

L'emploi actuel des biocarburants sous leurs deux formes, bioéthanol (équivalent essence) ou biodiesel (équivalent gazole), peut se définir comme anodin, à la fois par la faiblesse relative des quantités en jeu et par son caractère semi-confidentiel. Souvent le biocarburant est mélangé en faible quantité au produit pétrolier sans que l'utilisateur en soit informé, et la distribution en est ainsi banalisée. Cette utilisation est discrète puisqu'en France l'éthanol peut être incorporé sans indication à la pompe, directement, jusqu'à 5 % dans l'essence, et indirectement sous forme d'ETBE (Ethyl Tertio Butyl Ether, *voir § 7.4.1*, à raison de 15 % de ce produit, qui est lui-même constitué pour moins de moitié d'éthanol). De même, dans la filière gazole, 5 % de biodiesel sous forme d'EMHV (Esters Méthyliques d'Huiles Végétales *voir § 7.4.2*), qui sera constitué de 90 % de matière première d'origine végétale, peuvent être incorporés sans indication.

Des mélanges contenant une plus forte proportion de biocarburants apparaissent. L'E10 a été mis sur le marché en avril 2009. Contenant 10 % d'éthanol, il est compatible avec 60 % des véhicules essence actuellement en circulation et avec la très grande majorité des véhicules essence neufs. Le marché français a également vu arriver les véhicules flexfuel s'adaptant automatiquement à tout type de contenu, ainsi que le E85, qui contient jusqu'à 85 % d'éthanol d'origine végétale. À ceci s'ajoute le cas de l'incorporation d'EMHV jusqu'à proportion de 30 %, mais pour une utilisation qui se limite à quelques flottes captives, notamment d'autobus.

Au niveau mondial, le Brésil se distingue. Dans ce pays, aucune voiture ne fonctionne à l'essence pure, plus de 30 % des transports utilisent l'éthanol, tiré de la canne à sucre. Les voitures utilisent soit de l'éthanol pur, soit un mélange de 24 % d'éthanol dans l'essence, soit des mélanges variables allant jusqu'à 85 % d'éthanol.

7.4. Les filières actuelles dites de première génération

La première génération de biocarburants repose sur l'utilisation des organes de réserve des cultures, organes qui ont stocké du sucre, de l'amidon ou de l'huile.

7.4.1. L'éthanol et l'ETBE

De la plante à l'éthanol

Les plantes dites sucrières comme la betterave ou la canne à sucre renferment des sucres directement fermentescibles en éthanol.

Les plantes céréalières, comme le blé, le maïs ou l'orge, ainsi que les tubercules (pommes de terre, etc.), renferment des sucres sous forme d'un polymère, l'amidon, qui doit être hydrolysé (hydrolyse enzymatique) pour produire du glucose, qui est ensuite fermenté.

Si aux États-Unis l'essentiel de l'éthanol vient du maïs et au Brésil de la canne à sucre, en France la betterave en fournit les deux tiers, le reste venant de céréales.

Le processus de fermentation du glucose en éthanol est illustré par l'équation chimique suivante : $C_6H_{12}O_6 \rightarrow 2\ C_2H_5OH + 2\ CO_2$.

De nombreuses espèces de micro-organismes ont la capacité de produire de l'éthanol à partir de sucres, parmi lesquelles les levures du genre *Saccharomyces*. L'éthanol obtenu doit être déshydraté, opération réalisée essentiellement par distillation, laquelle est très consommatrice d'énergie.

Prenons l'exemple de la betterave. Partant du jus, pour obtenir 1 litre d'éthanol, qui représente un potentiel énergétique de 21 MJ (MJ : mégajoule ou 1 million de joules, *voir Annexe 1.1*), il faut actuellement dépenser 6,6 MJ sous forme de vapeur et d'électricité, soit un tiers de l'énergie finale. Pour le blé, cette dépense énergétique se monte à 12 MJ, soit la moitié de l'énergie finale. À ces consommations liées à la distillation, il faut ajouter d'autres dépenses énergétiques de moindre importance (transports, broyages), ainsi que celles associées à la culture. Il faut noter que des recherches sont en cours pour développer de nouvelles techniques permettant de réduire ces postes de dépenses énergétiques.

Production d'éthanol, rendements bruts et nets

Quelques données :

- 1 tonne de canne à sucre pourra produire 670 litres d'éthanol ;
- 1 tonne de maïs pourra produire 370 litres d'éthanol ;
- 1 tonne de blé pourra produire 340 litres d'éthanol ;
- 1 tonne de betterave pourra produire 100 litres d'éthanol.

Les productions annuelles d'éthanol, mesurées en mètres cubes à l'hectare et évaluées en énergie brute à l'hectare (hors besoins

pour l'exploitation agricole, pour les transports et pour les opérations industrielles en fabrication), sont de :
- pour la canne à sucre : 7 à 8 m³/ha, soit 3,5 à 4 tep/ha ;
- pour la betterave : 6,5 à 7 m³/ha, soit 3,3 à 3,5 tep/ha ;
- pour le blé : 2,7 à 3,1 m³/ha, soit 1,4 à 1,6 tep/ha ;
- pour le maïs : 2,9 à 3,4 m³/ha, soit 1,5 à 1,7 tep/ha.

Pour la canne à sucre, les données détaillées sont les suivantes :
- production 7 m³/ha ;
- 1 litre d'éthanol produit 21 MJ ;
- 1 m³ (1 000 litres) produira donc 21 GJ.

Les 7 m³ de canne à sucre produits à l'hectare donneront 147 GJ, soit 3,5 tep (1 tep = 42 GJ).

Bien que le blé produise moins à l'hectare que la betterave, il présente l'avantage de pouvoir être travaillé toute l'année (stockage à sec), ce qui n'est pas le cas de la betterave, disponible deux mois par an, ce qui cause des problèmes pour la continuité du fonctionnement des usines et pour le retour sur investissements.

Le calcul de la production énergétique nette doit prendre en compte l'ensemble du cycle du champ à la pompe. L'énergie dépensée pour la distillation représente la part principale des pertes lors du passage de l'énergie brute à l'énergie nette. Il faut également tenir compte des autres dépenses du cycle de fabrication, ainsi que celles qui sont associées à la seule culture (estimation entre 0,2 et 0,4 tep/ha pour les machines agricoles, les transports, les engrais, etc.).

Pour la canne à sucre, une grande part de l'énergie est fournie par le sous-produit, la bagasse. Cette dernière est brûlée et produit de la vapeur et de l'électricité. En outre, comme c'est le cas au Brésil, une partie importante des activités, comme la coupe, reste manuelle, ainsi les dépenses énergétiques imputables aux machines se trouvent-elles réduites. Mais, en toute logique, ne faudrait-il pas imputer l'énergie que représente la nourriture des hommes, lorsque les bras humains remplacent les machines ?

Le blé et la betterave font essentiellement appel à de l'énergie extérieure, les productions énergétiques nettes sont donc beaucoup plus faibles.

Nous verrons que la détermination du rendement net conduit à des résultats très différents selon la façon d'affecter une partie de l'énergie dépensée aux sous-produits, dits aussi coproduits. Ces derniers peuvent représenter des quantités importantes ; par exemple, pour une tonne de biocarburant produite, c'est 1 à 2 tonnes de coproduits utilisables pour nourrir les animaux.

Le résultat net sera très différent selon que l'on impute la totalité de l'énergie dépensée au seul produit éthanol, ou qu'au contraire la dépense énergétique est répartie proportionnellement aux masses de tous les produits, méthode dite au prorata des masses. Cette dernière règle conduit à ne prendre en compte qu'entre le tiers et la moitié des dépenses énergétiques totales. Par exemple, si pour une masse d'une tonne de biocarburant fabriqué est sortie 1,5 tonne de produits qui servira de nourriture aux animaux, ne seront affectés au biocarburant que 40 % (1/2,5) de l'énergie consommée. Ainsi, dans le cas du blé ou du maïs, les productions énergétiques nettes annoncées approchent ou dépassent 1 tep/ha.

En revanche, si la totalité des dépenses énergétiques (dont la distillation) est attribuée au seul éthanol, l'imputation au biocarburant vue ci-dessus passe de 40 à 100 %, et la production nette tombe à des valeurs très basses. **Certaines analyses montrent même un chiffre de production nette pratiquement égal à zéro pour le blé et conduisent à affirmer qu'il serait préférable d'utiliser directement le potentiel d'énergie thermique pour le blé plutôt que de l'utiliser dans la filière biocarburants**. Vaudrait-il mieux brûler directement les céréales dans une chaudière plutôt que de les transformer en agrocarburant ? Cette affirmation un peu provocante semble se vérifier pour le blé. Heureusement, elle ne s'applique pas à toutes les céréales !

Bien que la règle du prorata massique soit très souvent mise en avant par des organismes officiels et guide par ses analyses chiffrées des choix politiques, elle ne reflète pas vraiment la réalité. Il est en effet possible de nourrir directement les animaux à partir des plantes, sans passer par l'étape de la distillation, consommatrice d'énergie.

Sans affecter la totalité des dépenses énergétiques au seul biocarburant, une autre approche, dite de substitution, a été utilisée. Ne retenant que les dépenses nécessaires à la fabrication directe des coproduits, elle semble plus représentative de la réalité.

Le *tableau 7.1* (chiffres à ne prendre qu'à titre indicatif car ils sont très variables selon les terres et les modes de cultures) montre que les évaluations sur le potentiel réel des biocarburants de la filière éthanol peuvent être très différentes selon les approches, d'où les nombreuses polémiques.

	Production brute tep/ha	**Production nette (pro-masse) tep/ha**	**Production nette (substitution) ep/ha**
Betterave	3,5	2,01	0,67
Blé	1,6	0,92	0,19

Tableau 7.1 *Les productions à l'hectare*

Quelques données pour la betterave

- Production moyenne : 70 tonnes de betteraves à l'hectare ;
- une tonne de betteraves donnera 1 hectolitre d'éthanol (80 kg), soit 5 600 kg/ha ;
- pouvoir calorifique de l'éthanol : 26 800 kJ/kg, donc 150 GJ/ha ;
- la tep valant 42 GJ, nous trouvons le chiffre de 3,5 tep/ha pour la betterave.

L'étude commandée par l'Union européenne en 2004 (Conwave) confirme que la prise en compte de l'ensemble de la chaîne de production réduit fortement l'apport énergétique réel, avec, notamment, un rendement de 1,28 pour l'éthanol de betterave. Ce qui signifierait que pour produire 1,28 tep de biocarburant, il faudrait dépenser 1 tep de produit pétrolier. La part réelle renouvelable ne serait que de 0,28 tep.

Il est clair que l'approche massique, malheureusement la seule utilisée il y a quelques années et présentée pour justifier la filière, n'est pas valable.

L'ETBE

Si chez les principaux producteurs (Brésil et États-Unis), l'éthanol est directement incorporé à l'essence, en Europe (sauf en Suède) il est transformé en ETBE (Ethyl Tertio Butyl Ether), avant d'être mélangé à l'essence. Ce choix de l'ETBE vise à corriger les problèmes posés par l'éthanol mélangé à l'essence : accroissement de la volatilité, miscibilité à l'eau, compatibilité avec certains matériaux, etc.

L'ETBE est obtenu sur la base de la réaction : $C_2H_5OH + C_4H_8 \rightarrow C_6H_{13}OH$. 4 litres d'éthanol + 5 litres d'isobutène = 9 litres de ETBE (l'isobutène est liquide sous – 7 °C et a alors une densité de 0,63). L'isobutène, lui-même issu du raffinage pétrolier et de l'isomérisation du butane, est donc d'origine fossile Les caractéristiques de l'ETBE sont très proches de celles de l'essence (*tableau 7.2*).

	Essence	Éthanol	ETBE
Masse moléculaire	102	46	102
Pouvoir calorifique kJ/kg	42 690	26 800	35 880
Ron (indice d'octane) pouvoir antidétonant	95	11	117

Tableau 7.2 *Les caractéristiques comparées de l'essence, de l'éthanol et de l'ETBE*

Bilan CO_2 et effet de serre

Toute utilisation d'un produit issu de la biomasse permet un gain théorique sur les rejets de CO_2, puisque, s'il y a rejet de CO_2, celui-ci correspond à du gaz déjà fixé auparavant par la plante lors de sa croissance. Mais le cycle complet des biocarburants fait aussi appel à des combustibles fossiles, et l'ETBE ne contient que 44 % d'éthanol (plus des deux tiers du carbone contenu dans l'ETBE proviennent de l'isobutène). Le bilan réel ne peut donc être neutre. Il variera grandement selon l'affectation des coproduits déjà évoquée ci-dessus.

Le *tableau 7.3* fait le bilan des rejets de gaz carbonique, en affectant les rejets soit au prorata des masses, soit selon l'approche dite de substitution. Dans le premier cas, une grande partie des rejets est alors affectée aux coproduits servant notamment à la nourriture des animaux. Cette approche présente sous un jour très favorable l'éthanol issu des biocarburants de la première génération mais peut être considérée comme contestable.

	Affectation au prorata		**Affectation substitution**	
	Émissions	**Gain/essence**	**Émissions**	**Gain/essence**
Éthanol blé	35 g CO2/MJ	59 %	73 g CO2/MJ	15%
Éthanol betterave	33 g CO2/MJ	61 %	50 g CO2/MJ	41 %
ETBE Blé	63 g CO2/MJ	25 %	80 g CO2/MJ	6 %

Tableau 7.3 *Les rejets de gaz carbonique. Selon le mode d'affectation de l'énergie dépensée dans le cycle de fabrication de l'éthanol, ce tableau donne les rejets de gaz carbonique par énergie utile finale que pourra produire cet éthanol, ainsi que la baisse relative des rejets lorsque ce dernier se substitue à l'essence*

Si l'on rapporte les émissions de CO_2 à la même quantité d'énergie produite mesurée en MJ, nous obtenons les chiffres suivants : l'essence émet 85 g de CO_2 par MJ, l'éthanol blé 35 g/MJ, soit un gain de 59 % dans l'hypothèse du prorata masse coproduit. Mais ce gain n'est que 15 % dans l'hypothèse de l'affectation partielle (substitution). Pour l'ETBE blé, ce gain est limité à 25 % (63 g CO_2/MJ) dans l'hypothèse du prorata massique ; et il est de l'ordre de 6 % dans l'hypothèse de l'affectation partielle par substitution.

Dans tous les cas, le gain de l'ETBE est négligeable puisqu'à la perte liée à l'éthanol s'ajoute le mélange avec l'Ethyl Tertio Butyl Ether issu du butane.

Sachant que l'ETBE est, en Europe, la voie choisie pour l'utilisation de l'éthanol, la poursuite de cette filière mérite d'être discutée. Les arguments basés sur les rejets de gaz carbonique retenus antérieurement s'avèrent exagérément optimistes et ne peuvent être acceptés tel quels pour justifier des orientations de la politique agricole favorisant les cultures à destination des biocarburants de ce type.

Coûts

Les coûts de l'éthanol et de l'ETBE sont essentiellement fixés par le coût de la matière première agricole, par celui de l'isobutène et, enfin, celui de l'énergie apportée. Il faut noter que les coûts de ces derniers (isobutène et énergie) sont en grande partie indexés sur celui du pétrole.

La valeur du poste matière première agricole est le prix du marché et fait face notamment à la concurrence des besoins de l'industrie alimentaire. Il est clair, comme cela a déjà été constaté et expliqué dans le *§ 7.2*, que l'accroissement des besoins à destination de la filière biocarburants conduit à l'augmentation du coût de la matière première. À l'avenir, ce coût des matières premières est appelé à croître.

Il faut également beaucoup d'énergie pour produire les biocarburants de la filière éthanol. Le prix du biocarburant va donc dépendre du prix de l'énergie externe et donc, en grande partie, de celui du pétrole. Seule la canne à sucre échappe à cette sujétion énergétique dans la mesure où l'énergie autre est en grande partie fournie par la bagasse ou les bras de l'homme.

En Europe, l'éthanol issu de la betterave a un coût de revient se situant entre 0,4 et 0,6 € le litre. Compte tenu des différences de pouvoir calorifique, il faut multiplier ce chiffre par 1,6 pour avoir le coût en équivalent litre d'essence. Ceci donne entre 0,64 et 1 € le litre d'équivalent essence. Avec un baril de pétrole à 60 $ et 1 euro à 1,4 dollar, le prix de revient du litre d'essence est de 0,32 €. Il y a environ 0,5 € d'écart par litre. Au prix actuel des matières premières agricoles, l'égalité des coûts pourrait être obtenue avec un prix du baril proche de 130 $. Mais il faudra probablement aller un peu au-delà, car le prix des matières premières a déjà augmenté et aura encore plus tendance à croître du fait de la concurrence avec les besoins alimentaires. Il y a donc un surcoût d'un facteur 2 environ et il faudrait que le baril soit un peu près à 150 $ (ce qui s'est déjà produit en 2008) pour assurer la concurrence hors subventions en faveur des biocarburants. En conséquence, ceci justifie le maintien de la filière à un niveau réduit. En attendant, seules des aides fiscales, agissant sur les taxes pour un montant allant jusqu'à environ 0,7 €/l, permettent la mise sur le marché de ce type de carburant.

7.4.2. Le biodiesel et l'EMHV

De la plante à l'EMHV

De l'huile pure est obtenue, après trituration (broyage par friction), en pressurant les graines d'oléagineux (colza, tournesol, soja, palme, jatropha, etc.) et filtration. Le raffinage de l'huile comprend essentiellement des opérations de lavage.

Les actions pour obtenir de l'huile à partir des graines nécessitent peu d'énergie, beaucoup moins que pour la production d'éthanol. Il faut par exemple 2,25 MJ/kg d'huile pour les opérations de trituration, d'extraction et de raffinage, pour une énergie finale de 39 à 40 MJ/kg, soit au total environ 7 % du potentiel énergétique final.

Des huiles végétales ont pu être utilisées directement comme carburant diesel, mais ceci a des limites, qui se sont accentuées avec l'évolution des moteurs et les exigences de contrôle des rejets. Les principales limites portent sur la viscosité à froid, le délai d'auto-inflammation (indice de cétane), les dépôts (notamment à l'injection) et, enfin, la qualité des émissions (pollution locale). Elles ont conduit à ne pas retenir l'utilisation directe (sauf dans les tracteurs aux chambres de combustion modifiées), mais à passer par un produit comme les EMHV.

Les EMHV (Esters Méthyliques d'Huiles Végétales) résultent de la réaction de l'huile végétale, constituée de triglycérides, avec le méthanol : CH_3OH. Ce méthanol est un des produits de la chimie organique les plus fabriqués au monde ; il est essentiellement obtenu à partir du gaz de synthèse ($CO + H_2$), qui l'est lui-même à partir du méthane ou d'hydrocarbures. Ceci donne des esters méthyliques d'acides gras (R-COOH) et du glycérol ($C_3H_8O_3$). Une tonne d'huile + 100 kg de méthanol → 1 tonne de biodiesel + 100 kg de glycérine. La glycérine est le sous-produit de la réaction. Elle est actuellement très utilisée en produits de soins, en pharmacie et dans la fabrication de résines. Si sa production augmente à l'avenir avec le développement du biodiesel, le problème de son utilisation pourrait se poser, et il faudrait trouver de nouvelles valorisations à ce coproduit.

Globalement, le bilan de la chaîne du colza s'exprime ainsi :

Colza (3 500 kg) → trituration → huile (1 320 kg) + méthanol (155 kg) → 1 500 litres de biodiesel + 155 kg de glycérine + tourteaux (2 180 kg), ceux-ci constituant un excellent apport alimentaire animal.

Les caractéristiques des EMHV sont très proches de celles du gazole, comme indiqué dans le *tableau 7.4* pour le colza.

	Gazole	**Huile de colza**	**Ester de colza**
Masse spécifique kg/m³	820-860	920	880-885
Viscosité	2-4,5	30,2	4,5
Indice de cétane*	49	35	50

Tableau 7.4 *Propriétés physiques du gazole et des liquides obtenus à partir de la filière colza*

**Indice de cétane : aptitude à l'allumage (retard)*

La réaction d'estérification nécessite un catalyseur. Différents types de catalyseurs sont utilisables : basiques, acides ou autres alcoolates de méthanol, oxyde de métaux, etc. Les procédés peuvent être discontinus : mélange dans un réacteur avec agitation, mise en température et pression, ajout de la solution catalytique et maintien en l'état une heure. Avec l'accroissement des tailles d'unités, les procédés sont plutôt continus. De nouveaux développements utilisent la catalyse hétérogène, qui supprime quasiment tout rejet polluant.

Production et rendements

La production de biodiesel était, il y a encore quelques années, une spécificité européenne. Ceci s'explique par l'importance du parc de base des diesels en Europe (60 % de la consommation de carburants), d'où l'orientation vers l'agrocarburant le plus proche du gazole. En 2008, le premier producteur de biodiesel était l'Allemagne avec 2,5 Mtep. Mais cette production était en baisse par rapport à l'année 2007 (2,9 Mtep). Cette première baisse significative dans le domaine des renouvelables est une conséquence directe de la réduction des aides fiscales, ce qui montre la fragilité de ces marchés fortement aidés. La France, toutefois, voit sa production croître à 2 Mtep (1,2 Mtep en 2007). Pour l'ensemble de l'UE des 27, la production est de 7,9 Mtep.

Deux pays, la Malaisie (17 millions de tonnes d'huile) et l'Indonésie (19 millions de tonnes d'huile), par de vastes programmes de défrichement des forêts tropicales, ont récemment pris une place considérable sur le marché des huiles de palme. Étant donné que ces dernières sont destinées à toutes sortes d'usages, dont l'industrie alimentaire, il est difficile de chiffrer la part qui revient aux biocarburants en provenance de ces pays. Cette part était très faible, de 0,3 % environ, il y a quelques années ; elle a dû fortement croître depuis.

Les productions annuelles d'huile mesurées en masse et en équivalent d'énergie brute (hors besoins en fabrication) rapportées à l'hectare sont de :

- pour le colza : 1,2 à 1,3 t/ha (1,1 à 1,2 tep/ha) + 1,8 t de tourteaux ;
- pour le tournesol : 0,7 à 0,8 t/ha (0,66 à 0,75 tep/ha) + 0,6 t de tourteaux ;
- pour des plantes plus « exotiques », les productions peuvent être beaucoup plus importantes ; par exemple, pour la palme : 6 à 7 t/ha, d'où son succès déjà mentionné, en Indonésie et en Malaisie.

Les niveaux de productions nettes d'huile sont moins sujets à débat que dans le cas de l'éthanol (*voir § 7.4.1*), car les besoins énergétiques pour passer de la graine à l'huile sont relativement plus faibles. En définitive les productions nettes sont d'environ 0,9 tep/ha pour le colza et 0,6 tep/ha pour le tournesol.

Si des gains significatifs sont à espérer, il faut les rechercher, non pas dans les procédés de fabrication, mais plutôt dans les rendements de la production sur pied ; d'où le succès actuel de plantes comme le palmier et les perspectives sur les OGM. Des recherches sont menées sur d'autres plantes comme le jatropha, dont la graine, aussi appelée noix de Barbade, pourrait fournir dans des zones très arides jusqu'à 600 à 1 800 litres d'huile à l'hectare : une bonne solution pour mettre en valeur des terres jusque-là considérées comme incultes.

Bilan CO_2

En ce qui concerne les émissions de CO_2, il faut inclure celles qui proviennent de la production de méthanol, celles qui sont liées aux dépenses énergétiques associées à l'agriculture (sans oublier les engrais) et, enfin, celles qu'implique le processus industriel, ce dernier étant peu énergivore.

Rapportées à la même quantité d'énergie produite, alors que le gazole émet 80 g de CO_2 par MJ, les émissions des EMHV issues du colza sont de 23 g par MJ, soit un gain de 70 % en prenant l'estimation du prorata massique des coproduits. Ce gain retombe à 43 % avec l'affectation de substitution. Quelle que soit l'hypothèse retenue, le gain vis-à-vis des rejets de CO_2 est, dans tous les cas, plus élevé avec les biodiesels qu'avec l'éthanol.

	Affectation au prorata Émissions Gain/gazole	Affectation substitution Émissions Gain/gazole
EMHV colza	23 g CO2/MJ 70 %	45 g CO2/MJ 43 %

Tableau 7.5 *Biodiesel, les rejets de gaz carbonique (*Voir tableau 7.3 *: les modes d'affectations)*

Coûts

Le prix du biodiesel est essentiellement fixé par celui de la matière première, qui représente jusqu'à 80 % du prix total. Pour les EMHV, les prix obtenus en Europe à partir du colza sont environ de 600 €/t, soit 0,53 €/l. En équivalent gazole, ce coût remonte à 0,56 €/l (en retenant qu'il faut 1,06 litre d'EMHV pour produire la même énergie qu'un litre de gazole). Un parallèle peut être opéré avec le prix du gazole, qui pour un baril de pétrole à 60 $ revient à 0,35 €/l. La situation est plus favorable que pour l'éthanol. Au prix actuel des matières premières agricoles, l'égalité des coûts biodiesel/diesel fossile pourrait être obtenue avec un baril à 106 $.

L'application éventuelle d'une taxe carbone, en pénalisant le gazole, favoriserait le biodiesel. Sur la base des gains calculés par la méthode de substitution, pour chaque MJ produit, ce sont 35 g de gaz carbonique qui ne sont pas rejetés. Ceci représente un surcoût assez négligeable de 0,022 €/l si l'on se base sur le taux de 17 €/t de gaz carbonique, taux qui serait appliqué les premières années d'entrée en vigueur de la taxe. Ce surcoût gazole s'élèverait à 0,13 € par litre si la taxe carbone atteignait 100 €/t de gaz carbonique (*voir § 2.4*). Dans ce dernier cas, l'équilibre des coûts avec le gazole serait réalisé pour un baril à 77 $, valeur qui devrait être dépassée à l'approche du Peak Oil (*voir § 1.2.1*). Mais cette taxe carbone sera-t-elle mise en place ?

Au total, la filière biodiesel, plus que la filière éthanol, présente donc de nombreux atouts. Les limitations peuvent-elles venir de la disponibilité des terres ?

Biocarburants de première génération et disponibilité des terres

Pour fixer les ordres de grandeur, situons déjà la place relative, mesurée en surface cultivée, que prennent à ce jour les biocarburants en France, et voyons comment l'objectif européen de 5,75 % de biocarburants pour l'année 2010 pourrait être atteint.

Le *tableau 7.6* indique : pour 2004 (année qui suit la parution de la directive européenne pour accroître la production de biocarburants), les surfaces consacrées à l'ensemble des cultures annuelles ainsi qu'aux prairies et aux forêts, et parmi les cultures annuelles, les surfaces de cultures spécifiques des plantes pouvant entrer dans les filières des biocarburants ; pour cette même année 2004, les surfaces dédiées aux seuls biocarburants ; pour l'année 2010, un exemple des surfaces qui pourraient produire 2,8 Mtep, répondant ainsi à l'objectif européen d'un taux d'intégration de 5,75 % de biocarburants ; et enfin le bilan énergétique en biocarburants correspondant.

	Sole ha année 2004	**Sole bio ha 2004**	**Sole bio ha 2010**	**Énergie Mtep (brut) 2010**
Toutes cultures	15 000 000	410 000	2 230 000	
Prairies	10 000 000			
Forêts	15 000 000			
Betterave, blé	5 430 000	130 000	330 000	0,6
Oléagineux	1 500 000	280 000	1 900 000	2,2
Total éth + oléag.	6 930 000	410 000	2 230 000	2,8

Tableau 7.6 *Les surfaces agricoles, objectif 5,75 % pour 2010*

Si nous regardons l'apport réel des biocarburants, il faut rappeler que le taux d'intégration visé de 5,75 % est un taux énergétique brut. Ce taux brut ne prend pas en compte les dépenses énergétiques entrant dans la fabrication. Si celles-ci sont modérées pour le biodiesel, elles sont élevées pour l'éthanol et l'ETBE. Le bilan net 2010 donnerait 1,9 Mtep (3,4 %, et non 5,75 %), calculé sur la base du prorata massique ; et seulement 1,5 Mtep (2,8 %, et non 5,75 %) en adoptant la répartition de substitution, plus proche de la réalité.

Globalement, pour répondre à l'objectif de 5,75 %, il faudrait, avec les deux filières classiques, mettre environ 2,2 millions d'hectares en cultures spécifiques biocarburants, soit plus que la surface mise en jachère (dans l'Union européenne, la jachère porte sur 10 % des surfaces). Les besoins relatifs, s'ils restent limités pour le blé (5,4 % de la sole), sont en revanche déjà significatifs pour la betterave (14 % de la sole) et deviennent très importants pour les oléagineux

Si des améliorations de rendements agricoles sont possibles sans pour autant recourir à plus d'engrais ni à plus d'irrigation, il est néanmoins clair qu'une compétition avec les utilisations alimentaires des terres agricoles est probable. Sauf généralisation de l'usage des OGM et un empiétement sur les prairies, l'affectation de 20 % des terres cultivées aux biocarburants semble la limite. Ceci donnerait 4 à 5 millions d'hectares consacrés aux biocarburants.

Aller au-delà en empiétant sur les prairies conduirait à modifier nos habitudes alimentaires carnées. Rappelons qu'il faut 50 fois plus de surface agricole pour produire 1 kg de bœuf que pour produire 1 kg de blé.

Avec un rendement net annuel de 1 tep/ha, l'apport serait de 4 à 5 Mtep. C'est peu et il faut impérativement trouver d'autres moyens de production de biocarburants.

7.5. Nouvelles filières en développement, dites de seconde génération

Les limites des agrocarburants (ou biocarburants) de première génération ayant été soulignées, l'accent est mis sur une nouvelle voie prometteuse : celle dite de deuxième génération. Elle se caractérise par l'utilisation de la biomasse lignocellulosique, qui part de la plante entière comme matière première au lieu de n'en utiliser que les graines ou les tubercules comme c'est le cas pour les agrocarburants de première génération.

7.5.1. Les matières premières pour la deuxième génération

Le périmètre des ressources mobilisables ainsi élargi peut englober des résidus d'origine agricole (pailles des céréales, etc.), d'origine forestière (taillis, produits de première éclaircie, produits d'élagage et d'émondage, etc.) et des sous-produits des industries associées. Il est également envisageable de s'orienter vers des arbres à courtes rotations (peupliers, eucalyptus, etc.) ou vers des cultures dédiées annuelles comme les taillis, ou encore vers d'autres plantes moins connues comme le miscanthus (plante herbacée vivace, dont certaines espèces sont appelées herbes à éléphants). Ce dernier, en France, pourrait donner des rendements annuels d'au moins 12 t/ha (*voir § 3.1.3*) et permettre une récolte annuelle pendant une période d'au moins 10 ans à partir d'un même et unique plant.

Le développement de ces produits de seconde génération éviterait la compétition avec la filière alimentaire, favoriserait la maîtrise des coûts des matières premières et limiterait la production de sous-produits qui n'ont pas toujours des débouchés. Dès à présent, certains résidus sont utilisés comme source d'énergie directe en combustion ; l'exemple type est la bagasse de la canne à sucre.

En France, le gisement potentiel de biomasse lignocellulosique est important. Toutefois, seule une fraction des déchets agricoles peut être récupérée : en effet, il faut en laisser sur le champ car ils servent à préparer les sols pour les récoltes suivantes. Néanmoins, une partie de ces déchets pourrait être affectée directement à la production d'énergie (électricité et chaleur, *voir § 3.1.10*) ; et une autre partie pourrait entrer dans la production de biocarburants dans le cadre des nouvelles filières.

La matière première se trouve dans les parois cellulaires des plantes, dont les principaux constituants sont indiqués dans le *tableau 7.7*.

	Cellulose	Hémicellulose	Lignine
Paille de blé	33-43 %	20-25 %	15-20 %
Bois tendre	35-40 %	25-30 %	27-30 %
Bois dur	45-50 %	20-25 %	20-25 %

***Tableau 7.7** Compositions relatives des différentes matières premières lignocellulosiques. La cellulose est un homopolymère linéaire d'hexoses (sucres en C6), les hémicelluloses sont composées de pentoses (sucres en C5), d'hexoses et d'acides uroniques ; la lignine est un polymère fortement réticulé de composés aromatiques*

Les filières de transformation de ces composés sont en cours de développement. Pour certaines, le stade semi-industriel est atteint ; mais il reste encore quelques verrous technologiques à lever. Ces filières comprennent principalement deux familles : la voie thermochimique (voie sèche) et la voie biochimique (voie humide).

7.5.2. La voie thermochimique de production de deuxième génération

Dans la voie thermochimique, dite aussi voie chaude, la matière lignocellulosique est décomposée par la chaleur. En température, ses constituants se décomposent en phases solide (charbon), liquide (huiles) et gazeuse ; la part relative de ces deux dernières croissant avec la température de réaction. Selon la température finale, les vitesses de variation de cette température et la présence ou non de gaz de réaction, différents produits sont obtenus, dont certains sont aptes à être transformés en biocarburants.

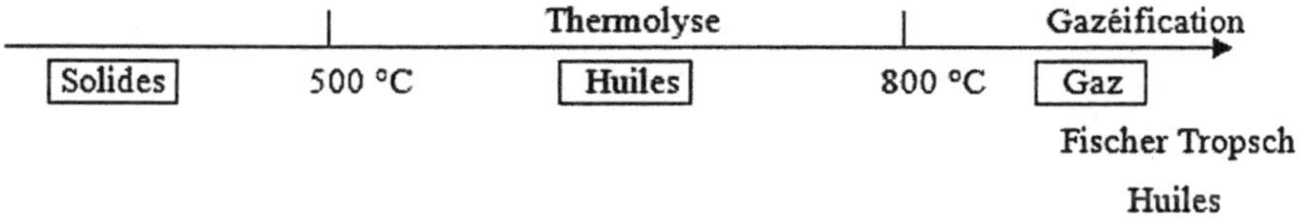

Figure 7.1 *Pyrolyse de la biomasse : produits obtenus en fonction de la température*

La gazéification

Pour les températures les plus élevées, le procédé est une gazéification. L'essentiel de la biomasse se transforme en un mélange gazeux appelé gaz de synthèse ($CO + H_2$), qui sera accompagné d'impuretés gazeuses, dont : CH_4, CO_2, H_2O. La gazéification est réalisée à des températures élevées (1 000 à 1 500 °C), en présence d'un réactif : air, vapeur d'eau (oxydation partielle ou vaporeformage). Les techniques envisagées s'inspirent de celles retenues pour la gazéification du charbon. Les réactions en jeu sont très endothermiques : la consommation porte sur environ la moitié de l'énergie potentielle. Mais les énergies nécessaires sont en général fournies par une combustion partielle des masses carbonées (autothermie), avec injection d'air ou d'oxygène. Ceci donne donc, en plus des gaz recherchés, du CO_2 et de l'eau (H_2O), que l'on séparera.

Après purification, le gaz de synthèse peut être transformé en hydrocarbures en présence de catalyseur, selon la technique Fischer Tropsch. Cette technique a été développée en Allemagne dans les années 1920 et fut, ces dernières décennies, très utilisée en Afrique du Sud pour produire un carburant du type gazole, le CTL (Coal to Liquid), à partir du charbon. Son application s'étend pour produire du carburant liquide le GTL (Gaz to Liquid), à partir du gaz naturel. Le Qatar, très riche en réserves de gaz naturel, commence ainsi à le valoriser comme un substitut du pétrole. La synthèse Fisher Tropsch permet de produire des hydrocarbures de type paraffinique : C_nH_{2n+2}, de haute qualité pour le moteur Diesel.

Le rendement massique, qui exprime le rapport de la masse équivalent pétrole produit sur la masse sèche initiale, est à ce jour d'environ 20 % (0,2 tonne de biocarburant produit pour 1 tonne de matière organique ; 0,8 tonne servant à l'autoconsommation).

En faisant appel à d'autres sources d'énergies externes (allothermie), des rendements massiques au-delà de 40 % pourraient être espérés. Par cet apport d'énergie externe, au lieu de produire 1 tep en consommant une partie de la biomasse pour fournir la chaleur nécessaire, il serait possible, à partir de la même quantité de biomasse, de produire 2 tep de biocarburant en apportant 1 tep d'énergie extérieure (par exemple, 11 MWh d'électricité).

Nous pourrions aller plus loin en « enrichissant à l'hydrogène ». En effet, la proportion d'hydrogène par rapport au carbone est plus faible dans la plante que dans les hydrocarbures. La plante est en $C_6H_9O_4$, c'est-à-dire qu'il y a 3 atomes d'hydrogène pour 2 de carbone ; alors que, dans les hydrocarbures, il y a 2 atomes d'hydrogène par atome de carbone, soit 4 atomes d'hydrogène pour 2 de carbone. Il est donc possible de mieux utiliser le carbone de la plante en apportant de l'hydrogène. Ainsi, le rendement matière théorique peut atteindre 58 % et le rendement pratique 40 à 50 %. Avec 1 tonne de matière première et un apport d'hydrogène, il serait possible de produire 0,4 tonne de carburant liquide ayant les caractéristiques d'un carburant pétrolier. Mais comme il faut de l'énergie pour produire de l'hydrogène, le bilan global n'est pas bon. Cependant, que ne ferait-on pas pour obtenir, par tous les moyens, un équivalent pétrole pour nos déplacements ?

Dans les deux cas (apport d'énergie externe ou d'hydrogène), il est clair que si l'objectif est de réduire au maximum la dépendance vis-à-vis des combustibles fossiles ainsi que les rejets de gaz carbonique, il faut que ces apports ne proviennent ni de la biomasse elle-même (moins d'autoconsommation) ni des énergies fossiles. Pour cela, l'électricité produite à partir de sources d'énergie non émettrices de gaz à effet de serre, comme le nucléaire ou les renouvelables (hydraulique, éolien, solaire), est un vecteur à retenir.

La thermolyse

Dans la thermolyse, la décomposition s'effectue à des températures plus basses et en absence d'oxygène et conduit à la production des trois phases : solide, liquide et gazeuse. L'importance respective de ces phases sera fonction du niveau de température finale et de la vitesse de variation de cette température :

- dans la thermolyse lente, des basses températures et un long séjour favorisent la formation de solide (charbon) au détriment des deux autres phases ;
- dans la thermolyse rapide ou flash, des températures plus élevées (entre 450 et 650 °C) et des courts séjours (quelques secondes) favorisent la production d'huiles. Des huiles assez lourdes (densité 1,2) et visqueuses peuvent être utilisées directement comme combustible, mais des progrès sont indispensables ;
- des procédés intermédiaires peuvent donner à la fois du solide (le Carbor, proche du charbon) et des gaz.

Potentiel de production de la voie thermochimique

Pour déterminer ce potentiel, nous allons examiner deux domaines, celui des terres agricoles et celui de la forêt.

• *Terres agricoles*

En France, l'ensemble des résidus agricoles (pailles, tiges, etc.) est estimé à 110 millions de tonnes par an, laissés sur champ et éventuellement brûlés au sol. Ils présentent un contenu énergétique moyen d'environ 10 à 12 GJ/t (1 tep : 42 GJ). Même en supposant que seulement 20 % soient récupérables, soit 22 millions de tonnes de matière sèche, le potentiel énergétique reste néanmoins important. Avec un rendement massique de 20 %, cela donnerait environ 4,5 Mtep de carburant. Cette production viendrait s'ajouter aux 4 à 5 Mtep de la première génération, pour aboutir à un total de 9 Mtep par an.

• *Forêt*

L'exploitation de la forêt est à ce jour loin d'être complète (*voir § 3.1.3*). Sur une production d'environ 110 Mm^3 par an, seuls 51 sont récoltés. Dans le futur, par les effets cumulés d'une exploitation complète et d'un meilleur choix des essences (arbres à croissance rapide : eucalyptus, peupliers, saules, aunes, etc.), il est possible d'obtenir 150 Mm^3/an. En prenant en compte les pertes par mortalité et les difficultés des récoltes, en montagne notamment, nous aboutissons à une fourniture potentielle de 130 Mm^3, soit sensiblement 80 de plus qu'actuellement. La part du bois énergie pourrait atteindre 90 Mm^3, soit 66 millions de tonnes, ce qui représenterait 19 Mtep en chaleur directe. Ceci correspondrait à un doublement de la production énergétique du bois, à répartir entre le bois de chauffe (bûches, plaquettes, granulés) et les biocarburants. Le bois de chauffe devant demeurer prépondérant, seule la partie restante pourrait être additionnée aux résidus agricoles. Mais cette partie restante, que serait-elle ? Ne serait-on pas là face à un autre dilemme : se chauffer ou se déplacer ? Si la part du chauffage bois doublait, ce qui pourrait être un objectif pour réduire la part des combustibles fossiles dans le chauffage, il ne resterait pratiquement rien pour la filière biocarburants de deuxième génération.

Cette situation pourrait être modifiée si les essais en cours sur le miscanthus ou sur d'autres plantes s'avéraient fructueux. Ce serait toute la stratégie de répartition des types de cultures destinées aux biocarburants qui devrait être revue, en remplaçant par exemple toutes les surfaces de première génération par le miscanthus ou une plante équivalente. L'apport global biocarburant pourrait ainsi s'élever à un total net de 12 Mtep par an.

Bilan CO_2 de la voie thermochimique

Le bilan est particulièrement favorable puisque, rapporté à la même quantité d'énergie produite, le gain en rejets de CO_2 par rapport au gazole peut être de 90 % pour une même quantité d'énergie fournie (environ 7 g de CO_2/MJ, au lieu de 80 pour le gazole). Il faut rappeler l'importance de l'autoconsommation directe.

7.5.3. Voie biochimique

Cette voie met en œuvre des transformations biologiques de la matière lignocellulosique à des fins énergétiques. Un parallèle peut être fait avec la voie qui, partant des plantes sucrières, aboutit à l'éthanol. Schématiquement, les opérations comprennent successivement un prétraitement, une hydrolyse, qui produira des sucres, une fermentation pour la transformation en éthanol, et enfin une distillation. Cette filière nouvelle est porteuse de grands espoirs.

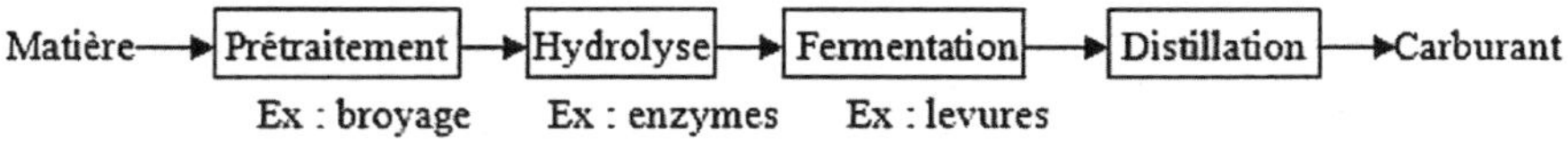

***Figure** 7.2 Les opérations de la voie biochimique*

L'hydrolyse, en dépit du prétraitement, reste une opération difficile. Elle peut être chimique (acide ou basique) ou enzymatique. Pour que le procédé soit efficace, il est nécessaire d'améliorer les enzymes. Ces enzymes permettent de libérer le sucre, qui sera fermenté par des levures adaptées aux nouvelles ressources utilisées. Le coût des enzymes est l'obstacle principal au développement de cette filière. Le projet Futurol est l'emblème de cette recherche. L'objectif de ce projet est d'aboutir, après la construction du prototype (2013-2016), à la mise en place en 2016 d'une filière industrielle complète (de la production de la ressource à la distribution de l'éthanol, en passant par la production d'enzymes et de levures).

7.6. La troisième génération

La deuxième génération n'en est encore qu'à ses balbutiements que déjà nous parlons de la troisième génération ! Il ne s'agit plus ici de biomasse terrestre, mais de biomasse aquatique. Tout repose sur les algues qui n'ont besoin, pour se développer et stocker des lipides dans leurs cellules en conditions de culture maîtrisée, que de lumière solaire, de CO_2, de phosphate, d'azote et d'eau contenant des oligo-éléments. Ces cultures d'algues peuvent être réalisées en bassin ouvert comme en réacteur fermé, en eau douce comme en eau de mer, selon les espèces. Des productivités en biomasse de 30 à 80 tonnes de matière sèche à l'hectare par an sont espérées. Mais tout reste à faire, il s'agit là d'une filière à suivre.

7.7. Récapitulatif biocarburants

Les perspectives de pénurie de pétrole (avec en corollaire l'accroissement probable de son coût) et l'importance de limiter les rejets de gaz carbonique dans l'atmosphère conduisent à développer la production de biocarburants pour répondre, au moins partiellement, aux besoins de mobilité.

Partant des filières actuelles, basées sur l'agriculture classique à partir des céréales et des oléagineux, il est déjà possible d'accroître la production. Mais face à la concurrence des besoins alimentaires, les possibilités sont limitées à quelques pour cent (6 % pour la France) des besoins actuels de la mobilité. C'est très peu, alors que ces besoins risquent d'augmenter. Pour aller au-delà, une première étape passe par le développement de nouvelles filières traitant les résidus d'origine agricole et forestière. De grands espoirs, encore à confirmer, se portent sur de nouvelles plantes comme le miscanthus. Globalement, une production annuelle approchant les 12 Mtep pourrait être obtenue, soit un peu moins du quart de nos besoins actuels en matière de mobilité. D'autres voies sont ouvertes, comme celles qui se tournent vers la mer et les algues, domaines dans lesquels les recherches en sont à leurs débuts.

La consommation énergétique pour produire ces biocarburants est importante et souvent en autoconsommation. En faisant appel à de l'énergie externe, il est possible de réduire cette autoconsommation et augmenter la production de biocarburants, uniquement dans le cas où ces sources externes ne sont pas elles-mêmes émettrices de gaz à effet de serre. **Ce choix permettrait d'aboutir à la production d'environ 16 Mt de biocarburants par an, soit à peu près 30 % de nos besoins actuels de mobilité.** Pour cela, il faudrait un apport extérieur d'énergie de 5 Mtep, ce qui est réalisable à partir de 60 TWh d'électricité (11 % de la production française actuelle).

8. L'énergie éolienne

8.1. Des moulins à vent aux parcs d'éoliennes

Comme nous l'avons expliqué dans le *§ 2.1*, les moulins à vent ont connu leur plein essor en Europe aux XIIe et XIIIe siècles. Ils étaient alors une source d'énergie pour moudre le grain et pour pomper de l'eau. Les moulins qui assèchent les polders hollandais (*polder* signifiant « terre endiguée ») en sont l'illustration à grande échelle. Cette situation privilégiée des moulins à vent perdurera jusqu'à l'ère industrielle, époque où la machine à vapeur, et plus tard le moteur électrique, les remplaceront : ils étaient par trop dépendants du vent, et la nouvelle société industrielle avait besoin d'une énergie constante.

Des tentatives ont été faites pour adapter le moulin à vent traditionnel à la production d'électricité. En association avec des batteries, alors en plein développement, cette formule permettait de faire face à l'intermittence des vents et donc de la production. Mais elle restera cantonnée à quelques sites isolés et à la satisfaction des besoins domestiques. Malgré ces tentatives, les vieux moulins à vent se sont tus. Sur nos collines, leurs silhouettes ont bien souvent perdu jusqu'à leurs ailes, et ne font plus que témoigner d'un temps où le mistral et la tramontane faisaient tourner les meules. Mais on ne renonça pas pour autant à utiliser la force du vent. Les recherches se sont poursuivies et ont permis peu à peu d'aboutir à ces moulins à vent des temps modernes que sont les éoliennes. Ainsi, dans les années 1950-1960, des machines d'une puissance approchant le mégawatt sont apparues en France au titre d'essais ; mais elles ne donnèrent lieu à aucune percée industrielle.

Il faudra attendre les années 1970 et le premier choc pétrolier pour que la technique connaisse un brusque réveil. L'étincelle vint du Danemark, pays particulièrement venteux et favorisé par la proximité de la mer, qui se spécialisa dans cette technologie. Puis l'éolien s'est propagé vers le pays voisin, l'Allemagne, où il s'est amplifié avec l'arrivée des *Grünen* (les Verts) dans la coalition gouvernementale et avec le choix politique de sortie du nucléaire. C'est surtout grâce à des tarifs liés aux fortes subventions, à son image vertueuse et à l'espoir que son développement industriel réussisse à en faire baisser les coûts, que l'énergie éolienne s'est développée.

Plus de 30 ans après le premier choc pétrolier et en dépit du contrechoc, l'étincelle ne s'est pas éteinte. **Partant pratiquement de zéro, cette technologie connaît un développement fulgurant, puisque fin 2009 sa puissance installée mondiale est de 158 GW** (milliards de watts). En comparaison, la puissance installée hydraulique est à la même date de 715 GW, soit seulement 4,5 fois plus que celle de l'éolien. L'accroissement annuel de ce dernier est de + 37,5 GW, soit trois fois plus que celui de l'hydraulique, qui est de + 12 GW (*voir § 4.3*). Il faut toutefois noter que cette comparaison doit être pondérée par un facteur 2 si l'on se réfère à l'énergie produite, puisque le facteur de charge moyen de l'éolien n'est que de 0,28, alors qu'il est de 0,44 pour l'hydraulique.

8.2. Le vent

Le vent peut passer d'un extrême à l'autre. Ce peut être celui des tempêtes de décembre 1999, avec des pointes à 170 km/h relevées dans le Centre de la France, ou celle de la dernière tempête Klauss en janvier 2009 dans le Sud-Ouest, avec des vents à 160 km/h. Mais ce sont aussi, en situation anticyclonique, des périodes de plusieurs semaines de calme plat se traduisant par la stagnation de l'air au-dessus des villes et l'absence de dispersion des pollutions.

Ces variations parfois extrêmes ont pour origine l'énergie solaire, dont l'effet est modulé par la rotation de la Terre et affecté par de multiples paramètres comme la présence des océans, la nature des sols, etc. Ramenée à l'échelle de la Terre, l'atmosphère terrestre n'est qu'une fine pellicule de gaz. Même si la limite de ces gaz se situe vers l'altitude de 150 km, ils se concentrent surtout en partie basse, la moitié de l'atmosphère se trouvant en deçà de 5 km. Mais cette pellicule, bien que nous l'ayons qualifiée de fine, représente une masse totale gigantesque de 6 millions de milliards de tonnes qui donneront, si elles sont mises en mouvement, des énergies considérables et dévastatrices. Peut-on récupérer une fraction de cette énergie ? Tel est l'objectif des éoliennes.

Ces mouvements de masses d'air que traduisent les vents sont liés à des gradients de pression. La pression en un point est due à la masse de la colonne d'air située au-dessus. La pression atmosphérique au niveau de la mer, qui est d'environ 1 bar (ou 1 kgf/cm^2 ou 1 000 hPa [1 Pa = 1N/m^2]), représente ainsi le poids de cette colonne d'air de plusieurs kilomètres de hauteur, dont la masse spécifique à la base est de 1,3 kg par m^3, ce qui n'est grand-chose au mètre cube, mais qui cumulé finit par peser.

En se dilatant, tout gaz voit sa masse spécifique diminuer. Cette propriété se décline dans la loi des gaz parfaits, dite loi d'Avogadro : $p.v = n.R.T$, avec la relation de la masse spécifique $\rho = m/v$. (p : pression en Pascal, N/m^2 ; v : volume en m^3 ; n : nombre de moles ; R : constante des gaz parfaits, 8,31 J/K·mole ; T : température en degré Kelvin ; ρ : masse spécifique en kg/m^3). Le poids de la colonne atmosphérique et par conséquent la pression varient selon la température, et donc selon la quantité de chaleur reçue du soleil. Compte tenu de l'incidence différente d'arrivée des rayons du soleil sur le globe terrestre (angle normal-perpendiculaire pour l'équateur et rasant pour les pôles), ces quantités de chaleur ne sont pas les mêmes à l'équateur qu'aux pôles. Des écarts de température de quelques dizaines de degrés existent. Si la Terre ne tournait pas sur son axe, la circulation pour équilibrer ces écarts de pression serait directe entre les zones de haute pression (pôles) et celles de basse pression (équateur), et il existerait globalement deux cellules de convection, l'une pour l'hémisphère nord et l'autre pour l'hémisphère sud. Ceci est une première explication simple des grands mouvements d'air. Mais la rotation de la Terre, en déviant le flot d'air, modifie le schéma de circulation. L'intervention de la force de Coriolis défléchit les circulations atmosphériques, multipliant ainsi le nombre de grandes cellules de circulation d'air, que perturberont également les grands massifs montagneux, les océans, etc.

Nota : La force de Coriolis est une force fictive qui permet de prendre en compte la force inertielle agissant perpendiculairement à la direction d'un corps en déplacement dans un milieu lui même en rotation uniforme.

À cet effet global, s'ajoutent les effets régionaux ou locaux dus aux reliefs, aux différences de comportement thermique entre les océans et les continents, et ainsi se créent des zones contiguës de basse et de haute pressions à l'origine de vents spécifiques tels que le mistral, le fœhn, ou les brises de terre et de mer. Au fil des saisons, les différences thermiques sont responsables de vents saisonniers, comme les moussons, dont les pluies bénéfiques tant attendues après des mois de sécheresse peuvent aussi être à l'origine d'inondations catastrophiques.

8.3. Récupérer l'énergie du vent

Si nous regardons l'écoulement du vent autour d'un obstacle, nous observons que les filets fluides contournent ce dernier. Une zone de surpression est créée juste devant l'obstacle. La valeur p de la surpression s'exprime par la relation $p = ½ (Vm)^2$, Vm étant la vitesse moyenne loin en amont de cet obstacle. Ceci n'est que l'application de la formulation (ou théorème) de Bernoulli qui, en suivant ce qui se passe le long d'une ligne de courant, relie la pression, la vitesse et l'altitude :

$p + \rho\, V^2/2 + \rho\, g\, z$ = constante (p : pression ; ρ : masse spécifique ; V : vitesse ; g : intensité de l'accélération de la pesanteur ; z : altitude).

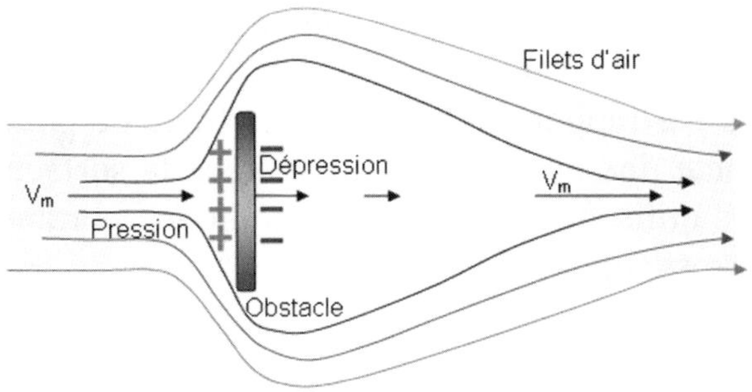

Figure 8.1 *Circulation d'air et obstacle*

Juste derrière l'obstacle se crée une zone de forte turbulence pour rétablir une nouvelle convergence des lignes de courant. Cette zone est une zone de dépression. Globalement, une force F apparaît : $F = \Delta p \times S$ (Δp étant l'écart de pression de chaque côté de l'obstacle et S la section de celui-ci). Nous devons maintenir fermement l'obstacle pour éviter qu'il ne soit emporté. La vitesse moyenne en aval est la même qu'en amont, et aucune énergie n'est dépensée ni récupérée. Il y a bien une force exercée sur l'obstacle, mais sans mouvement, une force n'est jamais génératrice d'énergie.

Comme toute énergie cinétique, celle du vent est égale à $\frac{1}{2}\, m\, V^2$. Considérons un cylindre d'air de section S (équivalente à celle de notre obstacle ci-dessus). L'air de ce cylindre se déplace à la vitesse V (en m/s), et donc parcourt en 1 seconde une distance qui, exprimée en mètres, vaudra V, occupera un volume S.V et aura une masse ρ.S.V. Cette masse aura une énergie cinétique par seconde de $\frac{1}{2}\, \rho.S.V^3$. Ceci est l'énergie cinétique potentielle du vent. Mais pour qu'il y ait transfert d'énergie, il faut que la vitesse moyenne amont V2 soit inférieure à la vitesse aval V1. Ce transfert d'énergie s'exprimera par $\frac{1}{2}\, \rho\, (V1^2 - V2^2)$. Le développement mathématique de cette relation donne un maximum de puissance pour V2/V1= 1/3 et Pmax = 16/27 Po, soit ~ 0,6 Po (avec $Po = \frac{1}{2}\, \rho.S.V1^3$). Ceci se démontre aisément en prenant comme vitesse au niveau de la surface en mouvement la moyenne ½ (V1 + V2). Cette relation, dite limite de Betz, donne la limite de l'énergie récupérable.

Nous venons de décrire le phénomène de traînée, qui donne une force dans le sens du vent. Si la surface n'est plus perpendiculaire, mais inclinée par rapport au vent, à cette force de poussée (vue ci-dessus) s'ajoute une autre force qui soulève la surface Les éoliennes modernes utilisent cette autre force, dite de portance. La limite de Betz leur reste applicable.

Pour une éolienne, la puissance maximale est fonction de son diamètre D et de la vitesse V du vent limite qui interviendra dans le réglage de calage (*voir figure 8.2*), selon la formule : $P = 0{,}29\ \eta\ D^2\ V^3$ (η : rendement). Prenons un exemple : une éolienne d'un diamètre D de 90 m (45 m de longueur de pales) produit 3 MW lorsque le vent est à 50 km/h et présente un rendement de 0,48.

Cette limite de Betz montre que la puissance varie comme le cube de la vitesse. Ceci est un élément essentiel à prendre en compte dans le fonctionnent de l'éolienne. Si le vent varie d'un facteur 2 et passe par exemple de 20 à 40 km/h, la puissance est en théorie multipliée par 8, et ce sera l'inverse si le vent baisse d'autant. La *figure 8.2* donne en valeur relative une évolution type de la puissance réelle produite en fonction de la vitesse du vent. Pour un vent de faible vitesse, jusqu'à 20 km/h, la puissance est nulle ou quasi nulle. Elle n'atteint son maximum que pour un vent d'environ 50 km/h. Au-delà de cette vitesse, la puissance ne peut plus augmenter ; en effet, pour maintenir la vitesse de l'air à l'extrémité des pales sous une valeur limite d'environ 100 m/s, valeur au-delà de laquelle se produisent des turbulences, il faut faire varier l'angle de calage de ces pales. Lorsque la vitesse du vent devient très grande, vers 90 km/h, il faut amener l'angle de calage à 90 degrés (mise en drapeau) pour éviter la détérioration ; et la puissance retombe à 0.

Nota : La courbe montre que la loi simple liant la puissance au cube de la vitesse n'est applicable qu'aux vitesses basses de vent. La courbe est plus proche d'une courbe en S, avec une partie quasi linéaire entre les points d'inflexion.

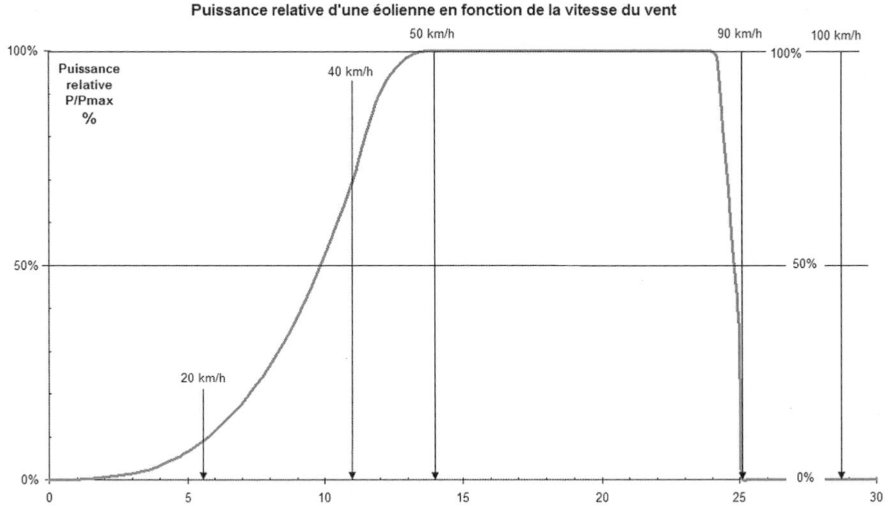

Figure 8.2 *Puissance relative d'une éolienne en fonction de la vitesse du vent*

Pour mesurer les conséquences de la variation de la vitesse du vent, prenons l'exemple d'un site pour lequel la vitesse du vent se répartit dans le temps comme indiqué dans la *figure 8.3*.

La vitesse moyenne du vent calculée sur l'année est de 20 km/h, ce qui donnerait, si elle se maintenait à cette valeur en permanence, une fourniture d'énergie égale à 10 % de celle que produirait l'éolienne fonctionnant à sa puissance nominale toute l'année. Mais en décomposant mois par mois la production énergétique, nous arrivons à une énergie qui atteint 29 % du maximum possible, pourcentage que l'on appelle aussi facteur de charge (2 540 heures sur une année, qui en comporte 8 760). En fait, l'essentiel de la production concerne une période cumulée de 3 mois présentant des vitesses de vent supérieures ou égales à 40 km/h (2 190 heures vraiment utiles sur une année).

Il y aura donc une différence fondamentale entre la puissance désignée nominale, qui est en fait la maximale, et la puissance équivalente moyenne pondérée dans le temps. Ceci conduit à considérer un temps sur l'année dit équivalent pleine puissance, soit les 2 540 heures de notre exemple.

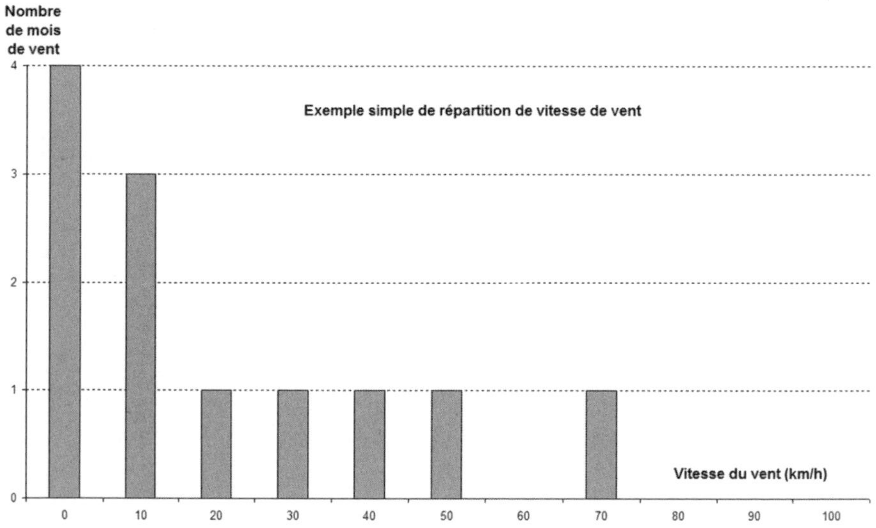

Figure 8.3 *Un exemple de répartition du vent : 30 jours à 70 km/h, 30 jours à 50 km/h, 30 jours à 40 km/h, 30 jours à 30 km/h, 30 jours à 20 km/h, 90 jours à 10 km/h et le reste (4 mois) classé sans vent*

Pour avoir le meilleur retour sur investissement, les sites venteux seront évidemment préférés. Les emplacements les plus favorables pour la vitesse du vent se situent en pleine mer, ainsi que sur certains rivages ou sur les crêtes. Les temps équivalents pleine puissance annuels peuvent y atteindre, ou légèrement dépasser, 3 000 heures. En plaine, ils peuvent retomber aux alentours de 1 500 heures, c'est le cas d'une grande partie des installations en Allemagne. En France, en sélectionnant les sites terrestres, la moyenne pourrait se situer aux environs de 2 400 heures.

Mais si, à investissement égal, le choix du site a des conséquences évidentes sur le retour sur investissement, cette analyse doit être nuancée en examinant chaque situation. Par exemple, si pour gagner 50 % sur le facteur de charge, il faut dépenser 50 %

de plus en investissement initial (ce qui peut être le cas pour une installation en mer), le gain sera perdu.

8.4. Les constituants d'une éolienne

La puissance d'une éolienne variant comme le cube de la vitesse du vent, il est important, sur un site donné, d'aller chercher le vent là où la vitesse sera la plus élevée, et donc de s'éloigner du sol. En effet, le sol, par les effets de rugosité de surface et de viscosité (couche limite), ralentit le vent, d'où l'image classique de ces installations de pales en hauteur portées par un mât.

Figure 8.4 *Éoliennes classiques*

Il existe des modèles d'éoliennes très près du sol, dont celles à rotor d'axe vertical. Mais leur emploi est et restera marginal. Il en est de même pour d'autres modèles qui utilisent des hélices au lieu de pales simples. Nous limiterons notre description au type classique d'éolienne : mât et pales.

8.4.1. La fondation

Pour les éoliennes terrestres, la fondation est une assise en béton sur laquelle est fixé l'ensemble de la structure devant être capable de résister aux tempêtes et aux vents extrêmes (un ordre de grandeur : 500 tonnes de béton pour les fondations d'une éolienne de 3 MW). Pour les éoliennes en mer (dites off-shore), la fondation, structure de haute taille dépassant la surface de la mer, repose sur le fond marin. Cette structure peut être essentiellement en béton ou constituée de béton et d'énormes tubes d'acier, du type tripode par exemple. Ceci ne s'applique que pour des fonds de quelques dizaines de mètres (ainsi, le grand parc de 206 MW au Danemark est implanté en eaux d'une profondeur de 9 à 17 m). Pour des fonds plus importants, des projets s'orientent vers des mâts flottants lestés (qui s'inclineront légèrement sous la force du vent) ou des barges pouvant être amarrées par des câbles.

8.4.2. Le mât

Le mât, avec sa hauteur, remonte l'hélice dans une zone de vent plus fort et plus régulier que près du sol ou de la mer, et permet de grandes longueurs de pales. Cette structure métallique est en général cylindrique (5 à 6 m de diamètre pour une éolienne de 5 MW). Certains mâts peuvent dépasser 100 m de hauteur (un exemple d'une éolienne en mer de 5 MW pour laquelle le mât fait au total 184 m pour 157 m émergés). Le mât peut contenir une partie des composants électriques et électroniques, en association avec la nacelle.

8.4.3. La nacelle

La nacelle contient toute la machinerie transformant la rotation lente des pales en électricité et celle qui permet d'orienter au mieux la machine. Pour les grandes puissances, elle ressemble à un container de transport maritime ou routier.

8.4.4. Le rotor et les pales

Ces éléments constituent le nez de l'éolienne, fixé à la nacelle. Les pales (en général trois, parfois deux) des unités les plus puissantes peuvent atteindre 60 m de long (diamètre 120 m) et peser au total plus de 1 200 tonnes. Ces pales sont fabriquées à partir de matériaux composites et leur dessin est optimisé pour réduire le bruit à leur extrémité.

- Pour des petites puissances et en cas d'installations isolées, le rotor entraîne une dynamo qui fournira du courant continu, idéal pour stockage sur batteries.
- Pour des puissances plus importantes et pour produire du courant alternatif, le rotor sera couplé à un alternateur. Mais comme sa vitesse de rotation est de l'ordre du tour par seconde (60 tr/min), un multiplicateur mécanique de vitesse sera prévu pour obtenir la fréquence alternative désirée. Toutefois, même si celle-ci est de 50 Hz, comme celle du réseau EDF, le courant ne pourra pas être distribué directement sur le réseau (pas d'accord parfait de fréquence), il faudra passer par un ensemble redresseur onduleur.
- Pour les très fortes puissances, le rotor entraînera une génératrice asynchrone quadripolaire tournant à 1 500 tours par minute ou hexapolaires tournant à 1 000 tours par minute.

8.4.5. Cabine de dispersion

Elle sera installée au sol. C'est là que se fera l'adaptation au réseau électrique du courant produit au niveau de la nacelle.

8.5. Éoliennes en parcs

Des éoliennes peuvent être installées de façon isolée, mais elles sont la plupart du temps regroupées en parcs, les unes à côté des autres. La vitesse de sortie du vent d'une éolienne est en général celle d'entrée divisée par 3. Une éolienne placée sous le vent trop près de sa voisine verrait sa puissance théorique divisée par 27 (3^3) et serait en outre soumise à des turbulences déstabilisatrices. Un espacement s'impose pour que les filets d'air retrouvent équilibre et stabilité. Quelques règles simples sont adoptées :

– distance entre éoliennes : environ 5 D (D : diamètre des pales) ;
– distance entre rangées : 3 à 9 D.

Ce type de règle permet de définir la surface nécessaire pour répondre aux besoins d'énergie. Prenons par exemple un parc équipé d'éoliennes terrestres de 2,5 MW de puissance unitaire et de 80 m de diamètre de rotor, avec des espacements de 400 m en ligne et de 500 m en rangées : ce parc pourrait afficher une puissance nominale (maximale) de 12 MW au km^2 et produire 27,6 GWh/km^2 par an (0,27 GWh/ha), pour un équivalent fonctionnement à pleine puissance de 2 300 heures par an.

Dans ces conditions, pour fournir en France une quantité d'énergie éolienne égale à celle de l'hydraulique (environ 64 TWh/an), il faudrait installer un peu plus de 11 100 éoliennes d'une puissance totale de 27 800 MW. Ces éoliennes couvriraient une surface de 2 320 km^2, soit environ 0,43 % du territoire, et si elles étaient disposées sur deux rangées, le « couloir » s'il faisait 1 km de large, s'étendrait sur 2 320 km de long. Il faut noter que seule une faible fraction de cette surface (blocs de béton et alentours, accès pour entretien) serait neutralisée et ne pourrait être vouée à d'autres utilisations, notamment de type agricole.

Compte tenu de l'intermittence du vent, il faut par exemple 5 200 éoliennes d'1 MW couvrant 420 km^2 pour produire autant d'électricité qu'une centrale conventionnelle (charbon, gaz, nucléaire) de 1 500 MW qui occupe 1 km^2, production 120 GWh/ha par an, soit 444 fois plus que le parc d'éoliennes.

Nota : Les comparaisons souvent faites sur les surfaces occupées au sol à même énergie produites doivent tenir compte de l'utilisation possible des terres (à des fins agricoles par exemple).

Un exemple de surface occupée en mer est donné par le parc éolien off-shore appelé Horns Rev 2 au Danemark, en mer du Nord. Ici, le parc de 91 éoliennes, d'une capacité totale de 209 MW, couvre 32 km^2. La densité de 6 MW/km^2 est plus faible que dans le cas précédent (12 MW/km^2) ; mais en mer, l'espace libre ne manque pas.

8.6. Éoliennes, situation actuelle, tendances à moyen terme

L'énergie éolienne, productrice d'électricité, est la source d'énergie qui a le plus progressé dans le monde ces dernières années. Sa production et sa puissance installée ont été multipliées par 10 en 10 ans. Ces dernières années, la progression a été de + 25 %/an (doublement tout les 4 ans). Toutes les prévisions donnent une puissance installée de 300 GW et une production énergétique de 600 TWh en 2015. Un regard sur ce dernier chiffre montre qu'à cette date la production éolienne ne sera plus marginale, puisqu'elle devrait représenter 3 % de la production mondiale d'électricité (aujourd'hui environ 20 000 TWh/an). Cette production sera toutefois encore très inférieure (d'un facteur supérieur à 4) à celle de l'hydraulique, qui produit 2 800 TWh/an. Mais quel chemin parcouru en 10 ans par l'éolien !

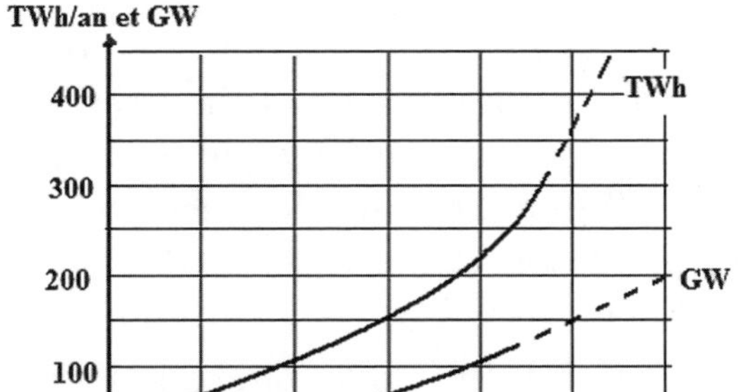

Figure 8.5 *Évolution de l'éolien dans le monde (énergie produite et puissance)*

Au niveau mondial, la production, proche de 350 TWh, se répartit comme suit :

- les États-Unis viennent en tête avec une puissance de 35 GW installés (+ 10 GW pour l'année 2009) ;
- la Chine vient de prendre la 2e place mondiale en dépassant l'Allemagne, avec une capacité de 26 GW (+ 13 GW en 2009). L'objectif est de 150 GW en 2020 ;
- l'Allemagne occupe la 3e place, avec une capacité de 25,8 GW (+ 1,9 GW en 2009). Mais la production est assez décevante, puisqu'elle atteint 37,5 TWh, ce qui représente un nombre d'heures équivalent pleine puissance très faible de 1 450 heures par an (facteur de charge 16 %). L'éolien couvre 6,2 % des besoins totaux d'électricité. Les capacités d'installations sur sites terrestres semblent quasiment épuisées et l'avenir est essentiellement orienté vers l'éolien off-shore. Elle prévoit l'installation d'une puissance totale de 20 à 25 GW en off-shore d'ici 2030, ce qui devrait permettre de doubler la production totale éolienne et de répondre à 15 % des besoins du pays en électricité à l'horizon 2030 ;
- l'Espagne est le pays européen qui a le plus augmenté ses capacités éoliennes ces dernières années (+ 2 700 MW en 2009). Avec 18 000 MW, la puissance éolienne installée de l'Espagne est encore inférieure à celle de l'Allemagne, mais en énergie produite, elle est du même ordre de grandeur (36 000 TWh) et couvre 13 % des besoins d'électricité du pays ;
- en France, entre 1999 et 2009, le nombre d'éoliennes a presque été multiplié par 20, passant de 154 fin 1999 à 2 914 fin 2009. Le parc éolien français a atteint une puissance de 4 570 MW fin 2009 (+ 1 000 MW en 2009, sensiblement la même progression qu'en 2008). La production est passée de 5,7 TWh en 2008 à 7,8 TWh en 2009.

En ce qui concerne l'avenir, la loi Grenelle I a fixé des objectifs ambitieux pour le développement de l'électricité éolienne. Alors que le Programme pluriannuel d'investissements (PPI) de 2006 avait visé 15 000 MW en 2015, la loi Grenelle I et le PPI 2009 prévoient 25 000 MW en 2020, dont 6 000 MW en mer. L'énergie produite pourrait ainsi atteindre environ 60 TWh, soit environ 11 % de la production actuelle d'électricité. Pour encourager le développement de l'éolien et atteindre cet objectif, les pouvoirs publics ont garanti son rachat par EDF à un tarif imposé supérieur au prix du marché (*voir § 8.8*).

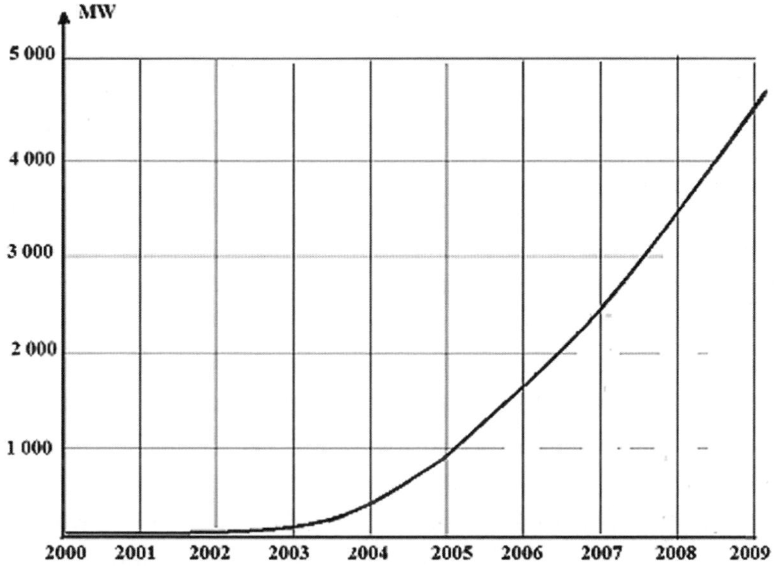

Figure 8.6 *Puissance éolienne raccordée au réseau en France*

8.7. Éolien et intermittence de production

L'énergie éolienne est une énergie dite fatale, c'est-à-dire qu'elle ne peut pas être réglée à la demande et que sa puissance déversée est variable : le réseau doit l'accepter. Cette situation est identique à celle de l'électricité solaire (photovoltaïque ou thermodynamique à concentration sans stockage, *voir § 5.7*). Le schéma se résume ainsi : un vent soutenu, il y a du courant électrique ; peu ou pas de vent, pas de courant ; trop de vent, pas de courant. Dans ces conditions, ce sont donc aux autres moyens de production d'ajuster leur puissance pour assurer l'équilibre entre l'offre et la demande, et corriger l'absence de vent ou s'adapter au contraire à son trop-plein. Cette situation est-elle gérable, et selon la réponse, quelles conséquences tirer ?

8.7.1. Variabilité de l'éolien, insertion des éoliennes dans les réseaux électriques

La puissance d'une éolienne pouvant varier et surtout tomber à zéro, la faisabilité d'une mise en ligne sur un réseau électrique est problématique.

En effet, l'électricité n'est pas stockable et il faut à chaque instant respecter l'équilibre entre la production et la consommation. À côté des éoliennes, des moyens de production complémentaires devront être prêts à intervenir. Ces moyens peuvent être en réserve, prêts à démarrer, ou déjà en marche mais potentiellement modulables. Ils devront corriger en plus ou en moins les écarts de puissance de l'éolien.

Comme nous l'avons vu ci-dessus (*§ 8.3*), les variations de vitesse du vent sont amplifiées quand elles se traduisent en puissance (variation proportionnelle au cube de la vitesse du vent : V^3). La vitesse du vent n'étant pas particulièrement constante, nous pouvons prévoir, en regardant la *figure 8.2*, que la puissance produite en dehors de la plage de vitesse de 50 à 90 km/h ne peut être constante et tombera même vite aux alentours de 0.

Cette variabilité de la puissance de l'éolien apparaît sur les *figures 8.7 et 8.8*. Le terme chaotique s'impose pour décrire ces variations. Le réseau E.ON concerné est géré par la société E.ON, dans le Nord de l'Europe ; il regroupe 5 000 éoliennes, pour une puissance totale de 5 000 MW. La variation la plus brutale observée sur ce réseau est de 4 000 MW, soit 80 % en 4 heures.

Le rapprochement entre les *figures 8.7 et 8.8*, qui représentent la production d'un ensemble d'éoliennes, et les *figures 4.4 et 4.5*, qui montrent la consommation, conduit à la conclusion que l'insertion de l'éolien dans le réseau peut créer des difficultés et aura des limites.

L'exemple E.ON (*figure 8.7*) est assez spécifique, car il concerne un réseau relativement homogène quant aux conditions climatiques. Ces difficultés ne peuvent-elles pas disparaître avec un réseau plus dispersé ?

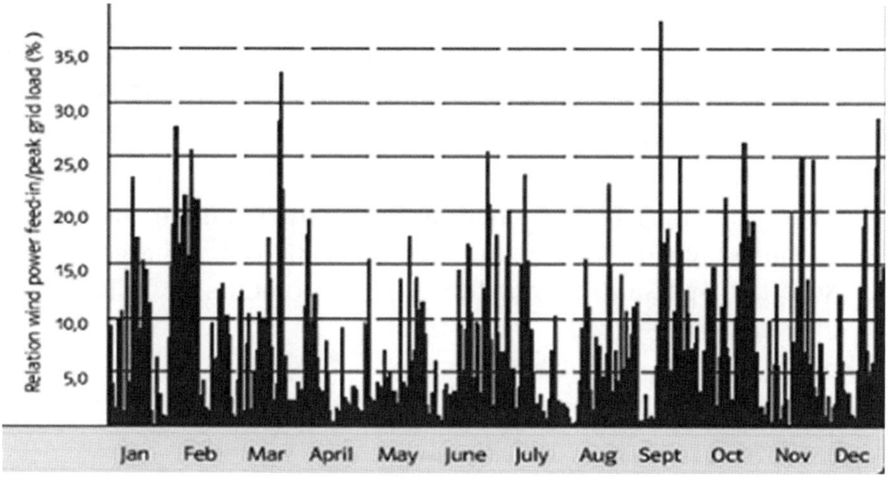

Figure 8.7 *Variations annuelles de puissance éolienne, réseau E.ON*

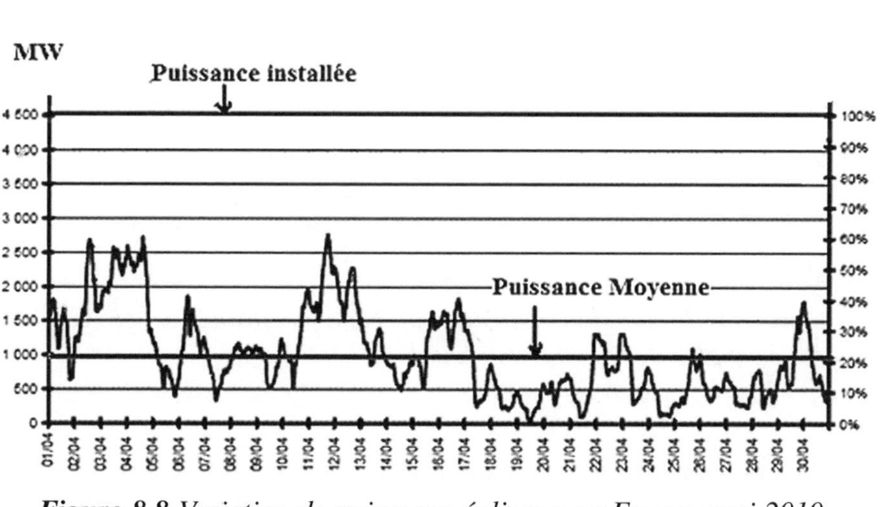

Figure 8.8 *Variation de puissance éolienne en France, mai 2010*

L'analyse du réseau espagnol, très diversifié en exposition climatique, devrait permettre d'apporter une réponse à cette question (depuis Gibraltar au sud jusqu'aux collines de Galice au nord-ouest, les vents ne devraient pas réagir uniformément). Sur la *figure 8.9*, la puissance totale fournie par l'ensemble des éoliennes est suivie en fonction du temps sur 3 jours consécutifs, repérés chacun de 0 heure à 0 heure.

- La courbe supérieure est calée en son centre sur la journée record de production du 14 janvier 2010, avec le pic à environ 12 000 MW (charge de 66 %). Notons des variations de 6 000 MW, soit 50 % de la puissance maximale en 6 heures environ.
- La courbe inférieure est calée sur une journée faiblement ventée. La puissance est descendue jusqu'à 700 MW (charge 4 %). Avec la dispersion géographique, il y a toujours de l'électricité éolienne, mais si peu !

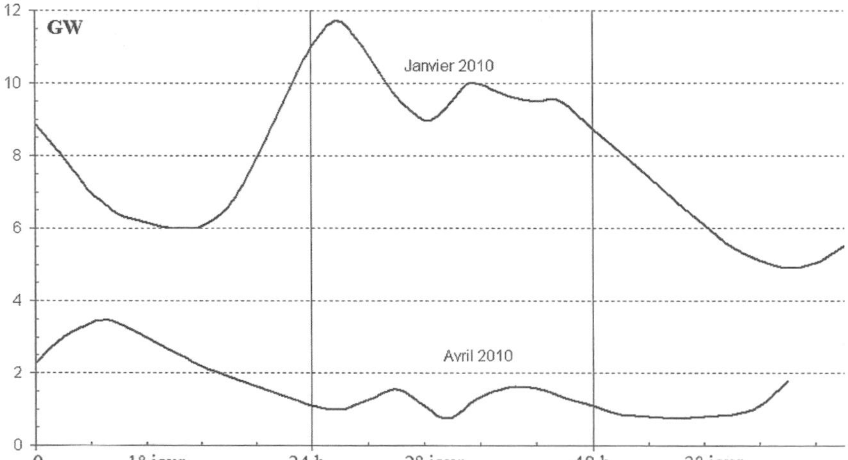

Figure 8.9 *Production éolienne en Espagne, exprimée en GW, deux exemples de 3 jours consécutifs*

Si un réseau géographiquement diversifié comme celui de l'Espagne est en théorie un peu moins sujet aux variations qu'un réseau homogène comme celui que nous avons cité, situé dans le Nord de l'Europe, le gain est en fait insignifiant, puisque le minimum ne monte que de 2 à 4 %. En absolu, les vitesses de variations (1 000 MW/h) sont tout aussi importantes, mais en relatif, ramenées à la puissance nominale, elles sont réduites d'un facteur 3. Le réseau diversifié géographiquement n'apporte donc pas une vraie solution au problème de la nécessité des réserves pour faire face à l'intermittence de l'éolien.

Il faut donc que le réseau soit équipé en puissances installées de réserve, prêtes à démarrer ou à changer de régime en fonction du rendement des éoliennes. Ces réserves doivent couvrir la quasi-disparition de l'éolien, puisque, dans le cas de l'Espagne, la puissance peut, selon ces relevés, passer de 12 000 à 700 MW. À la limite, seul ce dernier chiffre pourrait être retenu comme puissance garantie, et les réserves devraient couvrir 11 300 MW, soit la quasi-totalité de l'investissement éolien.

Si des réserves sont à prévoir dans tous les cas ; la question importante qui reste posée est l'urgence de l'action de secours et la possibilité d'une anticipation.

Les prévisions météorologiques jouent un rôle essentiel dans la programmation de l'équilibre entre la consommation et la production d'électricité. Préparées sur les bases de données moyennes saisonnières, les prévisions sont finalisées la veille pour le lendemain à partir des paramètres météorologiques fournis par Météo-France (*voir § 4.7*). Les approches météorologiques sont de plus en plus fiables, et nous leur faisons confiance pour nous munir ou non de notre écharpe. En revanche, si la météo annonce de la pluie vers 15 heures, à titre de précaution nous nous munirons de notre parapluie dès midi : la pluie peut être en avance. Le même doute existe, mais amplifié, quand il s'agit de savoir, non pas s'il y aura ou non du vent dans l'après midi à 15 heures, mais si celui-ci soufflera à 20 ou à 40 km/h à ce moment précis. Un décalage d'une heure sur une baisse de vent peut conduire ainsi à une erreur de prévision qui peut représenter localement la perte de près de 90 % de la puissance éolienne.

Sur un réseau éolien géographiquement homogène, comme celui d'E.ON cité ci-dessus, les essais réalisés ont montré que des écarts entre les prévisions de la veille et la réalité pouvaient atteindre 50 % de puissance. Si un réseau de ce type a par exemple une puissance de 20 000 MW, il faut prévoir l'arrivée ou le départ de 10 000 MW en 1 heure. C'est l'équivalent du déclenchement quasi instantané de plusieurs centrales électriques. Les moyens de réserve doivent être à action rapide (hydraulique, centrales au gaz).

Néanmoins, si le réseau est diversifié géographiquement comme en Espagne, même si les écarts potentiels sont toujours aussi importants en amplitude, ils sont plus étalés dans le temps et la rapidité de réaction des réserves peut être réduite. Ce pourrait être la situation en France, avec des implantations d'éoliennes dans des zones ventées aux régimes de vents non ou peu corrélés comme les façades Manche, Atlantique, Méditerranée ou la vallée du Rhône. Seulement une faible part des réserves doit être à réponse très rapide (hydraulique de lac et STEP), une autre partie peut être à réponse un peu plus lente, et dans ce cas il faudrait compter sur un accroissement des capacités de suivi de charge du nucléaire ou un appel en secours à des centrales au gaz ou à des turbines à combustion fuel (*voir tableau 4.1, § 4.7.2*).

8.7.2. L'intermittence de l'éolien et le stockage d'électricité

Le caractère intermittent de la production éolienne conduit à se poser la question du stockage de l'électricité. Il est possible d'utiliser des accumulateurs dans le cas d'installations isolées et de petite taille (quelques kilowattheures) : les batteries au plomb, bien qu'encombrantes et lourdes, sont bien adaptées. Pour des puissances plus importantes, seul le stockage hydraulique répond pour le moment aux besoins, notamment avec les centrales de lacs et avec les STEP (*voir § 4.7*). Mais ces moyens sont déjà largement utilisés pour faire face aux variations de consommation. En conséquence, les marges de manœuvre pour faire face aux variations supplémentaires liées à la production des éoliennes sont limitées.

8.7.3. Éolien et hydrogène

À terme, un programme massif de l'éolien nécessiterait donc le développement de nouvelles technologies de stockage ; mais celles-ci n'existent pas aujourd'hui à grande échelle. L'hydrogène est très souvent évoqué. Le mixte éolien-hydrogène est ainsi proposé, notamment pour des réseaux autonomes de type îles. Cette voie hydrogène passe par :

- l'électrolyse de l'eau, qui devrait s'effectuer lorsque la production électrique peut être largement supérieure à la consommation (heures creuses de consommation comme la nuit et périodes de vents forts) ;
- le stockage d'hydrogène gazeux comprimé ou sous forme liquéfiée ;
- la production finale d'électricité *via* une pile à combustible, en prélevant sur le stock d'hydrogène lorsque les besoins dépassent la production des éoliennes.

Chacune de ces phases de la filière hydrogène se traduit par des pertes d'énergie. De nombreuses avancées technologiques sont en cours, mais globalement, pour l'ensemble du processus, le rendement (qui mesure le rapport entre la quantité d'électricité reproduite en aval des piles à combustibles et l'électricité d'origine en amont de l'électrolyse) semble plafonner à 30 %. Compte tenu des pertes, il faudra produire beaucoup plus d'énergie électrique que celle consommée (un facteur 2 est avancé) d'où un surcoût de l'électricité éolienne. Ce surcoût sera encore augmenté par la prise en compte des investissements liés à l'hydrogène. Cette filière hydrogène sera-t-elle un jour opérationnelle ?

Un point sur le bilan énergétique de l'association éolien-hydrogène

- Supposons que les éoliennes produisent, en une période de vent favorable, une quantité A d'énergie, et en une période de vent défavorable, une quantité B d'énergie.
- Pour équilibrer dans le temps la distribution d'électricité, nous stockons une quantité énergétique S de A, qui sera redistribuée ultérieurement pour fournir une quantité d'énergie 0,3 S, qui vient s'additionner à B (le rendement du cycle hydrogène étant de 30 %).
- La continuité d'alimentation électrique donne : A – S = B + 0,3 S.
- Les pertes de 0,7 S, ramenées à la production totale, s'écrivent : 0,54 (A – B) / (A + B).

Si B est faible par rapport à A (*voir figures 8.7 et 8.8*), la moitié de l'énergie est perdue.

8.8. Le coût de l'éolien

Combustible gratuit, peu de dépenses d'entretien, l'essentiel du coût de l'éolien repose sur l'investissement. Cette énergie peut ainsi être rapprochée de l'hydraulique (*voir § 4.5*).

Le prix de l'investissement ramené à la puissance unitaire a fortement baissé entre 1990 et 2000. Pour les installations terrestres, il a été divisé par 2 et se situe aux alentours de 1 000 €/kW. Le développement industriel de la filière étant acquis et celle-ci devenant mature, les prix semblaient se stabiliser à ce niveau. Mais ils ont depuis fortement augmenté pour atteindre les 1 500 €/kW. Cette augmentation est à imputer en partie à l'augmentation généralisée du prix des matières premières. Elle est aussi liée à un effet de marché suite au déséquilibre offre/demande. Les demandes ont en effet explosé du fait de l'effet d'aubaine que représente l'éolien pour certains investisseurs, compte tenu des conditions de rachat de l'électricité (voir ci-dessous).

Pour les éoliennes en mer, les références sont moins nombreuses. Mais les coûts avancés sont sensiblement le double de ceux de l'éolien terrestre. Par exemple, le projet des éoliennes off-shore entre l'île d'Yeu et Noirmoutier, qui devrait s'étendre sur une surface de 70 km^2 pour une puissance de 600 MW et une production annuelle de 1 560 GWh, coûterait 1 500 M€, soit 2 500 €/kW. Prenons un autre exemple, le projet du parc des Deux Côtes (Somme et Seine-Maritime) a un coût annoncé de 1,8 milliard d'euros pour 900 MW, soit 2 000 €/kW. De nombreuses inconnues subsistent quant à la tenue en milieu marin, qui pourrait accroître fortement le coût de la maintenance. Le gain de 1,35 sur le facteur de charge (35 % en mer pour 26 % pour le terrestre) ne compense pas le facteur supérieur à 2 du surcoût de l'investissement en mer.

Le coût combustible étant nul, le prix de revient du kilowattheure ne prend en compte que l'investissement et la maintenance, estimée à 2,5 % de l'investissement par an pour l'éolien terrestre. Pour ce dernier, les coûts annoncés vont de 6 c€/kWh à 8 c€/kWh (60 €/MWh à 80 €/MWh). Ces derniers chiffres peuvent être comparés aux coûts de rachat de l'électricité éolienne (*voir § 2.4*). Ce coût de rachat est de 82 €/MWh les 10 premières années, puis suit un tarif dégressif pendant 5 ans de 82 à 68 €/MWh (la dégressivité étant basée sur un nombre d'heures équivalent pleine puissance de 2 400 à 2 800 h/an).

Pour l'éolien en mer, en comparaison avec le terrestre, l'augmentation de la production ne compense pas celle du coût d'investissement, d'autant que les coûts de maintenance sont plus élevés. Ces derniers peuvent monter à 4 % de l'investissement par an et ainsi, sur la base d'un taux d'actualisation de 4 % sur 20 ans, la partie exploitation peut représenter 35 % du coût total du kilowattheure produit. À ce jour les conditions de rachat de l'éolien en mer sont fixées à 130 €/MWh les 10 premières années, puis, les 10 années suivantes le tarif de 130 €/MWh est maintenu pour moins de 2 800 h/an ; au-delà ce tarif est dégressif, de 130 à 90 €/MWh entre 2 800 à 3 200 h/an.

Pour justifier ces coûts de rachat, une comparaison est souvent faite avec le tarif de vente de l'électricité domestique, qui est de 8,39 c€/kWh en heures pleines. Cette comparaison n'est pas fondée, car ce tarif intègre le coût de la distribution du courant depuis le producteur jusqu'au consommateur, qui est du même ordre de grandeur que le coût à la production. Celui-ci en moyenne est compris entre 40 et 50 €/MWh. Le surcoût, basé sur le coût à la production, serait ainsi pour les 60 TWh prévus par le Grenelle d'environ 2,9 milliards d'euros par an.

Des appels d'offres pour des installations de parc d'éoliennes off-shore ont été récemment lancés en France. L'objectif était d'obtenir, grâce à la concurrence, des coûts plus faibles que celui fixé de 130 €/MWh. Il semble que ce soit un échec, puisque les coûts proposés seraient plus dans la gamme de 150 à 180 €/MWh. Certains représentants de la profession réclament même 200 €/MWh et demandent en plus que la liaison de câbles pour ramener le courant à terre soit prise en charge par EDF. N'est-ce pas là demander le beurre et l'argent du beurre ?

En fait, le caractère intermittent de la production et la nécessité de prévoir des investissements en réserves installées devrait conduire à se baser non pas sur le coût total, mais sur celui du coût du combustible non consommé. Ces derniers coûts varient de 20 à 60 €/MWh pour le gaz, de 15 à 45 €/MWh pour le charbon et de 6 à 8 €/MWh pour le nucléaire. Pour le gaz et le charbon, les fluctuations sont très liées au coût du baril de pétrole.

Dans ces conditions, si l'éolien remplaçait le gaz, les 11,5 TWh produits par les éoliennes déjà installées en France (environ 5 000 MW) entraîneraient un surcoût de dépenses annuelles qui serait au minimum de 253 M€. Si l'éolien remplaçait le charbon, ce surcoût serait de 425 M€ et, enfin, s'il remplaçait le nucléaire, il serait de 851 M€ (surcoûts calculés sur les coûts les plus élevés, que nous avons donnés ci-dessus). Compte tenu de la répartition des productions énergétiques en France, le surcoût est de l'ordre de 710 M€/an. Ceci, appliqué pendant 15 ans, représentera 11 milliards d'euros.

Si les conditions de rachat sont maintenues et s'appliquent au total des 25 000 MW d'éoliennes prévues dans la loi Grenelle 2, pour une production de 60 TWh, le surcoût atteindrait environ 4,5 milliards d'euros par an (beaucoup plus que le surcoût calculé ci-dessus, sur la base des prix de revient et de rachat), et le total sur 15 ans (éolien terrestre) et sur 20 ans (éolien en mer) représenterait 83 milliards d'euros. Pourra-t-on supporter ce surcoût ? **L'objectif des 25 000 MW ne sera-t-il pas difficile à atteindre en ces périodes de restrictions budgétaires, même si ce n'est pas l'État mais en définitive le consommateur d'électricité qui est mis à contribution ?**

8.9. Éolien et environnement

Pas de combustible, donc une exploitation sans rejet de gaz carbonique. Rappelons qu'en comparaison les rejets de CO_2 produits par une centrale au charbon sont de 800 à 1 050 g/kWh (selon les technologies), et que ceux qui sont produits par les meilleures centrales au gaz, celles à cycle combiné, sont de 430 g/kWh. L'économie de rejets que permet l'éolien est incontestable dans les cas où la production électrique éolienne s'intègre dans un réseau alimenté en majorité par des centrales brûlant des combustibles fossiles, ce qui est le cas actuel du Danemark (72 %), de l'Allemagne (62 %) et aussi de l'Espagne (61 %). En revanche, dans les cas où le réseau comporte peu de centrales fossiles au départ, le caractère intermittent de l'éolien peut conduire à prévoir plus de centrales fossiles, notamment au gaz, qui seront tenues en réserve pour répondre aux variations de production des éoliennes. Globalement, dans ces cas, le gain potentiel sur les rejets de CO_2 peut être fortement entamé, et l'apport réel de l'éolien pour limiter les émissions de gaz carbonique peut paraître discutable (cas de la France et de la Suisse par exemple).

De façon générale, il faut pour toute filière ajouter aux rejets en exploitation ceux qui sont imputables à la phase construction. Les premiers étant nuls pour l'éolien, seuls restent les seconds. Pour ceux-ci, l'analyse du cycle de vie (*voir § 4.6*) conduit à une valeur estimée entre

3 et 22 g de CO_2 par kWh. Ce chiffre intègre notamment la fabrication du béton et des aciers entrant dans la structure de l'éolienne et de son assise. Le large écart des estimations tient en partie à l'origine de l'électricité entrant dans le cycle de fabrication (il n'est pas le même dans un pays où l'électricité vient très majoritairement du charbon que dans un pays où l'hydraulique et le nucléaire prédominent). Mais quel que soit le chiffre retenu, ces rejets restent faibles.

Les autres impacts de la production d'électricité éolienne sur l'environnement sont locaux et concernent notamment la visibilité dans le paysage et la proximité des habitations, avec les nuisances potentielles pour les habitants. Ici, comme pour beaucoup d'installations industrielles, c'est le NIMBY (*Not in my backyard* : « pas dans mon jardin ») qui prévaut. Les éoliennes actuelles, dépassant les 100 m de haut, arrivant parfois à 200 m pour les plus puissantes, se voient en général de loin. Implantées sans discernement, elles peuvent avoir un impact sur le patrimoine paysager et historique et nuire globalement au tourisme. De plus, la proximité des habitations peut représenter une nuisance sonore pour certaines personnes et en outre rendre le bien moins attrayant à la vente. Bien que des progrès aient été faits dans le dessin des ailes pour limiter le bruit, une distance minimale par rapport aux habitations est nécessaire, distance d'autant plus grande que les éoliennes sont puissantes. Il semblerait raisonnable de parler d'une distance minimale de 10 fois le diamètre des pales, soit environ 1 km pour les éoliennes les plus puissantes. Une telle restriction est cependant de nature à fortement limiter l'implantation d'éoliennes dans des régions d'habitat très dispersé.

D'autres impacts sont aussi signalés, comme l'interférence hertzienne, les infrasons, l'effet stroboscopique, impacts qui restent encore à quantifier. Enfin, quelques risques mécaniques liés aux chutes de pales devraient limiter les circulations près installations, mais aussi justifier les distances à adopter pour raisons sonores (la zone de risque liée à la projection d'objets, si l'on en juge par l'expérience allemande, peut atteindre plusieurs centaines de mètres).

8.10. Récapitulatif, perspectives de l'éolien

L'éolien a connu en 20 ans un développement considérable et la technique, par l'importance du nombre de machines construites et par la diversité des constructeurs, a atteint sa pleine maturité industrielle au niveau mondial. Bien que désormais il ne semble pas que l'on puisse attendre encore dans ce domaine de nombreux progrès et évolutions, l'éolien, sur sa seule lançée, a toujours devant lui un avenir prometteur. Cependant, en plus de l'incertitude technique de la tenue dans le temps des installations en mer, il lui reste deux handicaps majeurs : son intermittence et son coût.

L'intermittence de l'énergie éolienne laisse prévoir une limite supérieure absolue de la production énergétique. Cette limite serait égale à environ 30 % de la production énergétique totale d'électricité issue des sources modulables. **Dans le monde, sur ces bases et avec les données actuelles, la limite absolue devrait être de 5 000 TWh**, soit plus de 8 fois les prévisions mondiales pour 2015. Cela laisse de la marge, d'autant que les besoins mondiaux en électricité ne peuvent que fortement croître dans les dizaines d'années à venir.

En France, la limite serait d'environ 140 TWh sur la base de la production actuelle totale, ce qui n'est accessible que si l'adaptabilité de la production aux variations de charge est accrue. Elle peut en partie être assurée par le nucléaire, mais reposerait très vite surtout sur des centrales à combustibles fossiles comme le gaz. Au-delà d'un certain seuil, plus d'éolien peut conduire à plus de centrales fossiles et donc à plus de rejets de gaz carbonique. Ce seuil pourrait se situer vers 60 TWh, correspondant à l'énergie que pourraient produire les 25 GW prévus dans le PPI (Programme pluriannuel d'investissements) 2006, suite au Grenelle.

Le coût de l'éolien va, pour sa part, freiner ou bloquer l'approche de cet objectif limite. À ce jour, l'éolien est en général relativement cher et rarement compétitif au niveau du prix du kilowattheure, surtout si l'on se réfère au coût du combustible non consommé des autres sources maintenues en réserve de puissance. La majorité des installations éoliennes actuelles ne se fonctionnent que grâce aux subventions indirectes que représentent les obligations de rachat de l'électricité. La volonté d'aider les renouvelables aura ses limites dans le temps. Pour lever ce blocage du coût, il faudrait que les prix des combustibles fossiles augmentent fortement, et que soit instaurée une pénalité financière significative pour les rejets de gaz carbonique (sous forme de taxe ou *via* des quotas payants). Dans les pays où l'essentiel de la structure énergétique ne repose pas sur les fossiles, mais par exemple sur l'hydraulique et/ou le nucléaire, le coût de l'éolien peut devenir une barrière dissuasive susceptible de limiter son extension. En France, par exemple, l'importance du surcoût que représenteraient déjà les 25 000 MW d'éolien prévus pour répondre à la directive européenne pourrait constituer une butée financière ne permettant pas d'aller bien au-delà dans les équipements en énergie éolienne.

9. Vue d'ensemble sur l'avenir des renouvelables

Nous venons de passer en revue les énergies renouvelables de façon relativement indépendante. En additionnant ces informations parcellaires, le total exprimé en énergie potentiellement productible devrait nous permettre de répondre à la question posée en introduction de ce livre : quelles parts les énergies renouvelables peuvent-elles apporter pour répondre aux besoins énergétiques de nos sociétés ? Une simple addition ne suffit pas hélas pour y répondre et il est nécessaire au préalable d'examiner l'aspect financier, qui est un facteur essentiel dans cette question de la place des énergies renouvelables.

9.1. Les coûts

9.1.1. Référence : les combustibles fossiles

Nous avons déjà évoqué le fait que le coût très bas des énergies fossiles avait contribué à un mode de développement de nos sociétés faisant peu appel aux énergies renouvelables. Les conditions peuvent-elles changer ?

Les chocs pétroliers des années 1970 ont provoqué une forte augmentation du prix du pétrole et, par effet domino, de ceux du gaz et du charbon. Ceci a conduit à un subit intérêt pour les renouvelables, notamment le bois, la géothermie et le solaire. Mais dans les années 1980, la retombée des coûts du pétrole a mis fin à ce premier élan et une multitude de projets dans les domaines cités ont été abandonnés, faute de financements.

Toutefois, de nouveaux soubresauts dans les coûts du pétrole, comme celui de 1990 et le dernier de 2008, conduisent à considérer que ces augmentations ne sont pas de simples incidents de parcours mais sont les signes avant-coureurs d'une hausse inéluctable.

Ces combustibles fossiles, qui assurent à l'heure actuelle l'essentiel de la fourniture énergétique (plus de 80 %), seront encore, et pour longtemps, bien présents et serviront notamment de référence dans la détermination des coûts. C'est essentiellement sur la base du coût des combustibles fossiles que se jugera la pertinence ou non d'adopter et de développer d'autres formes d'énergie comme les renouvelables.

La *figure 9.1* permet de voir l'évolution du coût à la source (puits ou mine) des combustibles fossiles ces dernières années.

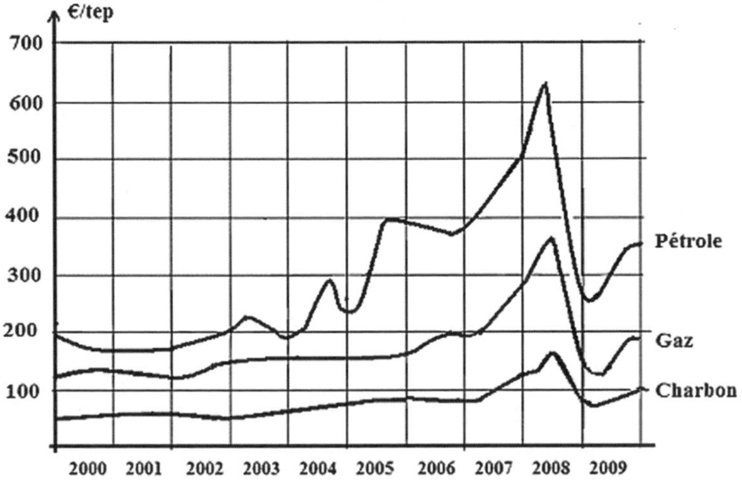

Figure 9.1 *Évolution récente du coût des combustibles fossiles*

À énergie donnée, le pétrole est la source d'énergie la plus chère. Répondant le mieux aux besoins de mobilité, il n'est pratiquement confronté à aucune concurrence, d'où son prix élevé correspondant à cette situation de quasi-monopole.

Après les récentes fluctuations de son prix, le pétrole semble se stabiliser entre 70 à 80 $ le baril, soit environ entre 360 à 400 €/tep (il faut 7,33 barils pour obtenir 1 tep, et 1 € = 1,4 $ en milieu d'année 2009). Il continue à influencer le coût du gaz et du charbon, mais de façon moins significative qu'auparavant.

Si globalement le coût des combustibles fossiles a augmenté en euros courants depuis la fin des années 1960 (avant les premiers chocs pétroliers), il reste encore trop bas pour que la majorité des renouvelables puissent se développer sans les aides, que nous avons présentées dans le *§ 2.4*. Ces aides, justifiables au lancement de filières prometteuses, ne peuvent perdurer, tout au moins à leurs niveaux actuels par installation, si le nombre des installations aidées se multiplie. Les budgets des États ont leurs limites, surtout en période de crise. Un fort développement des renouvelables ne peut être consécutif qu'à un accroissement important du coût des combustibles fossiles, accroissement qui serait la conséquence du déséquilibre offre/demande des ressources fossiles. Ce déséquilibre devrait affecter en premier lieu le pétrole, puis le gaz, comme nous l'avons vu dans le *§ 1.2.2*.

Pour faire un lien entre le coût des fossiles et le développement des renouvelables, faisons le point dans les trois domaines de consommation que sont la mobilité, la production de chaleur et la production d'électricité.

Nota : Il ne faut voir dans ce qui suit qu'une approche simplifiée ne pouvant se substituer à une analyse financière rigoureuse. Le seul but est de fixer les ordres de grandeur.

9.1.2. La mobilité

– Pour la mobilité, la rentabilité hors aides des biocarburants semble assurée lorsque le prix du pétrole s'établira de façon stable au-dessus de 100 $ le baril, soit 50 % de plus que dans la situation actuelle, ce qui devrait se produire à moyen terme. Le problème de leur coût ne devrait donc pas être un obstacle majeur au développement des filières biocarburants, au moins ceux de deuxième génération.

9.1.3. Le chauffage

– Pour le chauffage, le gaz devient la référence coût. De façon générale, nous devons faire la balance entre l'utilisation du gaz, caractérisée par peu d'investissements et un fort coût combustible, et la mise en œuvre des énergies renouvelables, caractérisées par de forts investissements et un coût combustible souvent nul (sauf pour le bois où il reste relativement faible). Une analyse globale du type retour sur investissements s'impose. Dans le cas du chauffage collectif (avec réseau de chaleur existant), si le bois assure la majeure partie du temps de chauffage (fonctionnement dit de base), il est en général dès à présent compétitif par rapport à un chauffage gaz, ce dernier n'intervenant que ponctuellement pour assurer les pointes de consommation. En revanche, dans le cas du chauffage individuel, un retour sur investissement en moins de 20 ans ne semble possible que si le coût du gaz double. Ce doublement est-il probable ? Si oui, ce même type d'analyse, appliqué à la géothermie (dans des sites spécifiques) et au solaire thermique (pour une grande part de l'Eau Chaude Sanitaire et une petite part du chauffage dans le Sud de la France), devrait conduire aux mêmes conclusions : le coût ne devrait pas être un obstacle majeur au développement des renouvelables thermiques.

9.1.4. L'électricité

– Pour l'électricité, le coût du charbon est la référence au niveau mondial, puisque plus de 40 % de l'électricité (8 320/20 000 TWh) est produite à partir du charbon. Le coût du mégawattheure produit à partir du charbon est compris entre 40 et 50 €/MWh à la sortie centrale. Le combustible intervient pour environ 27 €/MWh dans ce total. Le *tableau 9.1* permet de comparer les différentes sources d'électricité renouvelables et de les situer par rapport à la référence charbon. Ce tableau donne le coût d'installation (Ci) en euros par kilowatt (puissance installée, soit puissance maximale possible). Il présente aussi le facteur de charge (*f*) (énergie annuelle produite/énergie potentielle à puissance maximale) et donne enfin la valeur clé que représente le rapport Ci/f, que nous pouvons appeler coût d'installation par puissance efficace.

Nota : Il s'agit de valeurs moyennes données à titre indicatif pour des installations de taille industrielle. Ce tableau ne comprend pas le photovoltaïque toiture individuelle, beaucoup plus cher vu le faible facteur de charge.

	Charbon	**Hydraulique**	**Éolien terre**	**Éolien mer**	**Solaire thermod.**	**Solaire photov.**
Ci €/kWi coût inst.	1 700	1 500	1 500	2 500	5 000	5 000
(*f*), facteur de charge	0,85	0,44	0,26	0,35	0,4	0,25
Ci/f en €/kWef	2 000	3 400	5 800	7 000	12 500	20 000

Tableau 9.1 *Coûts d'installation et facteurs de charge des sources productrices d'électricité*

Pour les énergies renouvelables citées, une première analyse comparative du coût de l'électricité (€/MWh) peut essentiellement être basée sur les seuls investissements, puisqu'aucune ne doit supporter de coût combustible (la biomasse doit faire l'objet d'une analyse distincte). L'analyse comparative du rapport Ci/f marque clairement la gradation des coûts des différentes sources renouvelables, rapport qui peut varier d'un facteur 6 de l'hydraulique au photovoltaïque.

Néanmoins, la comparaison avec la référence charbon impose de chiffrer le coût complet (investissement + combustible + exploitation). Pour fixer les ordres de grandeur, nous regardons simplement l'équilibre entre le retour sur investissement et le coût combustible du charbon, avec comme base le coût actuel de 27 €/MWh.

- Pour l'éolien, les investissements ont un coût de 1 500 € par kilowatt installé (site terrestre) et de 2 500 (site en mer), et le facteur de charge est respectivement de 0,26 et 0,35. Pour l'éolien terrestre, il faudrait environ 16 ans hors actualisation, sur la base du coût combustible de l'électricité charbon, pour un retour sur investissement et un peu plus de 30 ans en tenant compte d'une actualisation de 4 %. Ces durées seraient supérieures pour l'éolien marin.

– Pour le solaire photovoltaïque, les investissements ont un coût de 5 000 € par kilowatt installé, et le facteur de charge est de 0,25. Il faudrait environ 75 ans pour revenir sur l'investissement hors actualisation, soit une durée sans limites si l'on considère la moindre actualisation.

Cette importance du temps de retour sur le seul investissement explique qu'il a fallu, pour lancer ces filières, instituer des tarifs spécifiques de rachat de l'électricité bien supérieurs au coût du marché : 82 €/MWh pour l'éolien terrestre, 132 €/MWh pour l'éolien marin, 367 à 580 €/MWh pour le solaire (*voir § 2.4*).

Avec le même objectif de fixer les ordres de grandeur, nous proposons de déterminer le coût que devrait atteindre le combustible charbon pour assurer un retour sur investissement de l'éolien terrestre, puis du solaire, ceci en 20 ans avec un taux d'actualisation de 4 %.

Équilibre coût éolien/charbon

Prenons l'exemple d'une éolienne terrestre d'une puissance de 1 MW et une durée de fonctionnement de 2 300 h/an à cette puissance. Pendant cette durée, l'éolienne permet d'économiser le combustible d'une centrale au charbon.

Pour cette éolienne, le coût d'investissement, à raison de 1 500 €/kW, est de 1,5 M€. Le remboursement annuel du capital et le paiement des intérêts au taux de 4 % sur 20 ans sera de 112 500 € (base : 7,5 %/an).

L'énergie non consommée par la centrale au charbon sera de 2 300 MWh. L'équilibre est atteint lorsque le remboursement annuel de l'investissement est égal au coût combustible Cc. Ceci donne Cc × 2 300 = 112 500 €. D'où Cc limite = 49 €/MWh > 1,8 fois le coût début 2010 et 1,2 fois le coût maximum du charbon rencontré en milieu d'année 2008 (*voir figure 9.1*).

Pour l'éolien en mer, le coût Cc limite du charbon est de 61 €/MWh, soit 2,2 fois le coût actuel. En conséquence, hors aides, l'éolien ne deviendrait compétitif que dans l'hypothèse d'un doublement du prix du charbon fin 2009.

Équilibre coût électricité solaire/charbon

La même approche simplifiée appliquée au solaire photovoltaïque industriel donne, avec un investissement de 5 000 €/kW et pour 2 200 heures de fonctionnement par an, un Cc limite de 163 €/ MWh, c'est-à-dire environ 6 fois le coût actuel. Il est clair que seules des avancées technologiques considérables pour baisser les coûts d'investissement du solaire permettront à celui-ci de se développer à grande échelle, hors subventions ; conclusion encore plus vraie si on fait référence au photovoltaïque individuel toiture.

Les résultats de ces analyses peuvent toutefois être un peu corrigés si l'on prend en compte les actions prises pour la limitation des rejets de gaz carbonique dans la Communauté européenne. Produire 1 MWh électrique à partir de charbon conduit à l'émission de 1 tonne de CO_2. Au niveau européen, la production d'électricité s'intègre dans le système des quotas visant à réduire les rejets de gaz carbonique. Dans ce cadre, les droits d'émission sont à ce jour distribués gratuitement, et seul le surplus possible d'émission est soumis à la pénalité de 100 €/t de CO_2. La possibilité d'acheter des droits d'émissions sur le marché du CO_2 à des cours qui sont beaucoup plus bas que les 100 €/t de CO_2 limite en fait la pénalité financière totale, d'autant qu'elle n'affecte que la marge (part au-dessus du quota). Toutefois, si les droits d'émission deviennent payants, ce qui est envisagé à partir de 2012 (par exemple à 17 €/t de CO_2), au coût de base du combustible charbon s'ajouterait une pénalité rejet de 17 €/MWh. L'éolien deviendrait ainsi dès à présent très proche de la compétitivité.

Nota : Ces analyses chiffrées, basées sur le coût du charbon, ne s'appliquent pas lorsque, comme c'est le cas en France, le nucléaire a remplacé le charbon pour assurer l'essentiel de la fourniture électrique. Dans ce cas, le coût combustible non consommé est en effet beaucoup plus faible (de 6 à 7 €/MWhe), et il faudrait qu'il soit multiplié par 7,5 pour que l'éolien terrestre ne nécessite plus de subventions pour s'imposer économiquement, chiffre qui atteint 25 pour le photovoltaïque.

9.2. Le remontage

Pour la France métropolitaine, le *tableau 9.2* donne le récapitulatif de l'apport des renouvelables à ce jour et de ce qu'il pourrait devenir lors de ce siècle, en dehors de toute considération financière (en particulier pour l'éolien et le solaire électrique).

	Électricité en TWh		Thermique en Mtep	
	2008	Avenir	2008	Avenir
Hydraulique	64,3	70		
Éolien	5,7	60		
Solaire électrique		10		
Solaire thermique				4
Géothermie et PAC			0,5	8
Bois et déchets	4	15	8,5	20
Agrocarburants			2	12
Total renouvelables	74	155	11	44
Total toutes énergies	575		144	

Tableau 9.2 *Vue d'ensemble des renouvelables en France métropolitaine Situation en 2008 et prévisions en cours de siècle*

En France, l'ensemble des renouvelables en 2008 représentait 74 TWh de fourniture électrique et 11 Mtep de chaleur. À l'avenir, hormis l'hydraulique, toutes les sources renouvelables devraient connaître un fort développement. Globalement, le total pourrait passer de 17 à 56 Mtep, soit une augmentation de 39 Mtep et un facteur multiplicatif supérieur à 3. Mais pour réduire l'importance des combustibles fossiles, qui représentent dans le paysage énergétique français 143 Mtep, ce complément de 39 Mtep de renouvelables, bien qu'important, reste largement insuffisant. D'autres voies complémentaires s'imposent.

Une analyse identique peut être menée au niveau mondial. Cette analyse est plus sujette à incertitudes que celle qui a été faite pour la France, étant donné la multiplicité des situations énergétiques selon les pays. Néanmoins, nous pourrons en déduire quelques grandes orientations.

	Électricité en TWh		**Thermique en Mtep**	
	2008	**Avenir**	**2008**	**Avenir**
Hydraulique	2 800	8 500		
Éolien	220	5 000		
Solaire électrique	10	1 000		
Solaire thermique			20	500
Géothermie et PAC	70	150	50	500
Bois et déchets	300	1 000	900	2 000
Agrocarburants			50	1 000
Total renouvelables	3 400	15 650	1 020	4 000
Total toutes énergies	20 000		8 200	

Tableau 9.3 *Vue d'ensemble des renouvelables dans le monde*
Situation en 2008 et prévisions en cours du siècle

Nota : En comparant les tableaux 9.2 et 9.3, *nous constatons que le seul écart significatif de croissance concerne l'hydraulique. Celle-ci pourrait être multipliée par 3 pour le monde, alors qu'elle reste quasi stable pour la France, reflétant ainsi le fait que, dans ce pays, pratiquement tout a déjà été fait.*

Dans le monde, la production issue des sources d'énergies renouvelables pourrait passer de 1,3 Gtep en 2008 à 5,3 Gtep d'ici la fin du siècle (facteur d'accroissement un peu supérieur à 4). Bien que très significatif, ce complément de 4 Gtep ne permet pas de remplacer les énergies fossiles, qui entrent à ce jour pour 10,1 Gtep dans la fourniture totale énergétique mondiale de 12,3 Gtep.

Un regard spécifique mérite d'être posé sur la fourniture électrique. Grâce à l'hydraulique, à l'éolien, à la biomasse et au solaire, la production d'électricité renouvelable mondiale de 15 650 TWh pourrait approcher la production électrique actuelle toutes sources confondues, qui est de 20 000 TWh (dont 40 % à partir du charbon). La solution au seul problème de la fourniture électrique serait-elle pratiquement trouvée ? La réponse est non, et ceci pour deux raisons.

La première raison est d'ordre technique. Ces 15 650 TWh seraient produits en partie par des sources intermittentes d'une puissance totale d'environ 3 000 GW. Pour assurer la continuité de la production électrique lors des périodes sans soleil (dont les soirées et les nuits) et lors de celles où il n'y a que peu ou pas de vent (dont les périodes anticycloniques), il faudrait disposer d'autres sources, qui soient elles modulables, représentant une puissance totale de pratiquement 3 000 GW (le même chiffre que ci-dessus, soit un rapport 1) pour une production d'environ 20 000 TWh. Selon le réseau électrique et le pays, le rapport, au lieu d'être de 1, pourrait n'être que de 0,9 pour la part de la puissance éolienne. Pour la part de la puissance solaire, le rapport peut être aussi un peu inférieur à 1, mais seulement dans le cas où un stockage de chaleur est prévu (cas du solaire thermodynamique).

La deuxième raison repose sur le constat que les besoins électriques augmentent fortement. En effet, à ce jour, l'électricité est le vecteur énergétique qui connaît la plus forte croissance. Cette croissance devrait s'accélérer avec l'accroissement des besoins de chaleur (chauffage direct, emploi des pompes à chaleur), des besoins de mobilité (transports en commun électriques, voitures électriques et hybrides rechargeables), des besoins croissants de l'industrie du fait du basculement vers l'emploi de l'électricité (y compris pour l'élaboration des matériaux de base) et, enfin, le raccordement de ces 1,5 milliard de personnes qui, à ce jour, n'ont pas encore accès à l'électricité.

Les prévisions actuelles donnent un doublement de la consommation électrique mondiale d'ici 2030 (+ 3,9 % par an pour les pays émergents et + 1 % par an pour les pays de l'OCDE).

Après cet aparté spécifique sur l'électricité, revenons à la vision globale énergétique en nous posant la question : les besoins énergétiques vont-ils ou non s'amplifier ?

Pour la France, en retenant que la population ne devrait que peu varier (de 62 à 66 millions d'habitants ?), nous pouvons penser que grâce aux économies d'énergie, les besoins devraient pouvoir décroître. Mais il n'en est pas de même pour l'ensemble du monde. Au niveau mondial, un accroissement des besoins est inéluctable pour deux raisons : la première est que la population mondiale va fortement croître, et, la seconde, que les besoins moyens par individu ne peuvent eux aussi que grandir.

La population mondiale continue d'augmenter, elle devrait dépasser les 8,5 milliards d'habitants en 2050, pour aller au-delà des 10 milliards à la fin de siècle, chiffre qui atteint même 12 milliards selon certaines estimations.

Les besoins énergétiques vont-ils suivre ces facteurs multiplicatifs de population, qui seraient de 1,4 en 2050 et d'environ 2 en 2100 ? Répondre à cette dernière question revient à regarder l'évolution des besoins moyens par habitant. Ceux-ci ne peuvent que se développer, au moins dans la première partie du siècle. En effet, on ne peut refuser aux 1,5 milliard d'hommes à ce jour sans électricité d'y avoir accès ni aux Africains de dépasser 0,6 tep/hab. Quant aux milliards de Chinois et d'Indiens, leur consommation individuelle ne va pas rester inférieure à 1 tep/an, étant donné leur taux actuel de développement.

Cependant, on ne peut imaginer que chaque être humain arrive un jour au niveau de consommation de l'Européen moyen, car il faudrait en 2100 multiplier la fourniture énergétique par 4, ce qui paraît tout à fait irréaliste. Si des économies d'énergie par individu sont indispensables dans les pays développés, elles sont impensables dans les pays en développement. La répartition relative des populations fait que, globalement, il faudra bien plus d'énergie.

Selon les scénarios du Conseil mondial de l'énergie, la consommation atteindrait entre 14 et 26 Gtep en 2050. La valeur basse de 14 Gtep représente l'objectif visé pour limiter les effets climatiques, avec la division par 2 des rejets de gaz carbonique. La valeur haute de 26 Gtep en 2050 se situe dans la continuité des tendances actuelles. Pour 2100, selon le mode de croissance, les besoins varient de 20 Gtep dans l'hypothèse dite de « sobriété-solidarité » (ou à vocation écologique) à 40 Gtep dans l'hypothèse de la continuité sans contrainte (« business as usual ») ; 30 Gtep serait-il un juste milieu accessible entre ces deux extrêmes ?

À partir de toutes ces données, essayons de reconstituer une vision énergétique mondiale au cours de ce siècle, c'est l'objet de la *figure 9.2*.

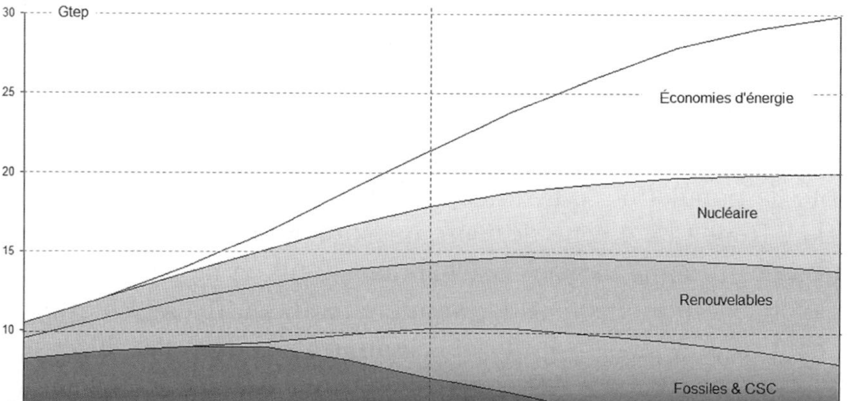

Figure 9.2 *Une vision de l'avenir énergétique monde*

Pour aboutir à cette vision, nous additionnons aux capacités des énergies fossiles (*figure 1.3*) celles que peuvent apporter les renouvelables, regroupées dans la première partie de ce *paragraphe 9.2*. Les possibilités de ces dernières sont importantes, mais en additionnant fossiles et renouvelables, nous constatons que nous plafonnons sous 14 Gtep et sommes loin d'atteindre l'objectif de 30 Gtep, et encore moins celui de 40 Gtep.

Deux réponses complémentaires s'imposent : **les économies d'énergie et l'appel à d'autres sources en dehors des fossiles et des renouvelables connues. Hormis de nouvelles découvertes toujours possibles, la présence du nucléaire semble s'imposer pour limiter l'emprise des combustibles fossiles, et plus spécifiquement celle du charbon, dans la production d'électricité.** Le nucléaire, déjà présent dans le monde à un niveau proche de celui des renouvelables (donc relativement faible en comparaison aux fossiles, *voir figure 1.2*), devrait connaître, comme les renouvelables, un fort développement.

Pour la France, le nucléaire occupe déjà une place importante. Cette place va-t-elle se maintenir, augmenter ou décroître ? La réponse, tout en tenant compte du développement maximum des renouvelables, sera essentiellement fonction de l'importance accordée aux économies d'énergie et à la limitation des rejets de gaz carbonique.

Conclusion

En additionnant toutes les potentialités des sources d'énergies renouvelables, nous avons pu voir que leur production actuelle d'énergie de 1,3 Gtep pourrait dans le futur croître et atteindre 5,3 Gtep, soit un supplément d'apport de 4 Gtep équivalant à une multiplication par 4 de leur performance à ce jour. Ce résultat exceptionnel serait dû en partie aux progrès continus des deux sources classiques que sont le bois énergie et l'hydraulique, qui pourraient encore respectivement doubler et tripler leur contribution. À ceci viendrait s'ajouter l'extraordinaire développement de sources groupées sous la désignation NER (Nouvelles Énergies Renouvelables). Parmi ces sources se détachent particulièrement l'éolien et le solaire, en dépit de leurs handicaps : l'intermittence et le coût.

Cependant, **cette multiplication par 4 de la production des renouvelables ne pourra se traduire par une multiplication équivalente de leur part relative dans le panier énergétique mondial.** En effet, les besoins sont eux aussi appelés à croître, et la part des renouvelables, actuellement de 10 % de la production globale, ne devrait pas dépasser la barre des 25 %. Leur classement, pour répondre à la question posée en introduction de cet ouvrage, passerait de significatif à important, mais ces renouvelables seraient encore bien loin d'une position prépondérante. Leur supplément d'apport de 4 Gtep ne couvrirait que partiellement l'accroissement des besoins de l'humanité, un accroissement qui pourrait atteindre 10 Gtep en dépit des efforts considérables d'économie d'énergie que nous serons amenés à faire. Cet apport supplémentaire des renouvelables serait donc *a fortiori* incapable de contribuer à limiter notre recours aux combustibles fossiles, dont la part est aujourd'hui de 10 Gtep. Et pourtant, il serait urgent de réduire nos émissions de gaz à effet de serre, afin d'atténuer le réchauffement climatique.

Avec une participation des renouvelables de 25 %, il nous resterait donc 75 % de nos besoins énergétiques à couvrir. Il faudrait donc parallèlement aux efforts à fournir sur le front des renouvelables, que nous nous attachions à agir sur deux autres fronts : le développement du nucléaire d'une part et, d'autre part, l'application généralisée des techniques de séquestration du gaz carbonique, qui seules peuvent nous permettre de continuer à utiliser les réserves substantielles de charbon encore disponibles tout en limitant les rejets de gaz à effet de serre.

Mais pour la lucidité de cette analyse, un constat s'impose : **l'essor actuel des Nouvelles Énergies Renouvelables repose en grande partie sur des aides et subventions indirectes** comme celle de l'obligation de rachat de l'électricité à des tarifs nettement supérieurs (jusqu'à un facteur 10) au prix à la production du marché. **Même s'il faut admettre que désormais le temps de l'énergie bon marché est révolu, la percée pour atteindre les 5,3 Gtep de production des renouvelables donnés pour possibles ne pourra se réaliser que si les coûts d'une majorité de ces énergies, notamment ceux du solaire électrique, baissent fortement. Ceci n'est envisageable que si les progrès technologiques initiés par la R&D s'accélèrent.**

Annexe 1
Les mesures de l'énergie

Avertissement

Il serait paradoxal de débuter cette annexe en affirmant que l'énergie n'existe pas, ou plutôt ne peut en soi se mesurer. Dans l'absolu, nous ne pouvons parler ni de production ni de consommation d'énergie. En fait, il n'y a que des transferts d'énergie d'un système à un autre, ou des changements de la forme de l'énergie. Qu'il s'agisse de l'énergie chimique contenue dans un combustible fossile ou de l'énergie de l'eau d'un lac de montagne, ces « énergies » ne sont que potentielles : il faudra en extraire une partie et la transformer pour la transférer vers une utilisation. Brûler du charbon dans une chaudière, c'est transformer de l'énergie chimique en chaleur. Si cette chaleur nous sert pour nous chauffer, elle pourra nous parvenir sous forme d'énergie de rayonnement.

Dans une centrale hydraulique, produire de l'électricité revient à transformer l'énergie potentielle de l'eau d'un barrage en énergie cinétique de cette même eau circulant dans des conduites forcées, puis en énergie cinétique de la turbine et de l'alternateur, et enfin en énergie électrique. Cette énergie « électrique » sera transformée en énergie mécanique pour les moteurs ou en énergie thermique pour le chauffage.

En fait, il y a changement de forme ou transfert de l'énergie ; et c'est cette quantité transformée ou transférée que nous mesurons.

A1.1. Les unités de mesure d'énergie

A1.1.1. Du joule à la tep

Il faut rappeler que toutes les unités dérivent des unités du système international (SI), avec trois unités de base pour évaluer les transformations de l'énergie : la longueur L (le mètre), la masse M (le kilogramme masse), le temps T (la seconde). Le système SI comprend quatre autres unités : l'ampère (A), le Kelvin (K), la mole (mol) et la candela (cd). De ces unités fondamentales dérive celle qui représente la force F : le newton (force qui communique à une masse M de 1 kg une accélération de $1 m/s^2$). Pour mesurer l'énergie, l'unité de mesure est officiellement le joule (J), qui est en fait une mesure de travail : $W = F \times L = M \times L^2 / T^2$.

Le joule représente le travail d'une force F de 1 newton (1 N) dont le point d'application se déplace de 1 m (le newton étant lui-même déjà l'unité dérivée vue ci-dessus). Du joule dérive le wattheure (Wh), avec comme correspondance : 1 Wh = 3 600 joules. Les 3 600 représentent simplement le nombre de secondes en une heure.

Introduire le wattheure revient à passer par la puissance P = W/T (énergie par unité de temps), avec comme unité le watt (joule par seconde). Mais attention, le watt n'est pas une unité d'énergie, c'est une unité de puissance, et l'on ne doit pas confondre le terme énergie et le terme puissance, comme c'est bien souvent le cas.

Le wattheure, utilisé surtout pour mesurer l'énergie électrique, peut s'appliquer à toutes les formes d'énergie, y compris à celles qui sont des sources de chaleur en direct. Rappelons que l'électricité n'est qu'un vecteur d'énergie issu d'autres sources d'énergie que l'on appelle primaires.

Les unités comme le joule n'étant guère parlantes, une unité pratique, la tonne équivalent pétrole (tep), est très utilisée. Elle est basée au départ sur l'énergie thermique dégagée par la combustion d'une tonne de pétrole. Cette formule pourrait paraître imprécise, en sachant que tous les pétroles ne produisent pas rigoureusement la même énergie. Mais cet obstacle est levé grâce à la définition selon laquelle 1 tep vaut 41,86 GJ (milliards de joules), soit, 11,63 MWh.

Nota : De façon simplifiée, il est souvent retenu : 1 tep = 42 GJ.

En ramenant toutes les productions énergétiques à leur équivalence en pétrole (combien il faudrait utiliser de pétrole pour arriver au même résultat), nous pouvons connaître le résultat global de l'utilisation de sources diverses comme le charbon, le gaz et le bois. On ne peut bien évidemment pas additionner des tonnes de charbon, des mètres cubes de gaz, des stères ou des tonnes de bois, mais on peut additionner des tep. Le choix a été fait de prendre le pétrole comme référence, puisque celui-ci, au niveau mondial, prédomine dans la production énergétique. Pour les sources fossiles, la biomasse et les usages directs thermiques, les correspondances sont simples et sans ambiguïté, sur la base des chaleurs spécifiques.

Le *tableau 1* donne quelques équivalences courantes.

Combustible	Unité de mesure	Équivalent en tep
Essence	1 tonne	1,07 tep
Fuel	1 tonne	0,96 tep
Charbon houille	1 tonne	0,62 tep
Charbon lignite	1 tonne	0,3 à 0,4 tep
Bois (25 % eau)	1 tonne	0,29 tep
Bois feuillus	1 stère	0,18 tep
Bois résineux	1 stère	0,12 tep
Gaz naturel	1 000 m³ (0,71 tonne)	0,855 tep

***Annexe 1, tableau 1** Des sources « chaleur » à la tonne équivalent pétrole*

Les correspondances sont moins simples lorsque qu'il s'agit de l'électricité, d'autant que les règles de conversion ont été modifiées dans le temps.

Jusqu'en 2001, la France appliquait la méthode de l'équivalent primaire à la production, selon laquelle, quels que soient l'origine de l'électricité et son usage, un coefficient de conversion unique était adopté, coefficient fixé à 0,222 tep par MWhe (quantité de pétrole à brûler dans une centrale thermique de rendement 39 %). C'était conventionnel, simple, sans ambigüité.

Depuis 2001, les nouvelles conventions donnent des équivalences différentes selon l'origine de l'électricité, comme le montre le *tableau 2* : 1 MWhe = 0,26 tep pour l'électricité nucléaire, 0,86 tep pour l'électricité géothermique et 0,086 tep pour les formes de production d'électricité qui ne passent pas par la chaleur (hydraulique, éolien, photovoltaïque).

Voulant se rapprocher de l'énergie finale calorifique, le mode de conversion est devenu compliqué, tout aussi conventionnel, source de confusion si on fait référence au passé.

Production	**Unité**	**Conversion en tep**
Nucléaire	1 MWhe	0,26 tep
Géothermie	1 MWhe	0,86 tep
Autres hors chaleur	1 MWhe	0,086 tep

Annexe 1, tableau 2 *Des sources d'électricité à la tonne équivalent pétrole*

À titre d'exemple, la production annuelle d'électricité hydraulique française, chiffrée à environ 65 TWh, est comptée maintenant pour 5,6 Mtep, alors qu'elle l'était pour 14,4 Mtep auparavant. Miracle ou mirage des chiffres ?

En France, compte tenu des sources diverses de production d'électricité (*voir § 4.7*), en moyenne à 1 MW d'énergie finale correspond 0,233 tep, soit 2,7 MW d'énergie primaire.

A 1.1.2. Autres unités : la calorie, l'électronvolt

Proposée et utilisée bien avant que l'équivalence chaleur-travail ne soit établie par la fameuse expérience de Joule, la calorie est au départ uniquement une mesure de quantité de chaleur, celle nécessaire pour élever la température de 1 kg d'eau de 1 °C. Les conditions précises de référence (dite calorie à 15 °C) seront ensuite établies, définissant la calorie comme : « la quantité de chaleur nécessaire pour élever 1 g d'eau dégazée de 14,5 °C à 15,5 °C, sous la pression atmosphérique normale. »

Mais cette calorie, basée sur le gramme et non le kilogramme, représente 1 000 fois moins d'énergie que dans sa première définition. Pour éviter toute ambiguïté, on appelle « grande calorie » (Cal ou kcal) la valeur mesurée sur 1 kg d'eau et « petite calorie » ou simplement « calorie » (cal) la valeur mesurée sur 1 g d'eau. La calorie ne fait pas partie des unités du système international (SI), elle n'est pas officielle. Néanmoins, il n'est pas inutile de pouvoir passer au système international et, pour cela, la valeur recommandée est l'équivalence de 1 calorie = 4,1855 joules, ou 1 Cal (kcal) = 4,1855 kJ = 1,16 Wh. Pour simplifier, nous retenons en général le coefficient 4,18. En fait, la calorie est une unité pratique de quantité de chaleur utilisée encore de façon traditionnelle par certains chimistes, thermiciens et frigoristes. Elle a aussi sa place en diététique et apparaît sur les emballages de produits alimentaires, exprimée en général en kcal, avec l'équivalence en kJ. Les aliments contiennent en effet des nutriments (glucides, lipides, protides), sources d'énergie. Par exemple, 1 g de glucides et 1 g de protides fournissent 4 Cal (ou 4 kcal), et 1 g de lipides fournit 9 kcal. Les besoins énergétiques alimentaires normaux, qui sont d'environ 2 600 kcal par jour pour une vie sédentaire, peuvent monter à 5 000 en cas de forte activité physique. Nourrir l'ensemble de l'humanité représenterait finalement l'équivalent énergétique d'environ 6 milliards de mégawattheures, soit 0,5 milliard de tep (0,5 Gtep). Mais pour arriver à ce résultat, il aura fallu dépenser beaucoup plus d'énergie sous forme de cultures et surtout dans la nourriture des animaux (*voir § 7.4* : il faut 50 fois plus de surface agricole pour produire 1 kg de bœuf que pour produire 1 kg de blé. Globalement, la dépense énergétique nécessaire à la nourriture peut représenter dix fois celle de l'énergie finale), la dépense énergétique peut représenter 10 fois celle de l'énergie finale).

Lorsque l'on entre dans le domaine de la microphysique pour mesurer les très petites quantités d'énergie, une autre unité, l'électronvolt, est utilisée. L'électronvolt correspond à l'énergie acquise par un électron lorsque son potentiel électrique varie de 1 volt. Pour assurer la liaison avec le système international, il faut rappeler que celui-ci part de l'unité de base du courant électrique, l'ampère. De cette unité de base seront déduites l'unité de charge (le coulomb) et l'unité de tension (le volt).

- le coulomb désigné C : 1 ampère en 1 seconde ;
- le volt V, caractérise la tension U définie par la relation U= P/I, avec P en watt et I en ampère.

La charge élémentaire de l'électron valant $1{,}602 \times 10^{-19}$ C, 1 électronvolt vaudra $1{,}602 \times 10^{-19}$ joules.

A1.2. De l'énergie primaire à l'énergie utile, en passant par l'énergie finale

Pour situer le problème, prenons l'exemple suivant, volontairement simpliste : nous partons d'une tonne de pétrole extraite à laquelle nous donnerons la valeur 1. Ce pétrole sera raffiné, ce qui consommera de l'énergie (pouvant être de l'autoconsommation). Compte tenu des pertes, nous n'aurons plus que l'équivalent de 0,8 sous forme d'essence. Il faudra la distribuer vers les stations-service et pour prendre en compte les consommations des transports et pompages, notre chiffre devient 0,75. Ce sera le chiffre que verra le consommateur à la pompe et qui déterminera le prix à payer. Cette essence, utilisée dans un moteur thermique avec un rendement moyen de 0,25, ne produira en énergie utile que 0,18 pour faire avancer la voiture. Que retenir de ces quatre chiffres finalement très différents : 1, 0,8, 0,75, 0,18 ?

Chaque chiffre est bon, encore faut-il, dans les comparaisons et les analyses, préciser ce dont on parle. Il faut donc notamment faire la distinction entre l'énergie primaire (ce serait le chiffre 1, à l'origine de toute la chaîne), l'énergie finale (le chiffre 0,75, celui que voit l'usager) et enfin l'énergie utile (le chiffre 0,18).

L'énergie dite finale est celle dont on parle le plus, car c'est celle que voit le consommateur et celle à laquelle on fait référence pour parler des économies d'énergie.

En additionnant ses factures d'électricité, de gaz, de fuel pour se chauffer ou d'essence pour sa voiture, etc., chacun peut faire son bilan d'énergie finale. Ce bilan peut se chiffrer au total, soit en tep, soit en kilowattheure, avec les conversions vues ci-dessus.

Compte tenu des rendements en aval, qui feront baisser sa valeur chiffrée, cette énergie finale répondra aux besoins sous forme d'énergie utile, celle que l'usager ne peut estimer aisément, mais qui en définitive est l'objectif essentiel.

Par exemple, si l'on considère l'utilisation d'une tep fuel d'énergie finale pour se chauffer, avec un rendement chaudière de 0,8, nous obtenons pour cette tep d'énergie finale 0,8 tep d'énergie utile. Si l'on considère par ailleurs que cette même tep d'énergie finale est utilisée pour se déplacer, nous n'obtiendrons que 0,25 tep d'énergie utile. On voit bien toute l'ambiguïté de l'approche énergie finale sous l'aspect réponse aux besoins.

L'énergie primaire est celle qui, à partir de la source, permet d'aboutir au compteur à l'énergie finale. Compte tenu des rendements de toute la chaîne, c'est la mesure qui, prenant en compte la totalité du cycle énergétique, permet de voir comment on répond aux besoins. Cette énergie primaire n'est pas directement perceptible par le consommateur. Mais autant sous l'aspect des réserves énergétiques que sous celui des rejets de gaz carbonique, l'énergie primaire est la seule mesure globale qui fasse référence.

Pour la France, partant des 277 Mtep de la mesure de l'énergie primaire à la production, nous aboutissons aux 175 Mtep mesurées en énergie finale (à la distribution) et à une estimation de 107 Mtep de l'énergie réellement utile en bout de chaîne.

La première baisse de 277 à 175 Mtep est liée aux pertes et rendements de conversion, dits usages internes, de la branche énergie, dont les pertes liées à la production d'électricité thermique (*voir § 5.4.1*), auxquelles s'ajoute le bilan du solde exportations/importations d'électricité.

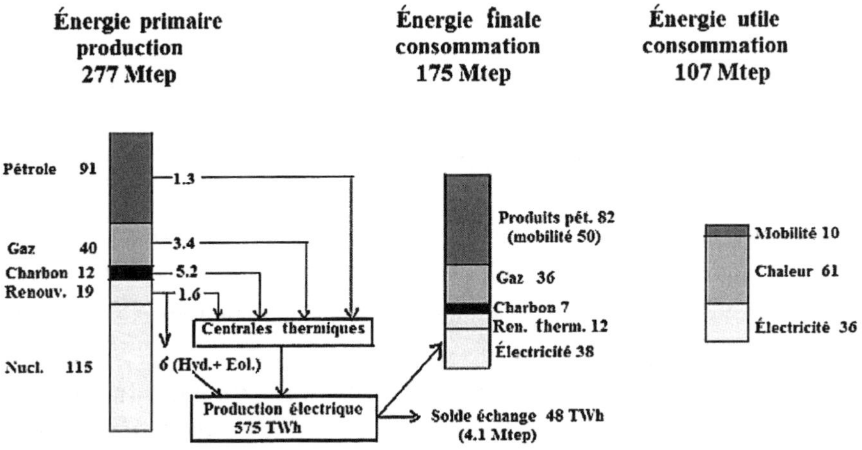

Annexe 1, figure 1 *Vue d'ensemble des mesures énergies totales en France en 2008*

L'estimation de l'énergie en définitive réellement utile prend en compte les rendements dans l'ultime phase de consommation (très mauvais rendement des moteurs thermiques, rendements des chaudières…). De façon simplifiée, un rendement de 20 % est affecté à la mobilité (rendement moyen des moteurs thermiques). Un rendement moyen de 70 % est affecté aux autres usages des sources de chaleur et enfin un rendement de 95 % à l'électricité (100 % pour le chauffage, 95 % pour les moteurs…).

Annexe 2
La visite de Coricancha

A2.1. L'histoire

Comme nous l'avons vu dans le *§ 1.2.3*, il convient de réduire nos émissions de gaz à effet de serre pour éviter un bouleversement du climat de notre planète. Pour que l'élévation de température ne dépasse pas 2 °C, considérée comme étant la limite du supportable en un siècle, il faudrait que les émissions mondiales soient divisées par un facteur 2 environ. Mais pour atteindre ce facteur 2, l'essentiel de l'effort devrait être soutenu par ceux qui actuellement rejettent le plus. Pour l'Européen moyen, cet effort doit être de 4. Pour arriver à ce facteur 4, deux voies s'imposent : les économies d'énergie et l'utilisation de sources d'énergies non émettrices de gaz carbonique. Parmi ces dernières, celles qui sont classées renouvelables ont une place importante à prendre.

En 2002, afin de démontrer l'intérêt des renouvelables, le laboratoire Énergies Renouvelables Coricancha (association loi 1901), symboliquement baptisé du nom de ce que fut le temple du Soleil des Incas, est mis en place à Montéléger (Drôme). Il a l'ambition d'être un micro palais de la découverte où grand public, scolaires, étudiants, architectes, agriculteurs et artisans pourront voir des applications des Énergies Renouvelables (EnR). Un hangar agricole de 70 m^2 est aménagé en laboratoire pédagogique et reçoit, dès 2003, ses premiers visiteurs. Les activités du laboratoire se diversifient.

À l'aide des DPE (Diagnostic de Performance Énergétique) effectués pour la rénovation de l'habitat ancien, les particuliers sont accompagnés et conseillés dans leurs projets d'économies d'énergie et de mise en œuvre d'EnR. Le bilan du DPE chiffre le coût financier du chauffage, de la production d'Eau Chaude Sanitaire, de la ventilation et de la mise en œuvre d'EnR. Deux étiquettes pédagogiques indiquent les valeurs par mètre carré de logement, l'une en énergie primaire consommée et l'autre par kilogramme de gaz carbonique rejeté (voir nos exemples, *figures A2.2 et A2.7*).

Des améliorations sont proposées aux propriétaires du logement. Ce bilan est établi avec des règles communes à toute la France et permet la comparaison de la qualité énergétique des habitations pour les biens vendus ou loués.

Associations et groupes sont reçus en visite au laboratoire où, après une présentation de diapositives sur les économies d'énergie, sur les EnR et sur les mises en application dans la conception des maisons basse consommation, il leur est montré de nombreuses expériences sur l'utilisation du soleil. « Cerise sur le gâteau » : un monitoring montre en direct les consommations de l'habitation voisine, les productions électriques de l'éolienne et du toit photovoltaïque, et leur permet de vérifier la réalité de ce qui leur est présenté. Pour les maternelles, les sens du toucher, de l'odorat et de la vue seront mis à l'épreuve, et on fera fondre au four solaire du chocolat sur des tartines ! Les étudiants et futurs ingénieurs, quant à eux, dégusteront, après un café solaire, des nourritures plus intellectuelles !

Le laboratoire est démonstratif et pédagogique. Il explique ces nouvelles sources d'énergie et l'instrumentation qui permet de faire les bilans énergétiques de la maison d'habitation voisine. Des expériences innovantes y sont aussi menées dans le domaine de l'agriculture, et des essais de matériel y sont effectués et testés. Pour faire face à une demande croissante (2 000 visites par an), il sera vraisemblablement délocalisé dans la périphérie valentinoise vers 2012.

A2.2. Un exemple de mise en œuvre de renouvelables dans l'habitat

A2.2.1. La maison d'habitation

Cette maison est assez typique de l'habitat français en milieu rural pour les constructions antérieures à 1948.

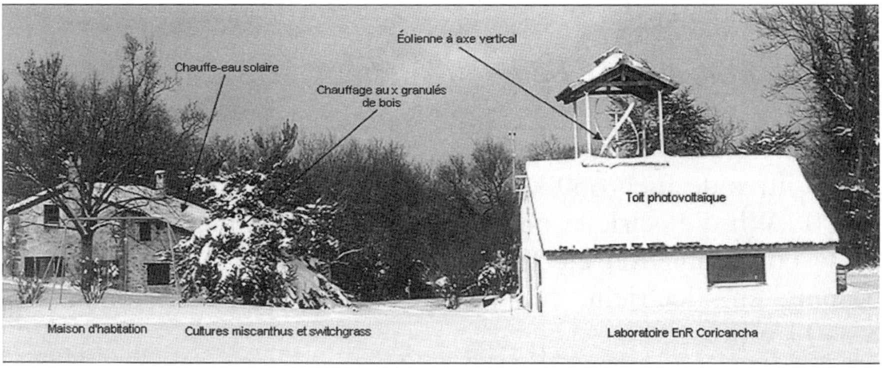

Annexe 2, figure 1 *L'hiver au laboratoire EnR Coricancha et la maison d'habitation*

C'est une maison ancienne, vieille ferme du XIXe siècle. Le corps principal a été bâti en plusieurs étapes. Les matériaux de constructions sont très variés : pierres du pays (molasse), galets-chaux, torchis… Elle possède cependant toutes les qualités d'un habitat écologique, étant bien pensée et adaptée au climat de la Drôme. Aucune fondation n'existe, les sols sont sur terre-plein, un plancher bois sur solives sépare le rez-de-chaussée de l'étage, aucun pont thermique. La maison, mi-enterrée côté nord et ayant peu d'ouvertures, est à l'abri du mistral glacial de l'hiver. Elle était en outre protégée par une importante végétation d'arbres à feuilles persistantes et surtout par une étable surmontée d'une fenière à l'étage. Autrefois, les vaches apportaient leur chaleur, et le foin du premier étage faisait office d'isolant. La ferme s'est ensuite dotée côté nord-est d'une écurie, d'un hangar couvert et d'une porcherie côté est. On pénétrait dans cette ferme par le hangar côté sud. On se chauffait l'hiver au bois grâce à une cheminée centrale et on dormait à l'étage. Plantes grimpantes et arbres feuillus à feuilles caduques protégeaient le local d'habitation des chaleurs de l'été. Les propriétaires actuels ont apporté un supplément de protection de la maison avec des chambres et un garage côté nord.

Aujourd'hui la maison a une surface habitable (SHAB) de 220 m^2.

A2.2.2. État initial : bilan énergétique et GES en 2000

La consommation moyenne calculée sur 3 ans comporte 3 200 litres de fuel, 660 kWh d'auxiliaires de chauffage, VMC et 3 000 kWh d'électricité pour l'Eau Chaude Sanitaire. L'ensemble de la consommation électrique étant de 12 000 kWh, les autres besoins en électricité (dits usages spécifiques) se montent à 8 340 kWh.

- Mesuré en énergie finale, le bilan énergétique est de 35 210 kWh (31 550 fuel + 3 660 électricité) pour le chauffage et l'ECS, auxquels s'ajoutent 8 340 kWh d'électricité tous usages.
- Mesuré en énergie primaire, le bilan énergétique est de 46 190 kWh pour le seul ensemble chauffage et ECS, soit 210 kWh/m^2 et par an.

  Les rejets de gaz carbonique sont au total de 8,7 t/an (8,4 fuel + 0,3 électricité) pour le seul ensemble chauffage et ECS, soit 39 kg/(m^2.an) de CO_2. Ils sont essentiellement associés à la combustion du fuel de chauffage.

Pour tous les besoins maison, y compris ceux de l'électricité domestique, ils sont de 9,36 t/an, soit 42 kg/m^2 par an.

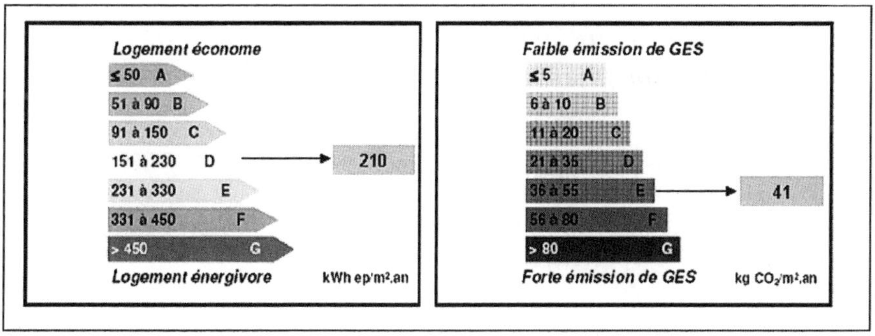

***Annexe 2, figure 2** Chauffage et ECS, pictogrammes énergie primaire et gaz carbonique, année 2000*

A2.2.3. Actions d'isolation

Autant il est facile de concevoir et de construire une maison neuve économe en énergie, dont le bilan du DPE sera très bon, autant pour une maison ancienne, la rénovation thermique est délicate et coûteuse, le respect du patrimoine ancien et des zones classées ne facilitant pas la tâche !

Sur notre sujet d'étude (la maison d'habitation voisine du laboratoire Coricancha), l'isolation de l'enveloppe a été totalement revue : 30 cm d'isolant sous toiture, 10 cm d'isolation intérieure, changement des ouvrants pour des huisseries isolantes et des doubles vitrages à isolation renforcée par lame d'argon et couche interne métallique non émissive. Il faut noter que la ventilation est mécanique. Une ventilation double flux n'a pas été mise en place car elle nécessite une enveloppe étanche. L'étanchéité de l'enveloppe ne permettrait pas à l'humidité capillaire remontante due à l'absence de fondation d'être éliminée au travers des murs. Pour des raisons architecturales, les pierres apparentes de la maison n'ont pas été masquées par une isolation extérieure. Heureusement, la maison est bien orientée et bien protégée par une végétation dédiée.

Nota : Ces travaux d'isolation ont été réalisés en plusieurs étapes, alors qu'en parallèle étaient lancées les mises en œuvre des renouvelables décrites ci-dessous. Cette simultanéité d'actions n'a pas permis de faire un bilan thermique de l'apport de la seule isolation. Ce bilan pourra être obtenu indirectement à partir de l'analyse globale.

A2.2.4. Mise en œuvre des énergies renouvelables thermiques

La chaudière bois

La chaudière fuel a été remplacée par une chaudière aux granulés de bois, régulée par thermostat et horloge. La température de la maison est aux environs de 18 °C dans les chambres et de 20° C dans les pièces à vivre. La consommation de granulés se monte de 4,8 tonnes par an. L'énergie brute produite est de 21 600 kWh.

L'Eau Chaude Sanitaire

Les chauffe-eau électriques ont été remplacés par deux chauffe-eau complémentaires sur le plan énergétique : un chauffe-eau solaire (capteurs solaires de 4 m^2, hydro-accumulation de 200 litres) associé en série avec un chauffe-eau de 150 litres dont les calories sont fournies par la chaudière granulés de bois. Ainsi, l'hiver, ce sont principalement les granulés de bois qui chauffent l'eau et l'été le soleil. Le chauffe-eau solaire n'est pas équipé en instruments de mesure pour faire des bilans précis. Mais une estimation de l'apport potentiel des 4 m^2 de panneaux donne un apport d'environ 1 500 kWh.

Énergie électrique : la consommation

Une chasse au gaspillage a été menée systématiquement.

• *Appareils de réfrigération*

La qualité de ce type d'appareils, et en particulier celle de l'isolation, est essentielle. Il faut retenir les appareils notés A, A+ ou même A++. On s'est attaché à séparer la fonction congélateur de la fonction réfrigérateur et à placer le congélateur dans une zone de température modérée (cave).

• *Lave-vaisselle et lave-linge*

Mêmes remarques que précédemment, avec la possibilité de connecter l'eau chaude solaire/bois sur les entrées d'eau de ces appareils, en n'oubliant pas un mitigeur à l'entrée du lave-linge, sauf si cet appareil comporte une entrée d'eau chaude distincte.

• ***Éclairage et veille des téléviseurs, micro-ordinateurs, chaîne hi-fi…***

Les lampes ont été remplacées par des lampes fluo-compactes, des minuteries ont été placées sur les lieux de passages fréquents. Des interrupteurs d'alimentation sont placés en amont des appareils qui n'en comportent pas.

L'ensemble de ces améliorations énergétiques a fait passer la consommation électrique hors Eau Chaude Sanitaire de 8 340 kWh en 2000 à 6 000 kWh en 2010.

A2.2.5. La production électrique renouvelable

La consommation électrique étant de 6 000 kWh/an ; peut-on répondre à ces besoins de façon autonome avec les EnR ? Deux sources complémentaires seront testées : le photovoltaïque et l'éolien.

Toit photovoltaïque de 3 kWc

En 2003, un toit photovoltaïque d'environ 30 m^2 a été placé en surimposition avec un azimut idéal de 0° (plein sud) sur le hangar du laboratoire EnR Coricancha. Ce toit est dissymétrique et d'une inclinaison (i) = 31° (*voir § 5.1.2*). Les 40 modules de PW 750 (puissance de 75 Wc) de la société Photowatt sont assemblés (chaque module est un assemblage de cellules silicium polycristallin). La moitié de la puissance de ce toit peut alimenter des batteries. Ceci assure une réserve de 4 kWh pour parer à une coupure de réseau. Le système fonctionne alors en onduleur autonome.

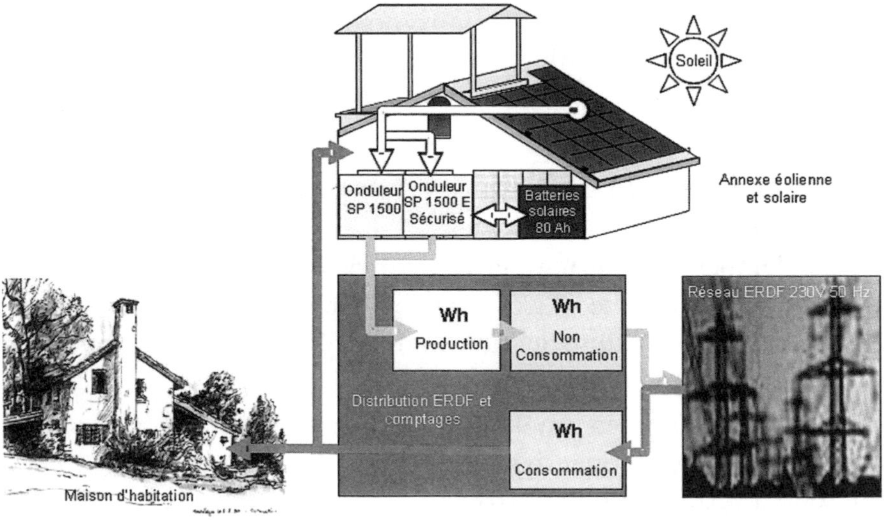

Annexe 2, figure 3 *Synoptique du fonctionnement de la centrale photovoltaïque*

La production annuelle du toit photovoltaïque est d'environ 3 000 kWh.

Cette installation a été l'une des premières centrales photovoltaïques de la Drôme. Les problèmes d'autorisation d'ouverture ont été nombreux. Il aura notamment fallu attendre 1 an et demi avant d'être définitivement raccordé au réseau. Le kilowattheure est racheté à 0,14 euro. Le contrat signé pour 20 ans n'est pas renégociable. Il faut noter que le prix actuel de rachat des nouveaux contrats est de 0,58 €/kWh, en intégration au bâti (*voir § 2.4*). Des demandes de revalorisation du contrat ont été formulées plusieurs fois, mais toujours avec une fin de non recevoir de la part d'EDF. Nous n'avons jamais avantage en France à vouloir être le démonstrateur d'une nouvelle technologie !

En sachant qu'en France les rejets moyens de CO_2 associés à l'électricité sont de 80 kg par mégawattheure (*voir § 1.2.5*), le gain rejet est de 240 kg de CO_2 par an.

*Nota : La prise en compte des rejets associés à la fabrication des panneaux réduirait un peu ce gain (*voir figure 4.3*).*

Éolienne d'1 kW

La vallée du Rhône, qui traverse la Drôme, est balayée par des vents dominants nord et sud soutenus. Deux modèles d'éolienne ont été testés : la Maja 1000 et la XX 1000 (pour cette dernière, tests encore en cours).

Annexe 2, figure 4 *Éolienne Maja 1000*

L'éolienne à axe horizontal Maja 1000 (éolienne d'origine américaine dont l'hélice tripale a été redessinée par une société allemande) est classique, au fil du vent. Son gouvernail est muni d'un safran qui la maintient face au vent. La tension triphasée produite de 48 V est redressée, régulée, filtrée, puis ondulée à 50 Hz pour être ensuite synchronisée au réseau. L'éolienne est montée sur un mât de 12 m (cette hauteur évite toute demande de permis de construire). En cas de vent trop important, l'hélice s'efface du lit du vent en pivotant latéralement de 90°, évitant ainsi au vent d'exercer une pression destructrice sur les pales : c'est la mise en sécurité.

La production annuelle de cette éolienne Maja 1000 est de l'ordre de 1 500 kWh.

Achetée directement en Allemagne, avec son onduleur dédié (3 500 €), elle fonctionne en autoconsommation, le courant n'est pas vendu à EDF. Le gain en autoconsommation d'électricité est donc de 1 500 × 0,08 € = 120 €/an.

Le retour sur investissement (sans aide, ni crédit d'impôts) se calcule hors indexation comme suit : 3500/120 = 29,2 ans, soit une trentaine d'années. Avec un taux d'indexation de 4 %, le retour sur investissement dépasse 60 ans.

À l'énergie produite par l'éolienne peuvent être associées des économies de rejets de CO_2 de 120 kg/an.

L'autre éolienne testée, XX 1000 (*figure A2.5*), est vendue par la société parisienne Éole. Selon la société qui la distribue, elle est de fabrication franco-chinoise. Comme toutes les éoliennes à axe vertical, elle ne s'oriente pas par rapport au vent, puisque quel que soit le sens du vent, sa dissymétrie aérodynamique entraîne une rotation toujours dans le même sens. Son esthétique a séduit tous nos amis, en revanche sa production électrique n'a pas donné à ce jour les résultats escomptés. La tension délivrée n'a jamais dépassé la douzaine de volts, au lieu des 48 volts spécifiés, même avec des vents de 10 m/s de moyenne. Ce dossier est à suivre.

Annexe 2, figure 5 *Éolienne XX 1000 à axe vertical*

Bilan global électricité

La production d'électricité s'élève à environ 5 000 kWh (3 500 + 1 500) et est légèrement inférieure à la consommation totale de 6 000 kWh.

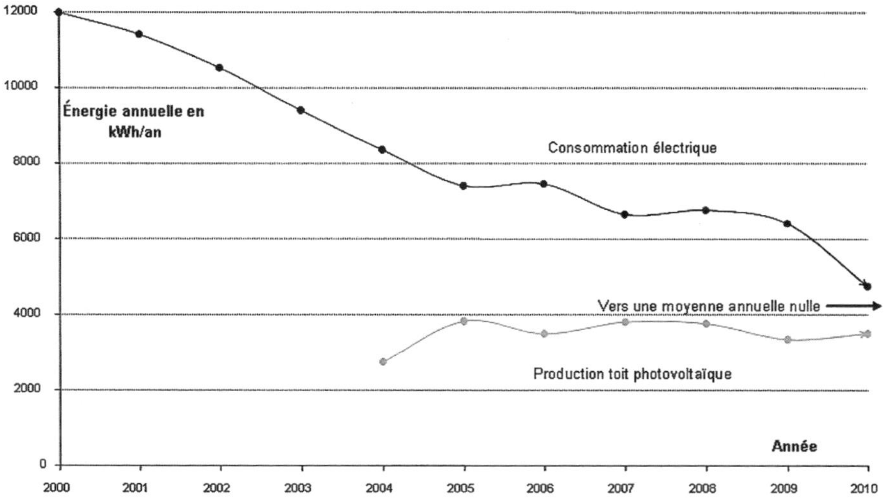

Annexe 2, figure 6 *Évolution annuelle de la consommation mesurée compteur EDF et de la production d'électricité photovoltaïque La consommation réelle de 6 000 kWh s'obtient en ajoutant à l'indication compteur de 4 500 kWh la production autoconsommée de l'éolienne*

A2.2.6. Bilan énergétique et GES en 2010

Mesuré en énergie finale, le bilan énergétique chauffage et ECS est de 23 760 kWh (21 600 pour le bois + 1 500 pour le solaire et + 660 d'électricité des auxiliaires de chauffage).

Le passage de 35 210 à 23 760 kWh, soit une baisse de 11 450 kWh (33 % de la consommation initiale) est dû aux travaux d'isolation. Mesuré en énergie primaire, le bilan énergétique pour le chauffage et l'ECS est de 25 740 kWh, soit 117 kWh/m^2 par an.

Les rejets de CO_2 liés au chauffage et à l'Eau Chaude Sanitaire sont de 53 kg/an. Ils proviennent des seuls auxiliaires électriques. Si on ajoute la consommation courante d'électricité, à présent de 5 340 (6 000 – 660), la totalité des rejets est de 480 kg/an, soit environ 2 kg/m^2 et par an.

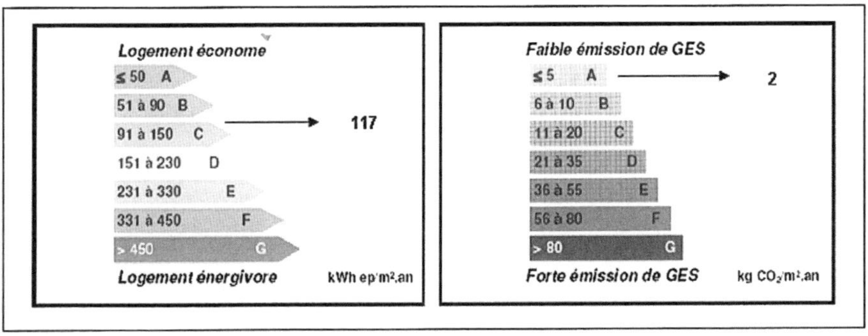

Annexe 2, figure 7 *Chauffage et ECS, pictogrammes énergie primaire et gaz carbonique, année 2010*

A2.3. Transport et déplacements, lancement de deux cultures énergétiques expérimentales

La première place au titre de la consommation d'énergie, qui est occupée par l'habitat, passe aux transports si l'on regarde la mesure des rejets de CO_2. Ce caractère prédominant des transports est accentué dans le cas de la résidence rurale et de la vie moderne, qui entraînent de nombreux déplacements.

Avec deux véhicules, la famille est très sensibilisée au problème des dépenses énergétiques transports. La moyenne de 20 000 km parcourus par an et par véhicule en 2000 a ainsi été réduite à 15 000. Néanmoins, en dépit du choix de modèles de voitures à basse consommation (4,5 et 5 litres au 100), la consommation totale atteint 1 425 litres par an, s'accompagnant du rejet de 3,8 tonnes de CO_2. C'est presque 10 fois plus de rejets que ceux associés au seul habitat. Ce constat a conduit à regarder les agrocarburants. En 2008, décision est prise par le laboratoire Coricancha d'abandonner définitivement l'agriculture classique et de mettre les terres qui entourent le laboratoire à l'essai de cultures énergétiques expérimentales : le miscanthus et le switchgrass.

Le miscanthus (*Sinensis giganteus*) est une plante dite en C4, c'est-à-dire capable de stocker un maximum de carbone. Cette graminée est originaire d'Asie centrale. Elle ressemble à de la canne à sucre, et on peut considérer que c'est la championne de la planète pour la production de biomasse, puisqu'en 2012, à maturité, elle produira plus d'une dizaine de tonnes à l'hectare, à comparer à la production forestière, qui est de l'ordre de 4 à 8 tonnes à l'hectare. Les rhizomes frais, que nous sommes allés acheter en Autriche, ont été plantés dans les 72 heures qui ont suivi leur arrivée en France. Très rapidement, la plante s'est développée avec une vigueur étonnante, se multipliant sur place jusqu'à 20 fois par an. La plante n'est pas invasive comme le bambou, elle est très robuste et n'a pas besoin ni d'engrais ni de pesticide. Une pluviométrie minimale de 650 mm d'eau annuelle lui est nécessaire.

Annexe 2, figure 8 *Le miscanthus dans sa deuxième année*

La première récolte (3 tonnes de matière sèche/hectare) a eu lieu au printemps 2010, suivie en mars 2011 de la deuxième récolte de 8 tonnes de matière sèche/hectare. La production devrait doubler chaque année pendant 3 ans, pour se stabiliser aux alentours de 15 à 25 t/h. Et ceci pendant 20 ans, car cette culture est pérenne. Au mois de mars, pendant lequel la récolte a lieu, le produit est extrêmement sec. Il possède moins de 10 % d'humidité et va donc pouvoir se granuler directement sans séchage. Les premiers essais sont effectués à l'usine Natural Énergie du Grand-Serre dans la Drôme, qui a accepté d'en faire l'expérimentation.

On peut espérer dans un prochain avenir que cette plante ligneuse et sèche pourra être transformée en agrocarburant (deuxième génération). Un hectare de miscanthus mature pourrait produire l'équivalent de 2,8 tep (à comparer au 1,2 tep/ha du colza par exemple, *voir § 7.4.2*). Notons enfin que le bilan gaz carbonique à l'hectare de la culture est positif, car le rhizome, qui reste en terre, stocke des hydrates de carbone.

Le switchgrass (*Panicum virgatum L)* est une culture du même type, mais beaucoup moins coûteuse à la plantation, car au lieu d'être planté à partir de rhizomes au prix de 1 500 €/ha, on utilise des semences beaucoup moins onéreuses : 300 €/ha. Les rendements en matière sèche sont moindres que pour le miscanthus, environ 10 à 12 t/ha. Les utilisations sont analogues à celles du miscanthus.

A2.4. Récapitulatif et conclusions

Les émissions de gaz à effet de serre sont passées de 8,7 tonnes par an à pratiquement zéro pour les seules fonctions de chauffage et d'Eau Chaude Sanitaire.

Les travaux d'isolation ont permis de faire pratiquement plus du tiers du chemin vers « le zéro émission ». Le remplacement du fuel par des granulés de bois et l'apport du solaire thermique ont fait les deux tiers du chemin restant.

La consommation d'électricité destinée à l'Eau Chaude Sanitaire a été supprimée et une grande partie de l'électricité consommée est couverte par le toit solaire photovoltaïque et l'éolienne.

On comprend bien ainsi tout l'intérêt des énergies renouvelables, en particulier des thermiques (bois et solaire), pour leur impact sur la planète dans le domaine du bâtiment.

Des progrès sont encore possibles, particulièrement en utilisant, pour réduire la consommation d'électricité, de l'eau chaude produite à partir du bois et du solaire pour les appareils électroménagers de lavage, et en substituant des éclairages à diodes électroluminescentes (DEL ou LEDs) aux éclairages fluocompacts actuels.

Bibliographie

Daniel Ballerini, *Les biocarburants. État des lieux, perspectives et enjeux du développement,* Paris, IFP Publications/Éditions Technip, 2006.

Bruno Béranger, *Les pompes à chaleur*, Paris, Éditions Eyrolles, 2009 (2e édition).

Pierre Boisson [dir.], *Énergie 2010-2020. Les chemins d'une croissance sobre*, Paris, La documentation française, 1998.

Jean-Yves Daniel [dir.], *Sciences de la* terre *et de l'univers*, Paris, Éditions Vuibert, 1999.

Michel de Galbert, *Le défi forestier. Pour le développement durable*, Belley, Imprimerie Nouvelle Gonnet, 2006.

Élise Huffer, Hervé Nifenecker et Jean-Louis Robin [dir.], *L'énergie de demain. Techniques, environnement, économie*, EDP Sciences, 2005.

Jean-Marc Jancovici, *L'Avenir climatique. Quel temps feronsnous ?*, Paris, Éditions du Seuil, 2002.

Christian Pèes, *L'Arme alimentaire : les clés de l'indépendance*, Paris, Édition du Cherche Midi, 2007.

Rapport de l'EEA (European Environment Agency) n° 7/2006 : « How much bioenergy can Europe produce without harming the environment ? », 2006.

Rapport de Joint Research Centre, Eucar et Concawe, « Well-to-Wheels analysis of future automotive fuels and powertrains in the European context », 2004
http://ies.jrc.ec.europa.eu/uploads/media/WTW_Report_010307.pdf

Statistiques de l'AIE (Agence Internationale de l'Energie) : www.iea.org/Textbase/stats/index.asp

Chiffres clés de l'Énergie du Commissariat Général au Développement Durable : www.developpement-durable.gouv.fr/energie, rubrique Données de référence.

Composé par Nord Compo Multimédia
7, rue de Fives
59650 Villeneuve d'Ascq

Cet ouvrage a été imprimé sur papier Edixion 90 g

(certifié écolabel européen)

avec des encres végétales chez EMD,

une entreprise Imprim'Vert

Dépôt légal : mars 2011
N° d'imprimeur : 24764